全国高等院校医学整合教材

物质与能量代谢

周代锋 主编

·广州·

版权所有 翻印必究

图书在版编目（CIP）数据

物质与能量代谢 / 周代锋主编. —广州：中山大学出版社，2021.8
全国高等院校医学整合教材
ISBN 978-7-306-07250-4

Ⅰ. ①物… Ⅱ. ①周… Ⅲ. ①物质代谢—医学院校—教材②能量代谢—医学院校—教材 Ⅳ. ①Q493

中国版本图书馆 CIP 数据核字（2021）第 130242 号

出 版 人：	王天琪
项目策划：	徐　劲
策划编辑：	吕肖剑
责任编辑：	王　璞
封面设计：	林绵华
责任校对：	谢贞静
责任技编：	何雅涛
出版发行：	中山大学出版社
电　　话：	编辑部 020-84110779，84110283，84111997，84110771
	发行部 020-84111998，84111981，84111160
地　　址：	广州市新港西路 135 号
邮　　编：	510275　传　真：020-84036565
网　　址：	http://www.zsup.com.cn　E-mail：zdcbs@mail.sysu.edu.cn
印 刷 者：	广州市友盛彩印有限公司
规　　格：	787mm×1092mm 1/16 17.25 印张 427 千字
版次印次：	2021 年 8 月第 1 版　2021 年 8 月第 1 次印刷
定　　价：	60.00 元

如发现本书因印装质量影响阅读，请与出版社发行部联系调换

本书编委会

主　编：周代锋
副主编：张云霞　王青松
编　者：（以姓氏笔画为序）
　　　　江朝娜　海南医学院
　　　　杜冠魁　海南医学院
　　　　邱逸敏　海南医学院
　　　　陈国斌　海南医学院
　　　　陈瑾歆　川北医学院
　　　　赵　虹　山西医科大学
　　　　黄晓敏　右江民族医学院
　　　　蔡　苗　海南医学院

前言

党的十九大报告明确提出了"实施健康中国战略"及"发展素质教育"等战略。为了完成这一计划，我校开展了以卓越医生培养为目标的基础医学课程改革，全新构建了以器官系统为基础的模块化课程体系。

本教材突破了传统学科教材的界限，围绕人体的物质代谢与能量代谢为核心，整合了生理学、生物化学、分子生物学等基础医学学科内容，以物质代谢与能量代谢的分子改变为基础，从亚细胞改变到细胞改变，从分子改变到表型改变，从单个细胞的代谢改变到多器官的代谢改变，比较系统地介绍了在分子水平、细胞水平和器官水平上的物质代谢与能量代谢的基本知识、基本概念和基本理论。

本教材坚持立德树人的医学教育宗旨，突出医德教育和人文教育，坚持以时俱进，充分利用"互联网+"的新技术，将传统纸质教材与数字化内容结合，推动教学向数字化和移动化方向迈进。

本教材共分为11章，从2019年春季开始准备，历时一年多的时间成稿。编者均为教学经验丰富的学者。本教材适用于不同层次的临床医学专业学生，也可作为住院医师规范培训的基础教材。我们期望，本教材的出版与使用能够为深化高校医学教育改革，培养高水平高质量的医学人才，践行"健康中国"战略做出积极贡献。

在此，向各位付出辛勤劳动的编委，以及所有支持和帮助本教材编撰的人员表达谢意。最后，受编者的知识水平和经验所限，书中错误与不当之处在所难免，敬请所有读者提出宝贵的批评与建议。

目录

第一章　维生素与微量元素 ... 1
第一节　脂溶性维生素 ... 2
一、维生素 A ... 3
二、维生素 D ... 6
三、维生素 E ... 9
四、维生素 K ... 11
第二节　水溶性维生素 ... 12
一、维生素 B_1 ... 13
二、维生素 B_2 ... 15
三、维生素 PP ... 16
四、维生素 B_6 ... 17
五、泛酸 ... 19
六、生物素 ... 20
七、叶酸 ... 21
八、维生素 B_{12} ... 22
九、维生素 C ... 24
第三节　微量元素 ... 26
一、铁 ... 26
二、铜 ... 27
三、锌 ... 27
四、硒 ... 28
五、碘 ... 29
六、锰 ... 29
七、氟 ... 30
八、铬 ... 30
九、钴 ... 31
十、钼 ... 31

小结 ……………………………………………………………………………… 31
　　测试题 …………………………………………………………………………… 32

第二章　酶与酶促反应 …………………………………………………………… 35
　第一节　酶的分子结构与功能 ……………………………………………………… 36
　　一、辅因子是酶的常见组成成分 ………………………………………………… 36
　　二、酶执行催化功能的部位是活性中心 ………………………………………… 38
　　三、同工酶具有相同或者相似的活性中心 ……………………………………… 38
　第二节　酶的工作原理 …………………………………………………………… 40
　　一、酶的作用特点 ………………………………………………………………… 40
　　二、酶促反应高效性的机制 ……………………………………………………… 41
　第三节　酶促反应动力学 ………………………………………………………… 43
　　一、底物浓度 ……………………………………………………………………… 43
　　二、酶浓度 ………………………………………………………………………… 46
　　三、温度 …………………………………………………………………………… 46
　　四、pH ……………………………………………………………………………… 47
　　五、抑制剂 ………………………………………………………………………… 48
　　六、激活剂 ………………………………………………………………………… 53
　第四节　酶的调节 ………………………………………………………………… 53
　　一、酶的快速调节 ………………………………………………………………… 53
　　二、酶的缓慢调节 ………………………………………………………………… 55
　第五节　酶与医学 ………………………………………………………………… 56
　　一、酶与疾病的发生 ……………………………………………………………… 56
　　二、酶与疾病的诊断 ……………………………………………………………… 56
　　三、酶与疾病的治疗 ……………………………………………………………… 56
　　四、酶与临床检验和科学研究 …………………………………………………… 57
　　小结 ……………………………………………………………………………… 57
　　测试题 …………………………………………………………………………… 57

第三章　糖代谢 …………………………………………………………………… 61
　第一节　糖的摄取与利用 ………………………………………………………… 62
　第二节　糖酵解 …………………………………………………………………… 63
　　一、糖酵解反应过程的准备阶段 ………………………………………………… 63
　　二、糖酵解反应的产能阶段 ……………………………………………………… 65
　　三、糖酵解的调节 ………………………………………………………………… 66
　　四、其他单糖进入糖酵解的途径 ………………………………………………… 67
　第三节　糖的无氧氧化和有氧氧化 ……………………………………………… 68
　　一、糖的无氧氧化 ………………………………………………………………… 68
　　二、糖的有氧氧化 ………………………………………………………………… 69

三、糖的有氧氧化的生理意义 ……………………………………… 75
　第四节　糖异生 ……………………………………………………………… 76
　　　一、糖异生三个不可逆的步骤 …………………………………………… 76
　　　二、糖异生的生理意义 …………………………………………………… 78
　　　三、糖异生的调节 ………………………………………………………… 79
　　　四、哺乳动物不能将脂肪酸转化为葡萄糖 ……………………………… 80
　第五节　糖原的合成与分解 ………………………………………………… 80
　　　一、糖原合成 ……………………………………………………………… 80
　　　二、糖原分解 ……………………………………………………………… 82
　　　三、糖原合成与分解的调节 ……………………………………………… 83
　　　四、糖原贮积症由先天性酶缺陷所致 …………………………………… 85
　第六节　磷酸戊糖途径 ……………………………………………………… 86
　　　一、磷酸戊糖的两个阶段 ………………………………………………… 86
　　　二、磷酸戊糖的调节 ……………………………………………………… 87
　　　三、磷酸戊糖途径的生理意义 …………………………………………… 88
　　　四、磷酸戊糖途径与疾病 ………………………………………………… 89
　第七节　血糖及其调节 ……………………………………………………… 89
　　　一、血糖水平 ……………………………………………………………… 89
　　　二、激素参与血糖调节 …………………………………………………… 90
　第八节　糖代谢紊乱 ………………………………………………………… 91
　　　一、高血糖症 ……………………………………………………………… 91
　　　二、低血糖症 ……………………………………………………………… 93
　小结 ……………………………………………………………………………… 94
　测试题 …………………………………………………………………………… 95

第四章　生物氧化 ……………………………………………………………… 97
　第一节　线粒体氧化呼吸链 ………………………………………………… 98
　　　一、线粒体氧化体系 ……………………………………………………… 98
　　　二、电子流 ………………………………………………………………… 100
　　　三、蛋白质复合体 ………………………………………………………… 100
　　　四、两条电子传递链 ……………………………………………………… 102
　第二节　ATP 的生成 ………………………………………………………… 102
　　　一、氧化磷酸化偶联部位 ………………………………………………… 102
　　　二、氧化磷酸化偶联机制 ………………………………………………… 103
　　　三、ATP 合成 ……………………………………………………………… 104
　　　四、ATP 在能量代谢中起核心作用 ……………………………………… 105
　第三节　氧化磷酸化的调节 ………………………………………………… 106
　　　一、细胞能量需求对氧化磷酸化的影响 ………………………………… 107
　　　二、氧化磷酸化的抑制剂 ………………………………………………… 107

三、甲状腺激素的影响 ·· 108
四、氧化磷酸化相关代谢物的转运 ·································· 108
第四节 其他氧化与抗氧化体系 ·· 110
一、微粒体细胞色素 P450 单加氧酶催化底物分子羟基化 ········ 110
二、线粒体呼吸链可产生活性氧 ···································· 110
三、抗氧化体系 ·· 111
小结 ·· 111
测试题 ··· 112

第五章 脂质代谢 ·· 115
第一节 脂质的构成与功能 ·· 116
一、脂质是种类繁多、结构复杂的一类大分子物质 ············· 116
二、脂质具有多种复杂的生物学功能 ······························ 117
第二节 脂质的消化与吸收 ·· 118
一、脂质的消化 ·· 118
二、脂质的吸收 ·· 118
第三节 甘油三酯代谢 ·· 119
一、甘油三酯的分解代谢 ·· 119
二、甘油三酯的合成代谢 ·· 122
第四节 磷脂代谢 ·· 125
一、甘油磷脂代谢 ··· 125
二、鞘磷脂代谢 ·· 126
第五节 胆固醇代谢 ··· 126
一、胆固醇的生物合成 ··· 127
二、胆固醇酯的生物合成 ·· 128
三、胆固醇在体内的代谢转化与排泄 ······························ 128
第六节 血浆脂蛋白及其代谢 ··· 128
一、血脂是血浆所含脂质的统称 ···································· 128
二、血浆脂蛋白是血脂的运输及代谢形式 ························ 129
三、血浆脂蛋白的代谢 ··· 131
第七节 脂质代谢紊乱 ·· 133
一、高脂血症 ··· 133
二、低脂蛋白血症 ··· 134
三、脂质贮积病 ·· 134
四、肥胖症 ·· 134
五、酮症酸中毒 ·· 134
六、脂肪肝 ·· 135
七、新生儿硬肿症 ··· 135
小结 ·· 135

测试题 ……………………………………………………………… 136

第六章　氨基酸代谢 …………………………………………………… 137
　第一节　蛋白质营养价值评价 ……………………………………… 138
　　一、蛋白质营养价值评价 ……………………………………… 138
　　二、氮平衡 ……………………………………………………… 140
　　三、蛋白质的需要量 …………………………………………… 141
　第二节　蛋白质的消化、吸收与腐败作用 ………………………… 141
　　一、蛋白质的消化 ……………………………………………… 141
　　二、蛋白质消化产物的吸收 …………………………………… 143
　　三、未消化吸收的蛋白质在结肠下段发生腐败作用 ………… 144
　第三节　组织蛋白质的降解 ………………………………………… 145
　　一、蛋白质以不同的速率进行降解 …………………………… 146
　　二、真核细胞内蛋白质的降解有两条重要途径 ……………… 146
　第四节　氨基酸的一般代谢 ………………………………………… 148
　　一、外源性氨基酸与内源性氨基酸组成氨基酸代谢库 ……… 148
　　二、氨基酸脱氨基作用 ………………………………………… 149
　　三、α-酮酸的代谢 ……………………………………………… 153
　　四、氨的代谢 …………………………………………………… 155
　第五节　个别氨基酸的代谢 ………………………………………… 162
　　一、氨基酸的脱羧基作用 ……………………………………… 162
　　二、某些氨基酸在分解代谢中产生一碳单位 ………………… 164
　　三、含硫氨基酸的代谢 ………………………………………… 166
　　四、芳香族氨基酸的代谢 ……………………………………… 168
　　五、支链氨基酸的代谢 ………………………………………… 173
　小结 …………………………………………………………………… 173
　测试题 ………………………………………………………………… 174

第七章　核苷酸代谢 …………………………………………………… 177
　第一节　核苷酸代谢概述 …………………………………………… 178
　　一、核苷酸具有多种生物学功能 ……………………………… 178
　　二、核苷酸经核酸酶水解后可被吸收 ………………………… 178
　　三、核苷酸代谢包括合成和分解代谢 ………………………… 179
　第二节　嘌呤核苷酸的合成与分解代谢 …………………………… 179
　　一、嘌呤核苷酸的合成代谢 …………………………………… 179
　　二、嘌呤核苷酸的分解代谢 …………………………………… 186
　第三节　嘧啶核苷酸的合成与分解代谢 …………………………… 188
　　一、嘧啶核苷酸的合成代谢 …………………………………… 188
　　二、嘧啶核苷酸的分解代谢 …………………………………… 191

小结 …… 192
　　测试题 …… 193

第八章　血液的生物化学 …… 195
第一节　血浆蛋白质 …… 196
　　一、血浆蛋白质的分类与性质 …… 196
　　二、血浆蛋白质的功能 …… 197
第二节　血红素的合成 …… 198
　　一、血红素的合成过程 …… 198
　　二、血红素合成的调节 …… 199
第三节　血细胞物质代谢 …… 200
　　一、红细胞的代谢 …… 200
　　二、白细胞的代谢 …… 202
　　小结 …… 203
　　测试题 …… 203

第九章　肝的生物化学 …… 205
第一节　肝在物质代谢中的作用 …… 206
　　一、肝在糖代谢中的作用 …… 206
　　二、肝在脂类代谢中的作用 …… 206
　　三、肝在蛋白质代谢中的作用 …… 206
　　四、肝在维生素代谢中的作用 …… 206
　　五、肝在激素代谢中的作用 …… 207
第二节　肝的生物转化作用 …… 207
　　一、生物转化概述 …… 207
　　二、生物转化反应的主要类型与特点 …… 207
　　三、影响生物转化作用的因素 …… 211
第三节　胆汁与胆汁酸代谢 …… 211
　　一、胆汁 …… 211
　　二、胆汁酸的结构和分类 …… 212
　　三、胆汁酸代谢 …… 212
　　四、胆汁酸的生理功能 …… 214
第四节　胆色素代谢与黄疸 …… 214
　　一、胆红素的生成与转运 …… 215
　　二、胆红素在肝中的转变 …… 216
　　三、胆红素在肠道中的变化和胆素原的肠肝循环 …… 217
　　四、血清胆红素与黄疸 …… 218
　　小结 …… 218
　　测试题 …… 219

第十章　能量代谢和体温 ················· 223
第一节　能量代谢 ····················· 224
一、能量的来源和去路 ················· 224
二、能量代谢的度量 ··················· 226
三、影响能量代谢的因素 ··············· 228
四、基础代谢 ························· 231
第二节　体温 ························· 232
一、体温 ····························· 232
二、机体的产热和散热 ················· 233
三、体温的调节 ······················· 234
四、特殊情况下的体温调节 ············· 235
五、相关疾病 ························· 236
小结 ································· 236
测试题 ······························· 236

第十一章　代谢的整合与调节 ··············· 239
第一节　代谢的整体性 ················· 240
一、体内代谢过程互相联系形成一个整体 ··· 240
二、物质代谢与能量代谢相互关联 ······· 240
三、糖、脂类和蛋白质代谢通过中间代谢物相互联系 ····· 241
第二节　代谢调节的主要方式 ··········· 242
一、细胞内物质代谢主要通过对关键酶活性的调节来实现 ··· 242
二、激素通过特异性受体调节靶细胞的代谢 ··········· 247
三、机体通过神经系统及神经-体液途径协调整体的代谢 ··· 248
第三节　体内重要组织和器官的代谢特点 ··· 250
一、肝是人体物质代谢的中心和枢纽 ····· 250
二、脑主要利用葡萄糖和酮体供能且耗氧量大 ··········· 250
三、心肌可利用多种能源物质 ··········· 251
四、骨骼肌以肌糖原和脂肪酸为主要能量来源 ··········· 251
五、脂肪组织储存和动员甘油三酯 ······· 252
六、肾可进行糖异生和酮体生成 ········· 252
小结 ································· 252
测试题 ······························· 252

中英文名词对照索引 ····················· 254

第一章 维生素与微量元素

维生素（vitamin）是维持机体正常功能所必需、体内不能合成或合成量很少、必须由食物供给的低分子有机物质，是人体的重要营养素之一。维生素既不参与机体组织的组成成分，也不是供能物质，然而在调节人体物质代谢、生长发育和维持正常生理功能等方面却发挥着极其重要的作用。人类对维生素的认识来源于生活和生产实践。早在公元7世纪初，我国医药书籍就有关于维生素缺乏病及用食物防治的记载。唐代名医孙思邈用富含维生素A的猪肝治疗夜盲症，用车前子、防风、大豆或用谷皮熬粥（富含维生素B_1）来防治脚气病。17世纪，欧洲用橘子汁、柠檬汁或新鲜蔬菜治疗坏血病。虽然人体对维生素的日需要量极少，但如果人体长期摄入不足或吸收障碍，可致维生素缺乏症；若人体长期过量摄取某些维生素，也可导致维生素中毒。维生素种类繁多，其分子结构、化学性质及生理功能各异。按照溶解度的不同，可分为脂溶性维生素（lipid-soluble vitamin）和水溶性维生素（water-soluble vitamin）两大类。

无机元素对维持人体正常生理功能必不可少，根据它们在人体内的含量和日需要量可分为微量元素（trace elements，microelement）和常量元素（macroelement）。微量元素在人体中存在量低于人体体重的0.01%，每日需要量在100 mg以下。微量元素绝大多数为金属元素，约有70余种。1973年，世界卫生组织公布了14种人体必需的微量元素，包括铁、铜、锰、锌、钴、钒、铬、镍、钒、氟、硒、碘、硅、锡。微量元素在体内一般结合成化合物或络合物，广泛分布于各组织中，含量较恒定。它们参与酶、激素、维生素和核酸的代谢过程，其生理功能主要表现为协助输送常量元素、作为酶的组成成分或激活剂、在激素和维生素中起独特作用、影响核酸代谢等。

第一节 脂溶性维生素

脂溶性维生素包括维生素A、维生素D、维生素E和维生素K。它们不溶于水而易溶于脂肪和有机溶剂，在食物中常随脂质一起被吸收。脂溶性维生素在血液中与脂蛋白或特异性结合蛋白质结合而运输，不易被排泄，当胆管阻塞、胆汁酸缺乏或长期腹泻造成脂质吸收不良时，脂溶性维生素的吸收也会减少，甚至引起缺乏症。脂溶性维生素在体内主要储存于肝，故不需要每日供给，长期摄入过多则可发生中毒。维生素A、维生素D、维生素E和维生素K的结构不同（见图1-1），它们除直接影响特异的代谢过程外，大多还能和细胞内核受体结合，影响基因的表达。

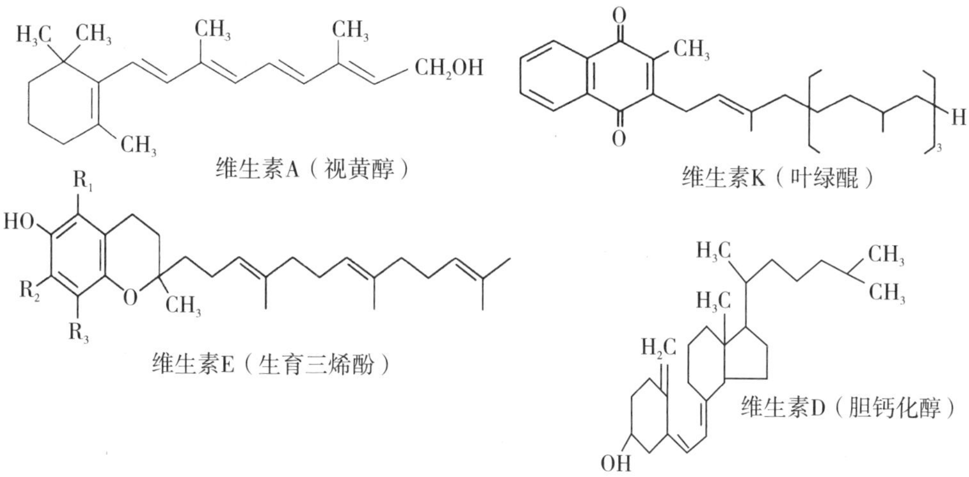

图 1-1 脂溶性维生素的结构

一、维生素 A

（一）维生素 A 的性质与生理功能

1. 维生素 A 的性质

维生素 A（vitamin A）是由 1 分子 β-白芷酮环和 2 分子异戊二烯构成的不饱和一元醇。维生素 A 并不是单一的化合物，而是一系列包括视黄醇（retinol）、视黄醛（retinene）、视黄酸（retinoic acid）、视黄醇乙酸酯（retinyl acetate）和视黄醇棕榈酸酯（retinyl palmitate）等在内的视黄醇的衍生物。它们的分子结构如图 1-2 所示。

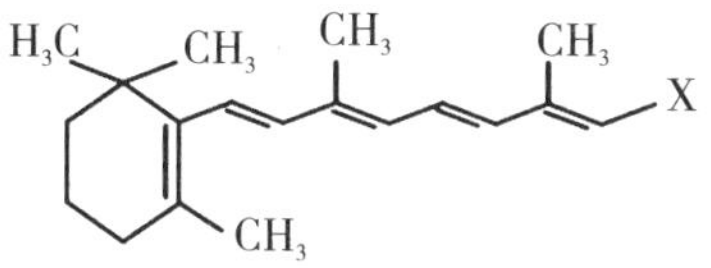

视黄醇：CH_2OH　视黄醛：CHO　视黄酸：$COOH$
视黄醇乙酸酯：CH_2OOCCH_3　视黄醇棕榈酸酯：$CH_2OOC(CH_2)_{14}CH_3$

图 1-2 维生素 A 的结构

天然维生素包括维生素 A_1 和维生素 A_2。维生素 A_1（视黄醇，retinol）主要存在于哺乳类动物和咸水鱼肝中。维生素 A_2（3-脱氢视黄醇）则存在于淡水鱼肝中。维生素 A_1 和维生素 A_2 生理功能相同，但维生素 A_2 的生理活性只有维生素 A_1 的 50%。维生素 A 的侧链有四个共轭双键，因此可以形成多种顺反异构体。维生素 A 在体内的活性形式包括视黄醇、视黄醛和视黄酸。视黄醛中最重要的为 9-顺视黄醛及 11-顺视黄醛（见图 1-3）。

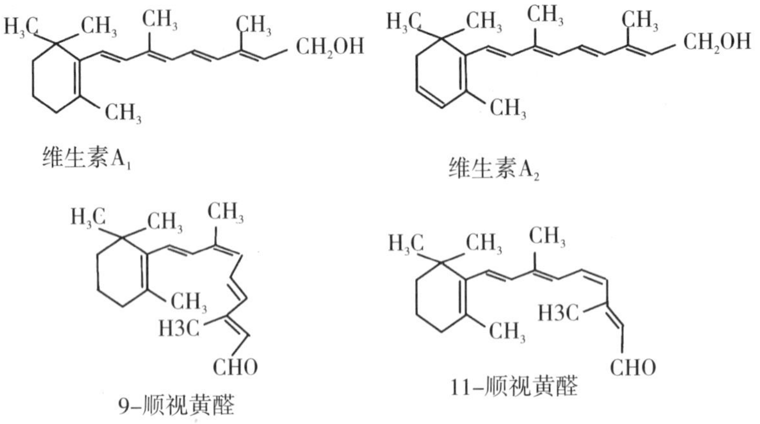

维生素A₁

维生素A₂

9-顺视黄醛

11-顺视黄醛

图1-3 维生素A的活性形式

动物性食品，如肝、肉类、蛋黄、乳制品、鱼肝油等都是维生素A的丰富来源。植物中并不含有维生素A，但许多蔬菜和水果却都含有维生素A原——胡萝卜素。其中，以β-胡萝卜素（β-carotene）最为重要。（见图1-4）

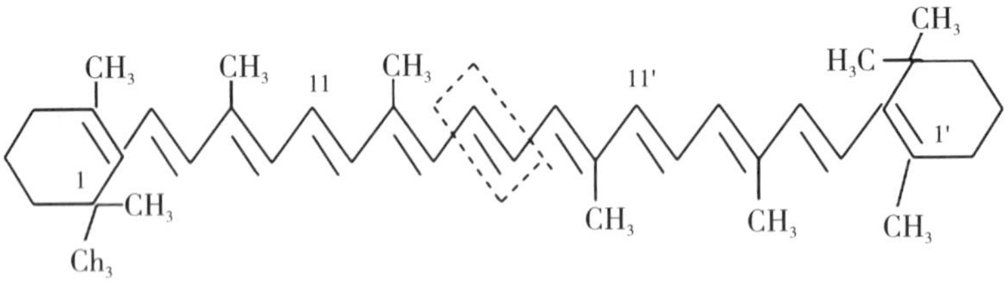

图1-4 β-胡萝卜素的结构

胡萝卜、红辣椒、甘薯、木瓜等均含有丰富的β-胡萝卜素，1分子β-胡萝卜素可分解为2分子维生素A，而1分子α-胡萝卜素或γ-萝卜素只能产生1分子维生素A。由于小肠黏膜细胞对β-胡萝卜素的分解和吸收能力较低，每分解6分子β-胡萝卜素仅能获得1分子视黄醇。β-胡萝卜素是抗氧化剂，能直接和活性氧反应，还能预防某些退行性疾病如衰老和白内障的发生。

食物中的维生素A主要与脂肪酸形成酯的形式存在，在小肠内受酶的作用而水解，生成游离视黄醇，进入小肠黏膜上皮细胞后又重新被酯化，掺入乳糜微粒，通过淋巴转运到肝细胞和其他组织。肝细胞内过多的视黄醇则转移到肝内星状细胞，以视黄醇酯的形式储存，其储存量可达体内视黄醇总量的50%～80%，高达100 mg。在血液中，视黄醇与视黄醇结合蛋白（retinol binding protein，RBP）相结合，后者约有95%再结合甲状腺素视黄质运载蛋白（transthyretin，TTR），形成的视黄醇-RBP-TTR复合体由靶细胞特异摄取。在细胞内，视黄醇与细胞视黄醇结合蛋白（cellular retinal binding protein，CRBP）结合。在靶细胞内，视黄醇可氧化成视黄醛，该反应为可逆反应；部分视黄醛再进一步氧化成视黄酸，此为不可逆反应。

由于维生素A醋酸酯（视黄醇乙酸酯）比维生素A醇（视黄醇）稳定，所以市场上称为"维生素 A"的商品,实际上都是维生素 A 的醋酸酯。它为淡黄色的油状液体,冷冻后可固化,几乎无臭或有微弱鱼腥味,但无酸败味,极易溶于三氯甲烷或酯中,也可溶于无水乙醇和植物油,但不溶于丙三醇和水,在空气中和遇光时性质不稳定。

2. 维生素 A 的生理功能

维生素 A 在人体具有广泛而重要的生理功能,概括起来主要包括视觉、细胞增殖分化调节、细胞间信息交流和免疫应答这几个方面,其缺乏会导致生理功能异常和出现病理变化。

(1) 构成视觉细胞内的感光物质。维生素 A 经典的或最早被认识的功能是在视觉细胞内参与维持暗视感光物质循环。在视觉细胞内有不同的视蛋白和 11 - 顺视黄醛组成视色质。人视网膜的视觉细胞分为锥状细胞和杆状细胞。锥状细胞是感受亮光和产生色觉的细胞,杆状细胞是感受弱光或暗光的细胞。杆状细胞含有的视紫红质,是由 11 - 顺视黄醛与视蛋白结合而成,其对暗光敏感。视紫红质感受弱光后,生成含全反式视黄醛的光视紫红质 (photorhodopsin)。光视紫红质再经一系列构象变化,生成变视紫红质 Ⅱ (metarhodopsin Ⅱ),后者引起视觉神经冲动并随之解离释放全反视黄醛和视蛋白。解离后的全反式视黄醛在杆状细胞内少量被还原为 11 - 顺视黄醛,大部分被还原成全反式视黄醇,经血流转运至肝脏生成 11 - 顺视黄醇回到视网膜氧化生成 11 - 顺视黄醛,重新合成视紫红质,维持暗光适应。因此,要维持良好的暗光视觉,就需要源源不断地向杆状细胞供给充足的 11 - 顺视黄醛。维生素 A 缺乏时,11 - 顺视黄醛供给减少,暗适应时间延长(见图 1 - 5)。

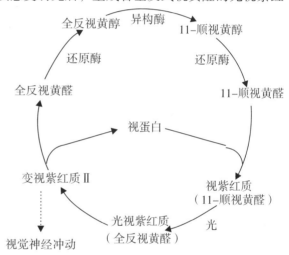

图 1-5 杆状细胞的视循环

(2) 维持上皮组织结构的完整。维生素 A 的衍生物 - 视黄基磷酸盐作为辅酶参与调节糖蛋白合成。糖蛋白是某些上皮细胞分泌的黏液的重要成分。黏液对呼吸、消化及生殖系统等起到润滑和保护作用。维生素 A 缺乏会造成上皮组织干燥、增生、正常的柱状上皮细胞转变为角状的复层鳞状细胞,导致细胞角化;全身各种组织的上皮细胞都会受到影响,但受影响最早的是眼睛结膜、角膜和泪腺上皮细胞,使泪腺分泌减少而致干眼症,结膜或角膜干燥、软化甚至穿孔;皮肤毛囊、皮脂腺、汗腺、舌味蕾、呼吸道和肠道黏膜、泌尿和生殖黏膜等上皮细胞均会受到影响,从而产生相应临床表现和黏膜屏障功能受损。维生素 A 又称为抗干眼病维生素。

(3) 视黄酸能调控基因表达和细胞生长与分化。细胞核内存在类视黄酸受体,视黄醇的不可逆氧化产物全反式视黄酸(alltrans retinoic acid,ATRA)和 9 - 顺视黄酸与细胞内核受体结合,通过与 DNA 反应元件的作用,调节某些基因的表达,进而调控细胞的生长、发育和分化。维生素 A 及其代谢中间产物具有广泛的生理学和药理学活性,在人体生长、发育和细胞分化尤其是精子生成、黄体酮前体形成、胚胎发育等过程中起着十分重要的调控作用。维生素 A 缺乏时，长骨形成和牙齿发育均受障碍；男性睾丸萎缩，精子数量减少、活力下降。考虑到维生素 A 和维生素 D 都广泛参与许多细胞的核受体调节，维生素 A 缺乏和过量对骨质代谢的影响，可能与其对维生素 D 活性的对抗有关。视黄酸对于维持上皮组织的正常形态与生长具有重要的作用。如 ATRA 可促进上皮细胞生长与分化，参与上皮组织的正常角化过程，可使银屑病角化过度的表皮正常化而用于银屑病的治疗。

（4）抗癌和抗氧化、提高免疫力。维生素 A 和胡萝卜素是一种抗氧化剂，具有清除自由基和防止脂质过氧化的作用。视黄酸通过核受体对靶基因的调控，可以提高细胞免疫功能，促进免疫细胞产生抗体，以及促进 T 淋巴细胞产生某些淋巴因子。视黄酸对维持循环血液中足量水平的自然杀伤细胞极为重要，后者具有抗病毒、抗肿瘤活性。已经证明视黄酸可提高鼠类巨噬细胞的吞噬活性，增加白介素 1 和其他细胞因子的生成，后者是炎症反应的介导因子和 T 淋巴细胞、B 淋巴细胞生产的激活因子。此外，B 淋巴细胞的生长、分化和激活也需要视黄醇。维生素 A 缺乏时，免疫细胞内视黄酸受体表达相应下降，影响机体免疫功能。维生素 A 缺乏和边缘缺乏的儿童，感染性疾病发病风险和死亡率升高。

（5）促进血红蛋白生成，增加食物中铁的摄取。研究发现，维生素 A 营养状况对血液系统的影响，不仅仅是膳食维生素 A 促进铁吸收的直接作用，还存在对铁营养状况的某种调控作用，包括刺激造血母细胞、促进抗感染、动员铁进入红细胞系中。

（二）维生素 A 与疾病

维生素 A 缺乏症的临床表现主要在眼部和视觉，以及其他上皮功能异常的症状和体征。维生素 A 长期不足，会导致暗视适应时间延长，严重时会发生"夜盲症"。维生素 A 缺乏还可引起严重的上皮角化，出现眼干燥症（xerophthalmia）。毛囊增厚（毛囊角化）也是维生素 A 缺乏的皮肤表征之一。黏膜内黏液生成减少，黏膜形态、结构和功能异常，可导致疼痛和黏膜屏障功能下降，可累及咽喉、扁桃体、支气管、肺脏和消化道黏膜。维生素 A 缺乏会导致儿童感染性疾病风险和死亡率升高。此外，维生素 A 缺乏还会造成人体免疫力低下、胚胎生长发育异常等。

维生素 A 的毒副作用主要取决于视黄醇及视黄酯的摄入量，并与机体的生理及营养状况有关。维生素 A 的摄入量超过视黄醇结合蛋白的结合能力，游离的维生素 A 可通过破坏细胞膜、核膜，以及线粒体和内质网等细胞器造成组织损伤。中国成人男性膳食维生素 A 的每月平均需要量为 560 μg，成人女性为 480 μg。急性维生素 A 过量的临床表现包括严重皮疹、头痛、假性脑瘤性昏迷而导致的快速死亡。慢性过量相对更为常见，临床表现包括中枢神经系统紊乱性症状、肝脏纤维化、腹水和皮肤损伤。动物实验和人体实验资料证实，维生素 A 过量与肝功能异常之间存在非常明确的因果关系，因为肝脏是维生素 A 的主要储存器官，也是维生素 A 毒性的主要靶器官。

二、维生素 D

（一）维生素 D 的性质与生理功能

1. 维生素 D 的性质

早在 20 世纪 30 年代初，科学家研究发现，多晒太阳或食用紫外光照射过的橄榄油、亚麻籽油等可以抗软骨病，科学家们进一步研究发现并命名人体内抗软骨病的活性组分为维生素 D（vitamin D）。维生素 D 是类固醇（steroid）的衍生物，为环戊烷多氢菲类化合物。维生素 D 为白色结晶，溶于脂肪，性质较稳定，耐高温，抗氧化，不耐酸碱。

天然的维生素 D 包括 D_3（或称胆钙化醇，cholecalciferol）及 D_2（或称麦角钙化醇，ergocalciferol），前者由人皮下组织中的 7-脱氢胆固醇经紫外线照射转变而成，后者由植物或酵母中含有的麦角固醇经紫外线照射转变而成。（见图 1-6）

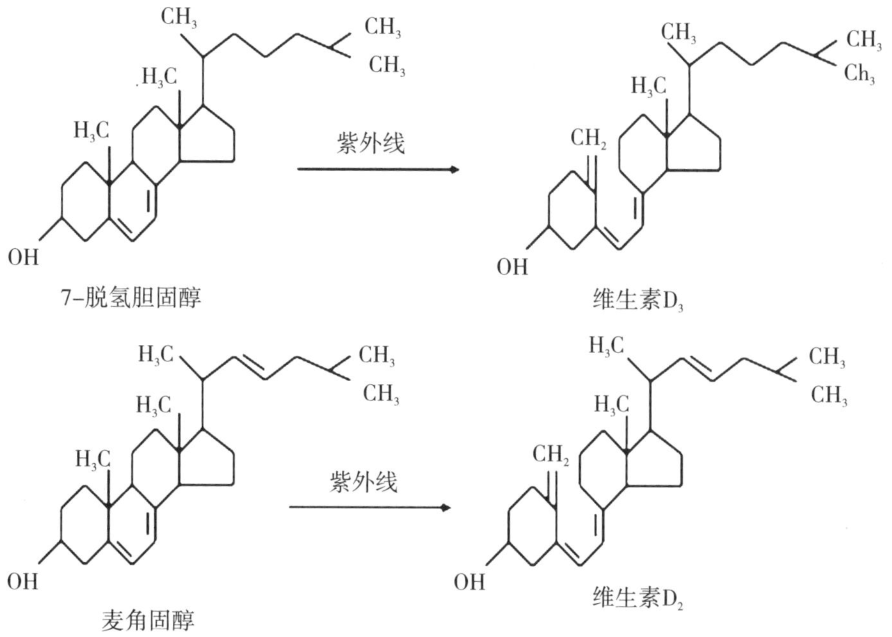

图 1-6　维生素 D_3 和 D_2 的生成

膳食中维生素 D 主要来自动物性食品（如鱼肝、蛋黄、奶油等），被摄入后在胆汁存在情况下从小肠吸收，以乳糜微粒形式运入血液中，在血浆中与维生素 D 结合蛋白（vitamin D binding protein，DBP）相结合而运送到肝脏中。在肝微粒体 25-羟化酶的催化下 C_{25} 位加氧生成 25-OH-D_3。25-OH-D_3 是血浆中维生素 D_3 的主要存在形式，也是维生素 D_3 在肝中的主要储存形式。25-OH-D_3 转运到肾脏，在肾小管上皮细胞线粒体 1α-羟化酶的作用下，生成维生素 D_3 的活性形式 1,25-二羟维生素 D_3 [1,25-$(OH)_2$-D_3]，经血液运输至靶细胞发挥对钙磷的调节作用。肾小管上皮细胞还存在 24-羟化酶，催化 25-OH-D_3 进一步生成无活性的 24,25-$(OH)_2$-D_3（见图 1-7），维生素 D_3 在肝内主要与葡糖醛酸或硫酸结合，通过胆汁排出体外。

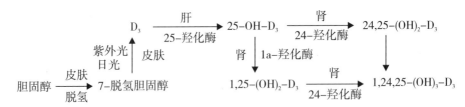

图1-7 维生素D_3在体内的转变

2. 维生素D的生理功能

（1）调节钙磷代谢。$1,25-(OH)_2-D_3$的主要作用是调节钙、磷代谢，促进肠内钙磷吸收和骨质钙化，维持血钙和血磷的平衡。其作用于小肠黏膜细胞的细胞核，促进运钙蛋白的生物合成。运钙蛋白和钙结合成可溶性复合物，从而加速了钙的吸收。$1,25-(OH)_2-D_3$促进磷的吸收，是通过促进钙的吸收间接产生作用的。因此，$1,25-(OH)_2-D_3$对钙、磷代谢的总效果为升高血钙和血磷，使血浆钙和血浆磷的水平达到饱和程度，有利于钙和磷以骨盐的形式沉积在骨组织上促进骨组织钙化。当维生素D转化障碍或者缺乏时，儿童可患佝偻病，成人可患软骨病。因此，维生素D称为抗佝偻病维生素。

（2）影响细胞的分化。$1,25-(OH)_2-D_3$对白血病细胞，肿瘤细胞以及皮肤细胞的生长分化均有调节作用。如髓性细胞白血病患者的新鲜细胞经$1,25-(OH)_2-D_3$处理后，白细胞的增殖作用被抑制并使之诱导分化。$1,25-(OH)_2-D_3$还可使正常人髓性细胞分化为巨噬细胞和单核细胞，这可能是其调节免疫功能的一个环节。$1,25-(OH)_2-D_3$对其他肿瘤细胞也有明显的抗增殖和诱导分化作用。如$1,25-(OH)_2-D_3$可使种植于小鼠内的肉瘤细胞体积缩小，使小鼠体内结肠癌和黑色素瘤种的生长受到明显抑制。对原发性乳腺癌、肺癌、结肠癌、骨髓肿瘤细胞等均有抑制作用。此外，$1,25-(OH)_2-D_3$促进胰岛β细胞合成与分泌胰岛素，具有对抗1型和2型糖尿病的作用。

（3）调节免疫功能。维生素D具有免疫调节作用，是一种良好的选择性免疫调节剂。当机体免疫功能处于抑制状态时，$1,25-(OH)_2-D_3$主要是增强单核细胞，巨噬细胞的功能，从而增强免疫功能，当机体免疫功能异常增加时，它抑制激活的T淋巴细胞和B淋巴细胞增殖，从而维持免疫平衡。

（二）维生素D与疾病

富含维生素D的食物并不多，乳类、蛋黄、动物肝脏（如鱼肝油）和富含脂肪的海鱼（如三文鱼）等含少量维生素D，而植物性食物（如谷类、蔬菜和水果）几乎不含维生素D。因此，与其他营养素不同，维生素D在饮食中很有限。阳光中只有波长290 nm～315 nm的紫外线能穿透皮肤，由此将皮肤中的7-脱氢胆固醇转化为维生素D_3，但阳光照射的效果难以确定。中国居民膳食维生素D的日平均需要量为8 μg。当缺乏维生素D时，儿童可患佝偻病（rickets），成人可发生软骨病（osteomalacia）和骨质疏松症（osteoporosis）。

长期过量摄入维生素D可引起中毒，特别是对维生素D较敏感的人。维生素D中毒主要由于高钙血症及由此引起的肾功能损害及软组织钙化。临床表现有食欲减退、无力、心搏徐缓、心律失常、恶心、呕吐、烦渴、便秘、多尿等。长期摄入维生素D过多、发生高钙血症时，可致动脉粥样硬化，广泛性软组织钙化和不同程度的肾功能受损，严重者可致死。母体摄入维生素 D 过多可致婴儿发生高钙血症。若胎儿发生高钙血症，则出生时体重低，心脏有杂音，严重者有智力发育不良及骨硬化。由于皮肤储存 7-脱氢胆固醇有限，多晒太阳不会引起维生素 D 中毒。

三、维生素 E

（一）维生素 E 的性质与生理功能

1. 维生素 E 的性质

维生素 E（vitamin E）早在 20 世纪 20 年代就被人们发现，Evans 和他的同事在研究生殖过程中发现，酸败的猪油可以引起大白鼠的不孕症。1924 年，这种因子便被命名为维生素 E。在之后的动物实验中，科学家们发现，小白鼠如果缺乏维生素 E 则会出现心、肝和肌肉退化及不生育；大白鼠如果缺乏维生素 E，则雄性大白鼠永久不育，雌性大白鼠不能怀足月胎仔，同时还有肝退化、心肌异常等症状。维生素 E 是苯骈二氢吡喃的衍生物，包括生育酚和三烯生育酚两类共 8 种化合物，即 α 生育酚、β 生育酚、γ 生育酚、δ 生育酚和 α 三烯生育酚、β 三烯生育酚、γ 三烯生育酚、δ 三烯生育酚（见图 1-8）。α-生育酚是自然界中分布最广泛含量最丰富活性最高的维生素 E 形式。维生素 E 具有抗氧化的作用，对酸、热都很稳定，对碱不稳定，若在铁盐、铅盐或油脂酸败的条件下，会加速其氧化而被破坏。在机体内，维生素 E 主要存在于细胞膜、血浆脂蛋白和脂库中。

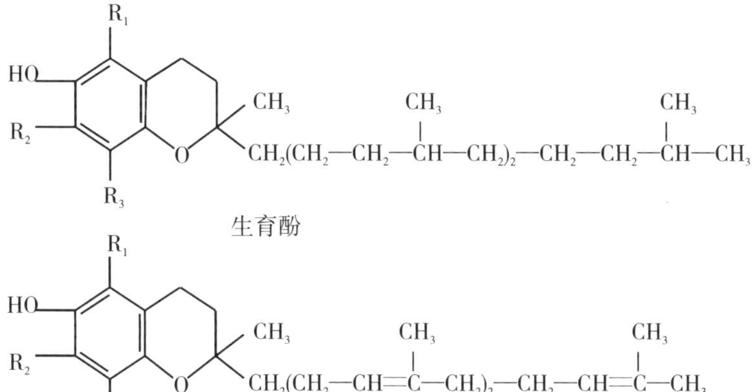

图 1-8 维生素 E 的结构式

富含维生素 E 的食物有植物油（如葵花籽油、芝麻油、玉米油、橄榄油、花生油、山茶油等）、果蔬、坚果、瘦肉、乳类、蛋类、柑橘皮等。果蔬包括猕猴桃、菠菜、卷心菜、菜花、羽衣甘蓝、莴苣、甘薯、山药。坚果包括杏仁、榛子和胡桃。维生素 E 在胆酸、胰液和脂肪中存在时，在脂酶的作用下以混合微粒的形式，在小肠上部经非饱和的被动弥散方式被肠上皮细胞吸收。各种形式的维生素 E 被吸收后大多由乳糜微粒携带经淋巴系统到达肝脏。肝脏中的维生素 E 通过乳糜微粒和极低密度脂蛋白（VLDL）的载体作用进入血浆。乳糜微粒在血循环的分解过程中，将吸收的维生素 E 转移进入脂蛋白循环。α-生育酚的主要氧化产物是α-生育醌，在脱去含氢的醛基生成葡糖醛酸。葡糖醛酸可通过胆汁排泄，或进一步在肾脏中被降解产生α-生育酸从尿液中排泄。

2. 维生素E的生理功能

（1）抗不育作用。缺乏维生素E会导致雄鼠睾丸萎缩、不产生精子，雌鼠胚胎及胎盘萎缩引起流产。人类尚未发现因维生素E缺乏引起的不孕症，但临床上常用维生素E治疗先兆性流产和习惯性流产。

（2）抗氧化作用。机体代谢不断产生自由基，自由基是指含有一个或一个以上未配对电子的原子或原子团，如羟基自由基（·OH）、过氧化物自由基（ROO·）等。维生素E作为脂溶性抗氧化剂和自由基清除剂，主要对抗生物膜上脂质过氧化所产生的自由基，保护生物膜及其他蛋白质的结构与功能。维生素E可捕捉自由基形成生育酚-自由基，后者又可以与另一自由基反应生成生育醌，后者可在维生素C、GSH或NADPH的作用下，还原生成非自由基产物-生育酚。维生素E对细胞膜的保护作用使细胞维持正常的流动性。

（3）调节基因表达的作用。维生素E除具有强的抗氧化剂作用外，还具有调节信号转导过程和基因表达的重要作用。维生素E的调节作用涉及抗氧化防御体系、胆固醇及甾醇合成、炎症反应和细胞黏附、脂质代谢、细胞骨架构建等方面。维生素E可能通过以下几个方面对相关基因表达进行影响：①通过调节氧化还原敏感转录因子的表达来调节机体氧化还原状态，如NF-κB等，这与活性氧的产生有关；②与一些相关蛋白（如人生育酚结合蛋白）结合调控基因表达；③通过代谢转变成相应的活性物质，影响相关酶或者相关转录因子调控基因表达。因此，维生素E具有抗炎、维持正常免疫功能和抑制细胞增殖的作用，并可降低血浆低密度脂蛋白（LDL）的浓度。维生素E在预防和治疗冠状动脉粥样硬化性心脏病、肿瘤和延缓衰老方面具有一定的作用。

（4）促进血红素的合成。维生素E能提高血红素合成的关键酶ALA合酶和ALA脱水酶的活性，从而促进血红素的合成。另外，维生素E具有抗氧化作用，能保护红细胞，预防溶血。

（二）维生素E与疾病

维生素E一般不易缺乏，在严重的脂质吸收障碍和肝严重损伤时可引起缺乏症，表现为红细胞数量减少、脆性增加等溶血性贫血，偶尔也可引起神经功能障碍。慢性胆汁淤积性肝胆管病患者或囊性纤维化的儿童会表现为维生素E缺乏综合征。其体征是脊髓、小脑共济失调伴深部腱反射消失，躯干和四肢共济失调，振动和位置感觉消失，眼肌麻痹、肌肉衰弱、上睑下垂。早产婴儿若缺乏维生素E，则可能出现肌肉衰弱，肌酸尿以及肌肉活检中有坏死的蜡样质色素沉着，也可观察到过氧化物溶血量增加。动物缺乏维生素E时，其生殖器官发育受损，甚至可致不育。中国成人膳食维生素E的每日适宜摄入量为14 mg，长期大剂量摄入可增加出血性卒中发生危险。维生素E与阿司匹林都能降低血液黏稠度，同时使用会使机体容易出血。维生素E与维生素K有拮抗作用，不宜同时使用。

四、维生素 K

（一）维生素 K 的性质与生理功能

1. 维生素 K 的性质

维生素 K（vitamin K）又称凝血维生素，具有叶绿醌生物活性，最早于 1929 年由丹麦化学家达姆从动物肝和麻子油中发现并提取。维生素 K 包括维生素 K_1、维生素 K_2、维生素 K_3、维生素 K_4 等几种形式。其中，维生素 K_1 主要存在深绿色蔬菜如甘蓝、菠菜、莴笋和植物油中，维生素 K_2 是人体肠道细菌的代谢产物，而维生素 K_3、维生素 K_4 是通过人工合成的。维生素 K 具有异戊二烯类侧链的萘醌类化合物，从化学结构上看，维生素 K_1 和维生素 K_2 都是 2-甲基-1,4 萘醌的衍生物，区别仅在 R 基的不同。其中，维生素 K_1 是黄色油状物，K_2 是淡黄色结晶，均有耐热性，但易受紫外线照射而破坏，故要避光保存。K_3 为 2-甲基 1,4 萘醌，有特殊臭味。维生素 K_4 是维生素 K_3 的氢醌型，它们的性质较维生素 K_1 和维生素 K_2 更稳定，而且能溶于水，可用于口服或注射。以上四种形式的维生素 K 的分子结构如图 1-9 所示。

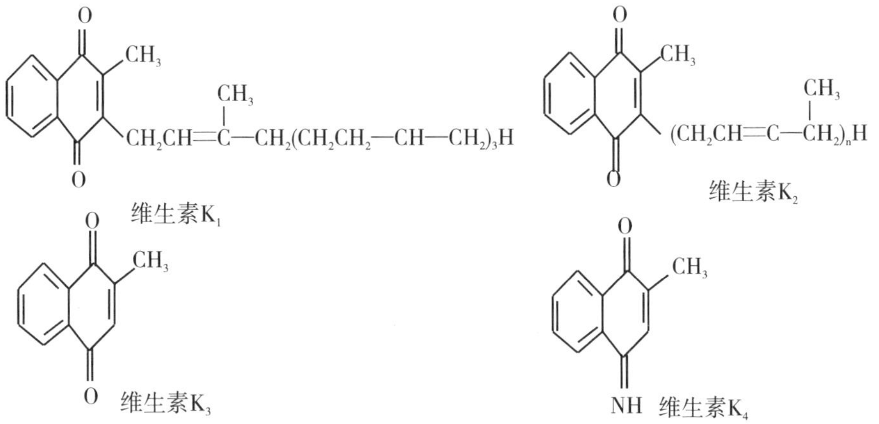

图 1-9 维生素 K 的结构

维生素 K 可从食物中获取，也可依靠肠道细菌合成或人工合成。其中，维生素 K_1 和维生素 K_2 属于脂溶性维生素，其吸收需要胆汁、胰液，并与乳糜微粒相结合，经淋巴系统转运而代谢。

2. 维生素 K 的生理功能

（1）促进凝血。

血液凝血因子Ⅱ、血液凝血因子Ⅶ、血液凝血因子Ⅸ、血液凝血因子Ⅹ及抗凝血因子蛋白 C 和蛋白 S 在肝细胞中以无活性前体形式合成，它们的激活需要以维生素 K 为辅助因子的 γ-谷氨酸羧化酶催化，因此，维生素 K 是凝血因子合成所必需的。人体缺少维生素 K，凝血时间会延长，严重者会导致流血不止，甚至死亡。对女性来说，维生素 K 可减少生理期大量出血，还可防止内出血及痔疮。经常流鼻血的人，也可以考虑多从食物中摄取维生素 K。

（2）参与骨骼代谢。

肝、骨等组织中存在维生素 K 依赖蛋白，如骨钙蛋白（osteocalcin）等。维生素 K 属于骨形成的促进剂，临床和实验已经证明其有明确的抗骨质疏松作用，但其作用程度逊于雌激素，且其治疗作用有明显的药物剂量依赖性。目前，维生素 K 可以改善中老年骨质疏松症患者的状态，从而达到抗骨质疏松的作用。

（3）减少动脉硬化。

大剂量的维生素 K 可以降低动脉硬化的危险性。

（二）维生素 K 与疾病

中国成人膳食维生素 K 的每日适宜摄入量为 80 μg。因维生素 K 广泛分布于动、植物组织，且体内肠菌也能合成，故原发性维生素 K 缺乏不常见，临床上能见到的由于维生素 K 缺乏所致的表现是继发性出血，如伤口出血、大片皮下出血和中枢神经系统出血等。最常见的成人维生素 K 缺乏性出血多发生于摄入含维生素 K 低的膳食并服用抗生素的病人中，维生素 K 不足可见于吸收不良综合征和其他胃肠疾病（如口炎性腹泻、溃疡性结肠炎、胆道梗阻、胰腺功能不全等），以上情况均需常规补充维生素 K 制剂。胎盘转运维生素 K 量少，新生儿初生时体内储存量低及体内肠道的无菌状态阻碍了利用维生素 K。母乳中维生素 K 含量低，新生儿吸乳量少及婴儿未成熟的肝脏还不能合成正常数量的凝血因子等，这些原因促使新生儿、婴儿普遍存在低凝血酶原症。缺乏维生素 K 会减少机体中凝血酶原的合成，从而导致出血不止、凝血时间延长，即便是轻微的创伤或挫伤也可能引起血管破裂。

第二节　水溶性维生素

水溶性维生素（water-soluble vitamins）（见图 1-10）是可溶于水而不溶于非极性有机溶剂的一类维生素，包括维生素 B 族（维生素 B_1、维生素 B_2、维生素 PP、维生素 B_6、泛酸、生物素、叶酸、维生素 B_{12}）和维生素 C。这类维生素除碳、氢、氧元素外，有的还含有氮、硫等元素。水溶性维生素在体内主要构成酶的辅因子，直接影响某些酶的活性。与脂溶性维生素不同，水溶性维生素在人体内储存较少，从肠道吸收后进入人体的多余的水溶性维生素大多从尿中排出。水溶性维生素几乎无毒性，摄入量偏高一般不会引起中毒现象，若摄入量过少则较快出现维生素缺乏症状。

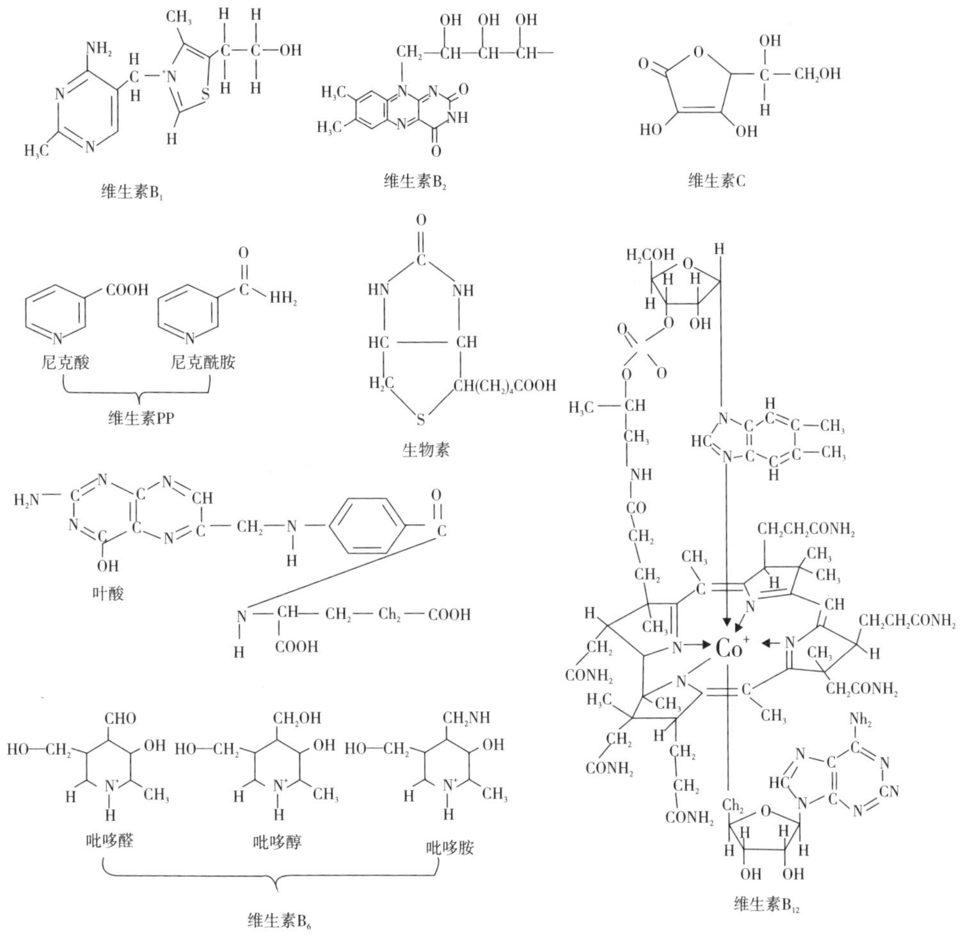

图 1-10 水溶性维生素的结构

一、维生素 B_1

（一）维生素 B_1 的性质与生理功能

1. 维生素 B_1 的性质

维生素 B_1 又称硫胺素（thiamin），由一个含氨基的嘧啶环和一个含硫的噻唑环通过亚甲基桥连接而成。维生素 B_1 为白色或黄白色细小结晶，熔点为 249 ℃，具有潮解性，溶于水，微溶于乙醇，不溶于有机溶剂，气味似酵母，味苦。维生素 B_1 主要存在于豆类和种子外皮（如米糠）、胚芽、酵母和瘦肉中。谷物仍是人们通过传统饮食摄取维生素 B_1 的主要来源。但过度碾磨的精白米、精白面会丢失大量维生素 B_1。硫胺素主要被小肠吸收，在血液中多种酶的参与下即被磷酸化而成为磷酸酯，其中主要的形式是与焦磷酸生成硫胺素焦磷酸（thiamine pyrophosphate，TPP），其结构如图 1-11 所示。少部分为硫胺素一磷酸（TMP）、硫胺素三磷酸（TTP）和游离硫胺素。TPP 是维生素 B_1 的活性形式，占体内硫胺素总量的 80%。

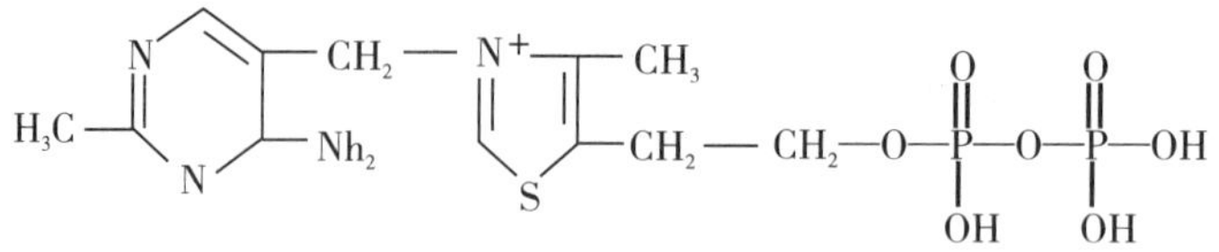

图 1-11 TPP 的结构式

2. 维生素 B_1 的生理功能

（1）参与糖代谢。维生素 B_1 在体内糖代谢中发挥重要的作用。TPP 是丙酮酸脱氢酶复合体（pyruvate dehydrogenase complex，PDHC）、α-酮戊二酸脱氢酶复合体（α-ketoglutarate dehydrogenase complex，KGDHC）和磷酸戊糖途径的转酮醇酶（transketolase，TK）反应中的重要辅助因子。PDHC 和 KGDHC 是细胞利用葡萄糖产生 ATP 途径的重要组成部分；TK 则是糖异生的关键酶。动物实验显示，维生素 B_1 缺乏时大脑对葡萄糖的利用明显降低。维生素 B_1 缺乏时，三羧酸循环发生障碍，丙酮酸和乳酸堆积，ATP 产生受阻，首先影响主要依靠糖代谢提供能量的神经组织。

（2）与神经传导有关。维生素 B_1 在神经传导中起一定作用。乙酰胆碱由乙酰辅酶 A 与胆碱合成，乙酰辅酶 A 主要来自丙酮酸的氧化脱羧反应。维生素 B_1 缺乏时，乙酰辅酶 A 的来源减少，影响了乙酰胆碱的合成。此外，维生素 B_1 可作为胆碱酯酶的抑制剂，参与乙酰胆碱的代谢调控。维生素 B_1 的缺乏导致乙酰胆碱的生成减少、分解加速，表现为胃肠蠕动缓慢、消化液分泌减少，出现食欲缺乏、消化不良等症状。

（二）维生素 B_1 与疾病

中国成人男性膳食维生素 B_1 的每日平均需要量为 1.2 mg，成人女性为 1.0 mg。维生素 B_1 易溶于水，在食物清洗过程中可随水大量流失，经加热后菜中 B_1 主要存在于汤中。若菜类加工过细、烹调不当或制成罐头食品，维生素会大量丢失或破坏。另外，吸收障碍（如慢性消化紊乱、长期腹泻等）和需要量增加（如长期发热、感染、手术后、甲状腺功能亢进等）也可导致维生素 B_1 的缺乏。与酗酒相关的维生素 B_1 缺乏是临床上最常见的维生素 B_1 缺乏原因之一，称为韦尼克-柯萨可夫综合征（Wernicke-Korsakoff syndrome，WKS），患者除了有明显的认知丧失、记忆力减退外，其脑内病变为选择性神经元死亡，KGDHC 活性明显降低并伴随类似阿尔茨海默病患者的神经元纤维缠结。消化道疾病患者和 65 岁以上的老年人群中，亚临床维生素 B_1 缺乏非常普遍。在 65 岁以上的老年人群中，血液维生素 B_1 水平减少约 1/3。

维生素 B_1 缺乏时糖代谢障碍中的糖氧化受阻形成丙酮酸乳酸堆积，影响机体能量供应，可引起脚气病。临床表现中消化系统症状为胃纳差、便秘、肠蠕动减慢、腹胀；心血管系统立症状为心动过速、水肿、心脏肥大和扩张；神经系统症状为疲乏、记忆力减退、失眠，重者可出现中枢和周围发炎症状或者精神错乱等。因此，维生素 B_1 也称为抗脚气病维生素。

二、维生素 B_2

（一）维生素 B_2 的性质与生理功能

1. 维生素 B_2 的性质

1879 年，英国著名化学家布鲁斯发现牛奶的上层乳清中存在一种黄绿色的荧光色素，他们用各种方法提取，试图发现其化学本质，都没有成功。1933 年，美国科学家哥尔倍格等从 1000 多千克牛奶中得到 18 毫克这种物质，即维生素 B_2。维生素 B_2 是核醇与 6，7 二甲基异咯嗪的缩合物。因其呈黄色针状结晶，又名核黄素（riboflavin）。维生素 B_2 异咯嗪环上的第 1 和第 5 位氮原子与活泼的双键连接，此两个氮原子可反复接受或释放氢，因而具有可逆的氧化还原性。（见图 1-12）

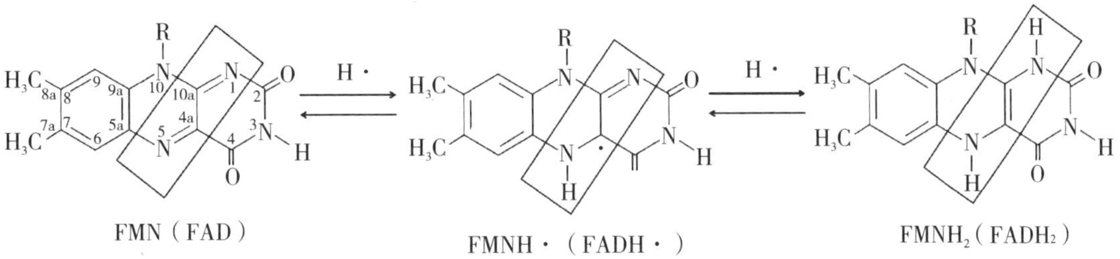

图 1-12 FMN（FAD）的结构与逆氢作用

维生素 B_2 易溶于稀的氢氧化钠溶液，在碱性溶液中容易溶解，在强酸溶液中稳定；耐热、耐氧化，光照及紫外照射引起不可逆的分解。维生素 B_2 在各类食品中广泛存在，但通常动物性食品中的含量高于植物性食物，如各种动物的肝脏、肾脏、心脏、蛋黄、鳝鱼及奶类等。许多绿叶蔬菜和豆类含量也多，谷类和一般蔬菜含量较少。维生素 B_2 主要在小肠上段通过转运蛋白主动吸收。吸收后的维生素 B_2 在小肠黏膜黄素激酶的催化下转变成黄素单核苷酸（flavin mononucleotide，FMN），后者在焦磷酸化酶的催化下进一步生成黄素腺嘌呤二核苷酸

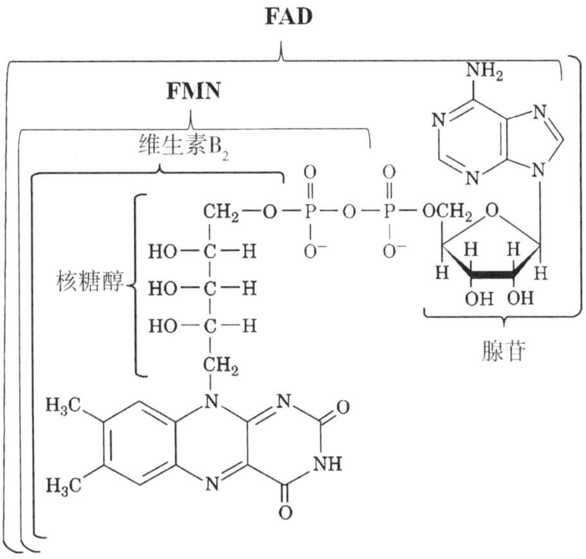

图 1-13 FMN 和 FAD 的结构

（flavin adenine dinucleotide，FAD），FMN 及 FAD 是维生素 B_2 的活性形式（见图 1-13）。

2. 维生素 B_2 的生理功能

FMN 及 FAD 是体内氧化还原酶（琥珀酸脱氢酶、黄嘌呤氧化酶及 NADH 脱氢酶等）

的辅基,主要起递氢体的作用。它们参与呼吸链能量产生,氨基酸、脂类氧化,嘌呤碱转化为尿酸,芳香族化合物的羟化,蛋白质与某些激素的合成,铁的转运、储存及动员,以及叶酸、吡哆醛、尼克酸的代谢等。FAD 和 FMN 分别作为辅酶参与色氨酸转变为烟酸和维生素 B_6 转变为磷酸吡哆醛的反应,是 B 族维生素协调作用的一个典范。

(二)维生素 B_2 与疾病

中国成人男性膳食维生素 B_2 的每日平均需要量为 1.4 mg,成人女性为 1.2 mg。摄入量不足、酗酒可导致维生素 B_2 的缺乏。另外某些药物,如治疗精神病的普吗嗪、丙咪嗪,抗癌药阿霉素,抗疟药阿的平等,因其会抑制维生素 B_2 转化为活性辅酶形式,长期服用这些药物时会引发维生素 B_2 的缺乏症。当维生素 B_2 缺乏时,就会影响机体的生物氧化,使代谢发生障碍。其病变多表现为口、眼和外生殖器部位的炎症,如口角炎、唇炎、舌炎、眼结膜炎和阴囊炎等,故本品可用于上述疾病的防治。体内维生素 B_2 的储存是很有限的,因此,每天都要通过摄入饮食提供。

三、维生素 PP

(一)维生素 PP 的性质与生理功能

1. 维生素 PP 的性质

维生素 PP 包括烟酸(nicotinic acid)和烟酰胺(nicotinamide),以前也称为尼克酸和尼克酰胺、抗癞皮病因子等,它是具有生物活性的吡啶-3-羧酸及其衍生物的总称。它是所有维生素中结构最简单、理化性质最稳定的一种维生素,不易被热、氧、光、碱、酸破坏。维生素 PP 广泛存在于植物中,在酵母,麦胚,谷物种皮,花生饼,苜蓿,肝和瘦肉中含量丰富,但玉米中烟酸和色氨酸的含量很少,而且还呈结合状态,因而当以玉米为主要食物时,应补充烟酸。

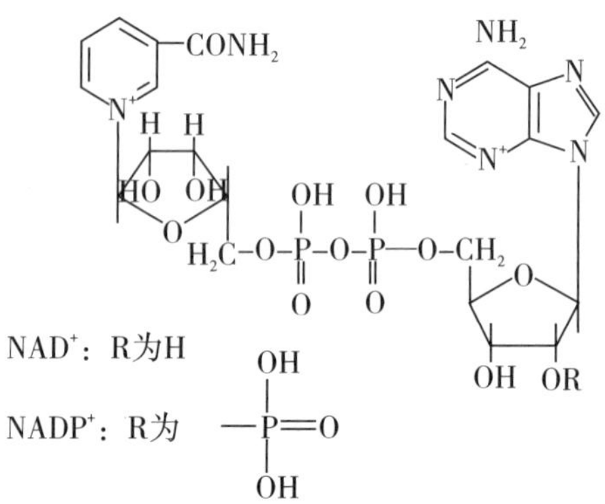

食物中的维生素 PP 均以烟酰胺腺嘌呤二核苷酸(nicotinamide adenine dinucleotide,NAD^+,辅酶Ⅰ)或烟酰胺腺嘌呤二核苷酸磷酸(nicotinamide adenine dinucleotide phosphate,$NADP^+$,辅酶Ⅱ)的形式存在(见图1-14)。它们在小肠内被水解生成游离的维生素 PP,并被吸收运输到组织细胞后,再合成 NAD^+ 或 $NADP^+$。

图 1-14 维生素 PP 的结构式

2. 维生素 PP 的生理功能

(1) NAD^+ 和 $NADP^+$ 是维生素 PP 在体内的活性形式。NAD^+ 和 $NADP^+$ 是体内多种不需氧脱氢酶的辅酶,广泛参与体内的氧化还原反应。这两种辅酶结构中的尼克酰胺部分,具有可逆的加氢和脱氢特性,故在氧化还原过程中起传递氢的作用。例如,丙酮酸脱氢酶是以 NAD^+ 为辅酶,磷酸戊糖途径中的 G6PD 以 $NADP^+$ 为辅酶。(见图 1-15)

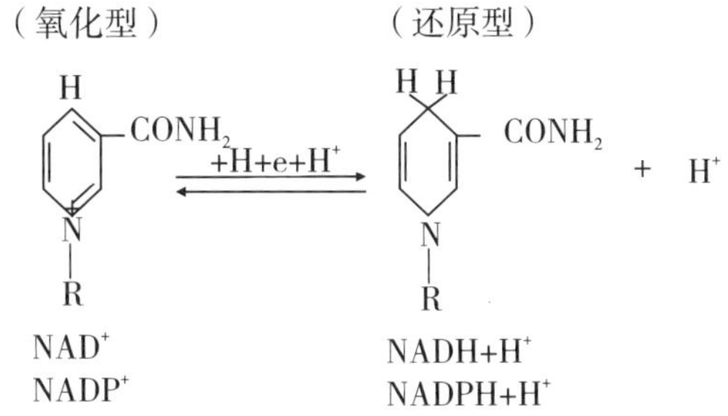

图 1-15 NAD$^+$和 NADP$^+$的逆氢作用

（2）烟酸能抑制脂肪的动员。烟酸能使肝中的 VLDL 合成减少，从而降低血浆中的胆固醇。近年来，烟酸作为药物（烟酸肌醇酯、心血通注射液）已用于临床治疗高胆固醇血症。但每日大量服用烟酸（2 g～6 g）会引发血管扩张、脸颊潮红、胃肠不适等毒性症状。长期日服用量超过 500 mg 可引起肝损伤。

（二）维生素 PP 与疾病

中国成人男性膳食维生素 PP 的每日平均需要量为 12 mg。以玉米为主食的地区是烟酸缺乏症的高发区，嗜酒、长期服用异烟肼可导致烟酸缺乏。烟酸缺乏症（pellagra）又称糙皮病，系因烟酸或其前体物质色氨酸缺乏而导致的系统性疾病，临床上该病主要表现为皮炎、腹泻、痴呆及死亡。皮损组织病理显示，表皮角层肥厚伴有角化不全和色素增加，真皮上部尤其是血管周围有炎细胞浸润，胶原纤维肿胀，神经有退行性病变，神经组织及其他内脏可有不同程度的萎缩、炎症及溃疡等变化，病理方面缺乏特征性改变。烟酸作为药品，可防治皮肤病和类似的维生素缺乏症，具有扩张血管的作用，可用于医治末梢神经痉挛、动脉硬化等病症。烟酸还可以作为医药中间体，用于合成具有重要医药用途的多种酰胺类和酯类药物，如烟酰胺可用于治疗肠胃病，烟酸羟甲胺是保肝利胆抑菌的良药，烟酰苯甲胺作为高效灭螺药物，可用于防治血吸虫病；烟酸和二乙胺合成的尼可刹米是中枢神经兴奋药，用于治疗中枢神经性呼吸及循环系统衰竭症；烟酸与醇反应生成的烟酸肌醇酯是治疗高脂血症、冠心病、偏头痛、末梢血管障碍性疾病等的药物。

四、维生素 B_6

（一）维生素 B_6 的性质与生理功能

1. 维生素 B_6 的性质

在 19 世纪时，除发现糙皮病（pellagra）由烟酸缺乏引起外，在 1926 年又发现另一种维生素在饲料中缺乏时，也会引起小老鼠诱发糙皮病。后来，此物质在 1934 年被定名为维生素 B_6，直到 1938—1939 年才被分离出来，并定性及能合成维生素 B_6。维生素 B_6 包含吡哆醇（pyridoxine）、吡哆醛（pyridoxal）、吡哆胺（pyridoxamine）和它们的磷酸衍生物（见图 1-16），在体内以磷酸酯的形式存在；在酸液中稳定，在碱液中易破坏，吡哆醇耐热，吡哆醛和吡哆胺不耐高温。维生素 B_6 在酵母菌、肝脏、谷粒、肉、鱼、蛋、豆类及花生中含量较多。食物中的维生素 B_6 的磷酸酯在小肠碱性磷酸酶的作用下水解，以脱磷酸的形式吸收。血浆中磷酸吡哆醇虽占血浆中维生素 B_6 的60%，但与蛋白相结合，不易为其他细胞所利用。因此，磷酸吡哆醛和磷酸吡多胺是其活性形式。体内维生素 B_6 主要储存于肌肉，并与糖原磷酸化酶相结合。

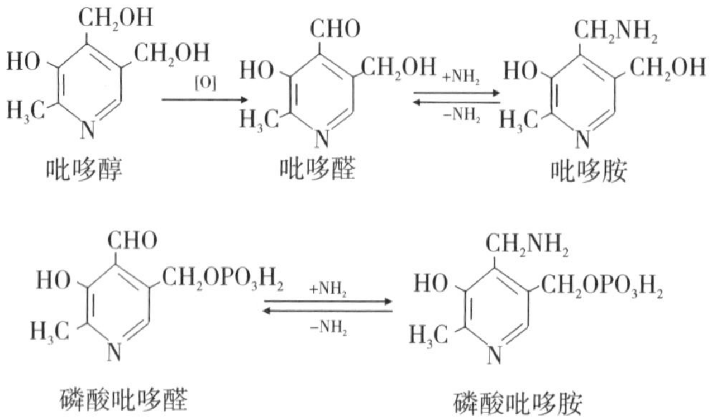

图 1-16 维生素 B_6 的结构式

2. 维生素 B_6 的生理功能

（1）磷酸吡哆醛是多种酶的辅酶。磷酸吡哆醛是体内百余种酶的辅酶，在代谢中发挥重要的作用。①磷酸吡哆醛是转氨酶的辅酶，参与体内的转氨基作用，生成体内的非必需氨基酸。②磷酸吡哆醛是谷氨酸脱羧酶的辅酶，可促进谷氨酸脱羧转变成大脑抑制性神经递质（γ-氨基丁酸）的生成，故临床上常用维生素 B_6 治疗小儿惊厥、妊娠呕吐和精神焦虑等。③磷酸吡哆醛还是血红素合成的关键酶（δ-氨基-γ-酮戊酸合酶）的辅酶，参与血红素的生成。维生素 B_6 缺乏导致血红素合成障碍，出现低色素小细胞性贫血。④维生素 B_6 参与糖原磷酸化酶的组成，作为体内维生素 B_6 的储存场所，促进肝糖原转变成葡萄糖。⑤在甲硫氨酸的循环中，同型半胱氨酸在甲硫氨酸充足的情况下通过胱硫醚合酶的作用转变成半胱氨酸，该酶的辅酶为维生素 B_6。目前的观点为，同型半胱氨酸可能是动脉粥样硬化的独立危险因子，2/3 以上的高同型半胱氨酸血症与叶酸、维生素 B_{12} 和维生素 B_6 的缺乏有关。维生素 B_6 对治疗上述疾病有一定的作用。⑥维生素 B_6 可促进亚油酸变成花生四烯酸，而后者与胆固醇结合成的酯易于转运代谢和排泄。另外，维生素 B_6 还能抑制血小板的功能和纤维蛋白的形成，故可降低胆固醇和防止血栓形成。

（2）磷酸吡哆醛可终止类固醇激素作用。磷酸吡哆醛可以将类固醇激素-受体复合物从 DNA 中移去，终止这些激素的作用。维生素 B_6 缺乏时，可增加人体对雌激素、雄激素、皮质激素和维生素 D 作用的敏感性，与乳腺、前列腺和子宫激素相关肿瘤的发生发展有关。

（二）维生素 B_6 与疾病

中国成人每日平均需要量是 1.2 mg。人类中尚未发现维生素 B_6 缺乏的典型病例。长期服用抗结核药异烟肼应补充维生素 B_6，异烟肼能与磷酸吡哆醛的醛基结合，磷酸吡哆醛失去辅酶作用，会引起周围神经病，以四肢远端感觉丧失、无力和腱反射减低为特点。患者主诉肢端烧灼样和痛性感觉障碍。维生素 B_6 缺乏时血红素的合成受阻，可造成低血色素小细胞性贫血和血清铁增高。

五、泛酸

(一)泛酸的性质与生理功能

1. 泛酸的性质

泛酸（pantothenic acid）又称遍多酸、维生素 B_5，因广泛存在于动、植物组织中而得名。1933 年，它被发现是酵母的生长因素，是由 R. J. Williams 等从某种生物活素（bios）中分离出来的。纯游离泛酸是一种淡黄色黏稠的油状物，具酸性，易溶于水和乙醇，不溶于苯和氯仿。泛酸在酸、碱、光及热等条件下都不稳定。泛酸被吸收进入人体后，经磷酸化并获得巯基乙胺而生成 4-磷酸泛酰巯基乙胺。4-磷酸泛酰巯基乙胺是辅酶 A（coenzyme A，CoA）及酰基载体蛋白（acyl carrier protein，ACP）的组成部分，因此，CoA 及 ACP 为泛酸在体内的活性型。（见图 1-17）

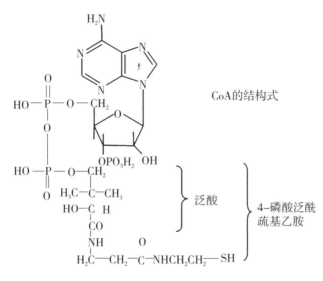

图 1-17 CoA 的结构

2. 泛酸的生理功能

泛酸在体内主要参与糖、脂、蛋白质代谢及生物转化过程起到转移酰基的作用。泛酸具有抗脂质过氧化作用，可能的机制主要有两种：一是以 CoA 的形式清除自由基，保护细胞质膜不受损害；二是 CoA 通过促进磷脂合成帮助细胞修复。

(二)泛酸与疾病

中国居民膳食泛酸的每日适宜摄入量是 5.0 mg。情绪压力过大者可适当增加泛酸的摄入。泛酸缺乏症很少见。泛酸缺乏的早期患者易疲劳及引发胃肠功能障碍等疾病，如食欲缺乏、恶心、腹痛、便秘等症状。严重时最显著的特征是出现肢神经痛综合征，主要表现为脚趾麻木、步行时摇晃、周身酸痛等。若病情继续恶化，则会产生易怒、脾气暴躁、失眠等症状。目前尚未发现过量泛酸具有副作用。

六、生物素

(一) 生物素的性质与生理功能

1. 生物素的性质

生物素（Biotin）又称维生素H、维生素B_7等，是20世纪30年代在研究酵母生长因子和根瘤菌的生长与呼吸促进因子时，从肝中发现的一种可以防治由于喂食生鸡蛋蛋白诱导的大鼠脱毛和皮肤损伤的因子。生物素是含硫的噻吩环与尿素缩合并带有戊酸侧链的化合物（见图1-18），在肝、肾、酵母、蛋类、花生、牛乳和鱼类等食品中含量较多，啤酒里含量较高，人肠道细菌也能合成。生物素为无色针状结晶体，极微溶于水和乙醇，较易溶于热水和稀碱液，不溶于其他常见的有机溶剂，耐酸而不耐碱，氧化剂及高温可使其失活。口服生物素可迅速从胃和肠道吸收，血液中80%的生物素以游离形式存在，分布于全身各组织，在肝、肾中含量较多。

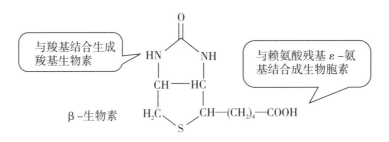

图1-18 生物素的结构

2. 生物素的功能

生物素是体内多种羧化酶的辅基，参与CO_2固定和羧化过程。如丙酮酸羧化酶催化丙酮酸羧化成乙酰辅酶A、乙酰辅酶A羧化酶催化乙酰辅酶A羧化成丙二酰辅酶A等。除此之外，生物体内组蛋白生物素酰化在细胞增殖、DNA修复、维持基因的稳定方面发挥作用。在科研上，生物素还可以用作核酸探针的标记物，它能与核酸分子的UTP或dUTP 5═位上的碳相结合，并可与亲和素结合而被检测。在检测的过程中，生物素只用作固定连接，而不用作信号检测。

(二) 生物素与疾病

中国居民膳食生物素的适宜摄入量是40 μg/d。但生物素在人体内仅停留3～6 h，因此必须每天补充。生物素的来源极为广泛，人体肠道细菌也能合成，很少出现缺乏症。新鲜鸡蛋清中有一种抗生物素蛋白（avidin），生物素可与其结合而不能被吸收。喜食生鸡蛋和饮酒的人需要补充生物素。服用抗生素或磺胺药剂的人每天至少要摄取25μg生物素；头发稀疏的男性摄入生物素，防止脱发效果明显。生物素缺乏症主要表现以皮肤症状为主，可见毛发变细、失去光泽、皮肤干燥、鳞片状皮炎、红色皮疹，严重者的皮疹可蔓延至眼睛、鼻子和嘴周围，伴有食欲减退、恶心、呕吐、舌乳头萎缩、黏膜变灰、精神沮丧、高胆固醇血症等。尚未有过量生物素的毒性作用报道。

七、叶酸

（一）叶酸的性质与生理功能

1. 叶酸的性质

1931年，印度孟买产科医院的医生L. Wills等人发现，酵母或肝脏浓缩物对妊娠妇女的巨幼红细胞性贫血症状有一定的作用，认为这些提取物中有某种抗贫血因子；1939年，有人在肝中发现了抗鸡贫血的因子，称为VBe；1941年，H. K. Mitchell等人发现菠菜中有乳酸链球菌的一个因子，称作叶酸。1945年，R. B. Angier等人在合成蝶酰谷氨酸时，发现以上所有的因子都是同一种物质，并完成了结构测定，之后常称之为叶酸（folic acid）。因此，叶酸又叫维生素B_{11}、抗贫血因子、蝶酰谷氨酸等。其结构由蝶啶、对氨基苯甲酸与1个或多个谷氨酸结合而成（见图1-19）。天然存在的叶酸大都是多谷氨酸形式。它广泛地存在于肉类、鲜果、蔬菜中，肠道细菌也能合成。叶酸为黄色结晶状粉末，无味无臭，不溶于醇、乙醚及其他有机溶剂，但稍溶于热水。在酸性溶液中不稳定，易被光破坏。

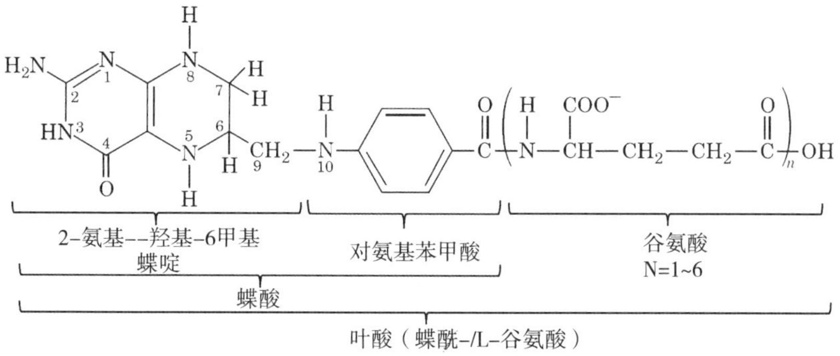

图1-19 叶酸的结构式

食物中的蝶酰多谷氨酸在小肠被水解，生成蝶酰单谷氨酸。后者易被小肠上段吸收，在小肠黏膜上皮细胞二氢叶酸还原酶的作用下，生成叶酸的活性型——5，6，7，8-四氢叶酸（tetrahydrofolic acid，FH_4）。在丝氨酸羟甲基转移酶的作用下，四氢叶酸活化为5，10-亚甲基四氢叶酸，该反应是可逆的；在亚甲基四氢叶酸还原酶的作用下，5，10-亚甲基四氢叶酸转化为5-甲基四氢叶酸。（见图1-20）

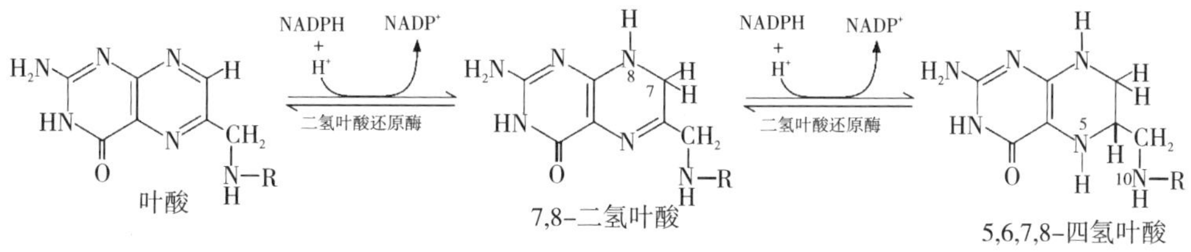

图1-20 叶酸与四氢叶酸的相互转变

2. 叶酸的生理功能

FH_4是体内一碳单位转移酶的辅酶，分子中 N^5、N^{10} 是一碳单位的结合位点。一碳单位在体内参与丝氨酸、甘氨酸、嘌呤、胸腺嘧啶核苷酸等多种物质的合成。

（二）叶酸与疾病

中国居民膳食叶酸的每日平均需要量是 320 μg。由于叶酸来源丰富，肠道细菌也能合成，一般情况下不缺乏。当吸收不良、代谢失常或长期使用肠道抑菌药物、肝脏疾病时，可造成叶酸缺乏。叶酸缺乏可使一碳单位转运出现障碍，DNA 合成受到抑制，骨髓幼红细胞 DNA 合成减少，细胞分裂速度降低，细胞体积增大，造成巨幼细胞贫血（megaloblastic anemia）。叶酸缺乏导致甲硫氨酸循环出现障碍时，还可引起高同型半胱氨酸血症，增加动脉粥样硬化、血栓生成和高血压的危险性。叶酸缺乏也可引起 DNA 低甲基化，增加一些癌症（如结肠、直肠癌）的危险性。此外，孕妇如果叶酸缺乏，可能造成胎儿神经管畸形。1991 年，英国医学研究委员会证实了妊娠前后补充叶酸可预防神经管畸形的发生，降低 50%~70% 的发病率。神经管畸形是胚胎在发育过程中神经管闭合不全而引起的一组缺陷，包括无脑儿、脑膨出、脊柱裂等，是最常见的新生儿缺陷疾病之一。故孕妇及哺乳期妇女应适量补充叶酸，以降低发生新生儿疾病的风险。口服避孕药或抗惊厥药能干扰叶酸的吸收及代谢，如长期服用此类药物时应考虑补充叶酸。叶酸的每日最高允许摄入量为 1000 μg。

八、维生素 B_{12}

（一）维生素 B_{12} 的性质与生理功能

1. 维生素 B_{12} 的性质

维生素 B_{12} 又叫钴胺素（cobalamin），是唯一含金属元素的维生素。自然界中的维生素 B_{12} 都是微生物合成的，高等动植物不能制造维生素 B_{12}。维生素 B_{12} 在酵母和动物肝中含量丰富，目前认为不存在于植物中。维生素 B_{12} 分子中的钴能与—CN、—OH、—CH_3 或 5′-脱氧腺苷等基团连接，分别形成氰钴胺素、羟钴胺素、甲钴胺素和 5′-脱氧腺苷钴胺素，后两者是维生素 B_{12} 在体内的活性形式（见图 1-21）。维生素 B_{12} 是唯一的一种需要一种肠道分泌物（内源因子）帮助才能被吸收的维生素。

食物中的维生素 B_{12} 与蛋白质结合，进入人体消化道内，在胃酸、胃蛋白酶及胰蛋白酶的作用下，维生素 B_{12} 被释放，并与胃黏膜细胞分泌的一种糖蛋白内因子（IF）结合。维生素 B_{12}-IF 复合物在回肠被吸收。IF 是分子量为 50 kD 的糖蛋白，只与活性形式的维生素 B_{12} 以 1∶1 结合。当胰腺功能障碍时，因维生素 B_{12}-IF 不能分解而排出体外，从而导致维生素 B_{12} 缺乏。维生素 B_{12} 的贮存量很少，在肝脏存储量为 2~3 mg。主要从尿排出，部分从胆汁排出。但人体维生素 B_{12} 需要量极少，只要饮食正常，就不会缺乏。

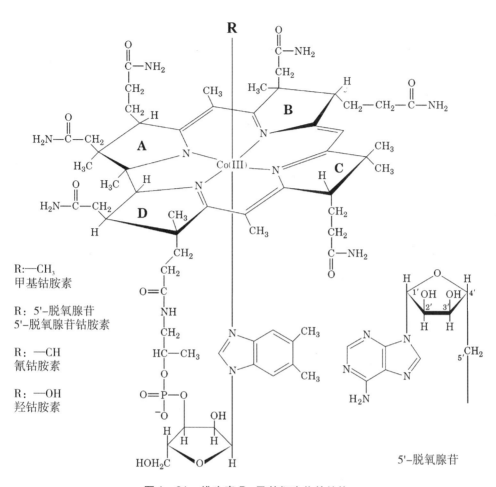

图1-21 维生素 B_{12} 及其衍生物的结构

2. 维生素 B_{12} 的生理功能

（1）作为甲基转移酶的辅酶。维生素 B_{12} 是 $N^5-CH_3-FH_4$ 转甲基酶（甲硫氨酸合成酶）的辅酶，参与催化同型半胱氨酸转变成甲硫氨酸。维生素 B_{12} 缺乏时，一方面 $N^5-CH_3-FH_4$ 上的甲基不能转移出去，影响四氢叶酸的再生，组织中游离的四氢叶酸含量减少，一碳单位的代谢受阻，造成核酸合成障碍，从而导致巨幼红细胞性贫血，另一方面造成同型半胱氨酸在体内堆积，导致高同型半胱氨酸血症，引起动脉粥样硬化、冠心病等。

（2）营养神经的作用。奇数碳脂肪酸和某些氨基酸氧化生成的甲基丙二酰辅酶A转变为琥珀酰辅酶A必须有甲基丙二酰辅酶A变位酶和维生素 B_{12} 参与。人体缺乏维生素 B_{12} 时，因甲基丙二酰辅酶A和脂肪酸合成的中间产物丙二酰辅酶A结构相似，可引起脂肪酸代谢异常和甲基丙二酸排泄增加。如果甲基丙二酸附着于神经组织中，可能使之变性。

（二）维生素 B_{12} 与疾病

中国居民膳食维生素 B_{12} 的每日平均需要量是 2.0 μg。因维生素 B_{12} 广泛存在于动物食品中，正常膳食者一般不会缺乏。但绝对的素食主义者、萎缩性胃炎、胃全切病人或内因子的先天性缺陷者，可因维生素 B_{12} 的严重吸收障碍而出现缺乏症。

当维生素 B_{12} 缺乏时，核酸合成障碍阻止细胞分裂而产生巨幼红细胞性贫血，故维生素 B_{12} 也称为抗恶性贫血维生素。同型半胱氨酸的堆积可造成高同型半胱氨酸血症，增加动脉硬化、血栓生成和高血压的危险性。维生素 B_{12} 缺乏可导致神经疾患，其原因是脂肪酸的合成异常，导致髓鞘变性退化，引发退行性变化。因此，维生素 B_{12} 具有营养神经的作用。

九、维生素C

（一）维生素C的性质与生理功能

1. 维生素C的性质

维生素C又称L-抗坏血酸（ascorbic acid）。维生素C缺乏导致的坏血病是最早被发现的维生素缺乏病之一，早在公元前1550年就有坏血病的记载。公元前450年，希腊的医学资料记载了坏血病的症状。1747年，英国一名海军军医首次发现柑橘和柠檬能治疗坏血病。1928年，剑桥大学的学者从牛肾上腺素、柑橘和甘蓝叶分离出抗坏血酸。维生素C是一种多羟基化合物，其分子中第2及第3位上两个相邻的烯醇式羟基极易解离而释出 H^+，故具有酸的性质。维生素C可以氧化脱氢生成脱氢维生素C，后者又可接受氢再还原成维生素C，但脱氢维生素C若继续氧化，生成二酮古洛糖酸，则反应不可逆而完全失去生理效能。因此维生素在体内具有抗氧化作用（见图1-22）。维生素C为无色无臭的片状晶体，易溶于水，不溶于脂溶性溶剂。维生素C在酸性溶液中比较稳定，在中性、碱性溶液中加热易被氧化破坏。

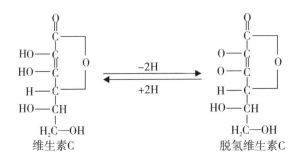

图1-22 维生素C的结构与氧化还原过程

人类和其他灵长类动物、豚鼠等动物体内不能合成维生素C，必须由食物供给。食物中的维生素C主要存在于新鲜的蔬菜、水果中，水果中新枣、酸枣、橘子、山楂、柠檬、猕猴桃、沙棘和刺梨含有丰富的维生素C；蔬菜中绿叶蔬菜、青椒、番茄、大白菜等含量较高。

维生素C主要通过由小肠上段吸收进入血液循环。小肠的吸收率视维生素C的摄取量不同而有差异，摄取量越高，吸收率越低。还原型维生素C是其在细胞内与血液中的主要存在形式。

2. 维生素C的生理功能

（1）参与体内的多种羟化反应，羟化反应是体内许多重要物质合成或分解的必要步骤,在羟化过程中,必须有维生素 C 参与。

①维生素 C 参与芳香族氨基酸代谢。如羟苯丙酮酸在羟苯丙酮酸羟化酶催化下生成尿黑酸,该反应需要维生素 C 的参与。维生素 C 缺乏时,尿中可出现大量羟苯丙酮酸。酪氨酸转变成儿茶酚胺也需要维生素 C 的参与。

②参与胆汁酸的合成。维生素 C 是胆汁酸合成关键酶 7α-羟化酶的辅酶,将胆固醇转变成胆汁酸。

③促进胶原蛋白的合成。胶原脯氨酸羟化酶和赖氨酸羟化酶分别催化前胶原分子中脯氨酸和赖氨酸残基的羟化,促进成熟胶原分子的生成。维生素 C 是维持这些酶活性所必需的辅因子。胶原是结缔组织、毛细血管和骨的重要构成成分。脯氨酸羟化酶也为骨钙蛋白和补体 C1q 生成所必需。维生素 C 缺乏会导致坏血病(scurvy),表现为毛细血管脆性增强易破裂、牙龈腐烂、牙齿松动、骨折以及创伤不易愈合等。

④体内肉碱合成过程需要依赖维生素 C 参与。维生素 C 缺乏时,脂肪酸 β-氧化作用减弱,病人往往出现倦怠乏力。

(2)参与体内氧化还原反应,维生素 C 既可以是氧化型,又可以是还原型存在于体内,所以可作为供氢体,又可作为受氢体,在体内氧化还原过程中发挥重要作用。

①维生素 C 具有保护巯基的作用,体内的巯基酶的—SH 需要保持还原状态才具有活性。维生素 C 在谷胱甘肽还原酶作用下,将氧化型谷胱甘肽(GSSG)还原成还原型谷胱甘肽(GSH)。还原型 GSH 能清除细胞膜的脂质过氧化物,起到保护细胞膜的作用。

②小肠中的维生素 C 可将 Fe^{3+} 还原成 Fe^{2+},有利于食物中铁的吸收,也能使红细胞中高铁血红蛋白(Fe^{3+})还原为血红蛋白(Fe^{2+}),使其恢复运氧能力。

③维生素 C 作为抗氧化剂,影响细胞内活性氧敏感的信号转导系统(如 NF-κB 和 AP-1),从而调节基因表达,影响细胞分化与细胞功能。维生素 C 保护维生素 E、A、B,促进叶酸转变成四氢叶酸。

(3)维生素 C 具有增强机体免疫力的作用。

维生素 C 能促进体内抗菌活性、NK 细胞活性,促进淋巴细胞增殖和趋化作用,提高吞噬细胞的吞噬能力,促进免疫球蛋白的合成,从而提高机体免疫力。

(二)维生素 C 与疾病

中国居民膳食维生素 C 的每日平均需要量是 85 mg。维生素 C 缺乏,丧失了它最重要的功能,即脯氨酸和赖氨酸的羟基化过程不能顺利进行,胶原蛋白合成受阻,引起坏血病的发生。早期表现为疲劳、倦怠、牙龈肿胀、出血、伤口愈合缓慢等,严重时可出现内脏出血而危及生命。由于机体在正常状态下可储存一定量的维生素 C,坏血病的症状常在维生素 C 缺乏 3~4 个月后才出现。血浆和白细胞中维生素 C 浓度测定为评估机体维生素 C 营养状况最实用和可靠的指标。血浆维生素 C 水平只能反映维生素 C 的摄入情况,白细胞中维生素 C 水平反应机体内维生素 C 的储存水平。血浆维生素水平不高于 2.0 mg/L 为缺乏;白细胞中的维生素 C 小于 2 μg 每 10 个细胞为缺乏。维生素 C 缺乏直接影响胆固醇转化,引起体内胆固醇增多,是动脉硬化的危险因素之一。此外,尿中草酸盐的形成主要来源于食物的分解,因此,摄取高量的维生素 C,要注意导致尿路结石的可能。长期过量服用维生素 C,可能会引发不良反应,如腹泻、皮疹、胃酸增多、胃液反流等。

第三节 微量元素

人体是由几十种元素组成的,含量占人体总重量的万分之一以下,每日需要量在 100 mg 以下者称为微量元素。微量元素生理作用主要有以下方面:①参与构成酶活性中心或辅酶。人体内有一半以上的酶其活性部位含有微量元素。有些酶需要一种以上的微量元素才能发挥最大活性。有些金属离子构成酶的辅基。如细胞色素氧化酶中有 Fe^{2+},谷胱甘肽过氧化物酶(GSH-Px)为含硒酶。②参与体内物质运输。如血红蛋白中 Fe^{2+} 参与 O_2 的送输;碳酸酐酶含锌,参与 CO_2 的送输。③参与激素和维生素的形成。如碘是甲状腺素合成的必需成分,钴是维生素 B_{12} 的组成成分等。随着对微量元素的生物作用的研究不断深入,其在人体中的作用日益受到人们的重视,许多微量元素在生化、生理、营养、致癌及临床诊断中有重要意义,并揭示了一些原来病因不明、防治不易的疾病的发病机理,如缺硒导致的克山病、缺锌诱发的侏儒症、缺碘与地方性甲状腺肿等。因此,对微量元素认识及检测人体中微量元素的水平,对疾病的发生、发展、诊断及防治均有重要意义。本节分别介绍一些微量元素的代谢及功能。

一、铁

(一)铁的性质与生理功能

1. 铁的性质

铁在自然界的储量比较丰富,但从生物、医学的角度讲,铁属于微量元素。人体中微量元素中,铁的含量最多,其被称为"微量元素的老大"。成人体内铁的总量为 4~5 g,其中 72% 以血红蛋白、3% 以肌红蛋白、0.2% 以其他化合物形式存在;其余则为储备铁,以铁蛋白的形式储存于肝脏、脾脏和骨髓的网状内皮系统中,约占总铁量的 25%。正常成年男子体内铁含量平均为 50 mg/kg,女性为 30 mg/kg。食物中的铁主要以 Fe^{3+} 的形式存在,在胃酸作用下,还原成亚铁离子,再与肠内容物中的维生素 C、某些糖及氨基酸形成络合物,在十二指肠及空肠吸收。膳食中存在的磷酸盐、碳酸盐、植酸、草酸等可与非血红素铁形成不溶性的铁盐而阻止铁的吸收。胃酸分泌减少也会影响铁的吸收。铁在体内代谢中可反复被身体利用。一般情况下,除肠道分泌和皮肤、消化道及尿道上皮脱落、女性月经和哺乳期间丢失外,几乎不存在其他途径损失。

2. 铁的生理功能

铁作为血红蛋白和肌红蛋白的成分,参与氧气的转运;铁还参与多种酶和蛋白质的辅助因子,功能涉及能量代谢、DNA 合成、细胞凋亡等。如铁参与细胞色素的组成,对能量代谢产生影响,铁蛋白作为抗凋亡蛋白通过氧化应激参与细胞凋亡的过程;铁元素催化促进 β-胡萝卜素转化为维生素 A、促进嘌呤与胶原的合成、抗体的产生,脂类从血液中转运及药物在肝脏的解毒;铁与免疫的关系也比较密切,有研究表明,铁可以提高机体的免疫力、增加中性白细胞和吞噬细胞的吞噬功能,同时也可使机体的抗感染能力增强。

（二）铁与疾病

铁缺乏是一种常见的营养缺乏病，常见于以下原因：①需铁量增加而铁摄入不足，如婴幼儿、孕妇和哺乳期妇女。②铁吸收障碍，如胃肠功能紊乱、胃切除手术的患者等。③铁流失过多，如急性大量出血、慢性胃肠道失血、妇女月经量过多、血红蛋白尿等。由于铁的缺乏，血红蛋白合成受阻，导致小细胞低血色素性贫血（small cell low hemoglobin anemia），即缺铁性贫血（iron deficiency anemia）的发生。持续摄入铁过多或误服大量铁剂，可发生铁中毒（iron poisoning）。肝脏是铁储存的主要部位，铁过量也常累及肝脏，引起肝肿大、肝纤维化、肝癌等。急性铁中毒常见于摄入过量补铁剂的儿童。临床表现为上腹部不适、腹痛、恶心呕吐、腹泻黑便，甚至面部发紫、昏睡或烦躁，急性肠坏死或穿孔，最严重者可出现休克而导致死亡。慢性铁中毒多发生在45岁以上的喜好摄入补铁保健品的中老年人群。

二、铜

（一）铜的性质与生理功能

1. 铜的性质

铜在人体内含量为 80～110 mg，血清铜正常值为 100～120 μg/dL。铜是人体健康不可缺少的微量营养素。铜的主要吸收部位是胃、十二指肠和小肠上部，其主要通过胆汁排泄。贝壳类、甲壳类动物含铜量较高，动物内脏含铜较多，其次为坚果、干豆、葡萄干等。

2. 铜的生理功能

铜是机体内蛋白质和酶的重要组成部分，许多重要的酶需要微量铜的参与和活化。含铜的酶有酪氨酸酶、单胺氧化酶、超氧化酶、超氧化物歧化酶、细胞色素a、血铜蓝蛋白等。铜对血红蛋白的形成起活化作用，促进铁的吸收和利用，在传递电子、弹性蛋白的合成、结缔组织的代谢、嘌呤代谢、磷脂及神经组织形成方面有重要意义。

（二）铜与疾病

铜缺乏的特征性表现为小细胞低色素性贫血、白细胞减少、出血性血管改变、骨脱盐、高胆固醇血症和神经疾患等。铜摄入过多也会引起中毒现象，如蓝绿粪便、唾液及行动障碍等。

三、锌

（一）锌的性质与生理功能

1. 锌的性质

人体内含锌量为 1.5～2.5 g，遍布于全身许多组织中，约60%存在于肌肉中，30%存在骨骼中，成人每日需要量为 15～20 mg。头发中的锌含量为 125～250 μg/g，其含量反映人体锌的营养状况。含锌的食物有肉类、海产品、肝、蛋、豆类、坚果及各种种子。人乳是婴儿重要的锌来源。牛乳中的含锌量不低于人乳，但不易吸收。锌主要在小肠中吸收。肠腔内有与锌特异结合的因子，能促进锌的吸收。肠黏膜细胞中的锌结合蛋白能与锌结合并将其转动到基底膜一侧,锌在血中与白蛋白结合而送输。锌主要随胰液、胆汁排泄入肠腔,由粪便排出,部分锌可从尿及汗排出。

2. 锌的生理功能

锌是 80 多种酶的组成成分或激动剂,如 DNA 聚合酶,碱性磷酸酶、碳酸酐酶,乳酸脱氢酶、谷氨酸脱氢酶、超氧化物歧化酶等,参与体内多种物质的代谢。锌还参与胰岛素合成。人类基因组可编码 300 余种锌指蛋白。许多蛋白质,如反式作用因子、类固醇激素和甲状腺素受体的 DNA 结合区,都有锌参与形成的锌指结构。锌指结构在转录调控中起重要作用。已知锌是重要的免疫调节剂、生长辅因子,在抗氧化、抗细胞凋亡和抗炎症中均起重要作用。

(二) 锌与疾病

锌的补充依赖体外摄入,各种原因引起锌的摄入不足或吸收困难,均可引起锌的缺乏。锌缺乏症可分为两大类型:①营养性锌缺乏症。表现为生长迟缓、免疫力降低、伤口愈合慢、皮炎、性功能低下、食欲不振、味觉异常、食土癖、暗适应减慢等;男性的第二性征发育和女性生殖系统的发育演变延缓,女性月经初潮延迟或闭经;骨骼发育受影响;影响脑功能,使智商降低;也可出现嗜睡症、抑郁症和应激性症状。②肠病性肢端皮炎。其为常染色体遗传性疾病,主要表现为不易治愈的慢性腹泻、脱发和皮炎;也可有厌食、嗜睡、生长落后及免疫功能低下等表现。

四、硒

(一) 硒的性质与生理功能

1. 硒的性质

人体含硒 14~21 mg。硒在十二指肠吸收入血后与 α 球蛋白和 β 球蛋白结合,小部分与 VLDL 结合而运输。硒广泛分布于除脂肪组织以外的所有组织中。主要以含硒蛋白质形式存在。主要随尿及汗液排泄。含硒较多的食物有海味品、肉类(特别是动物的肾脏),以及大米、谷类等。蛋类含硒量多于肉类。中国营养学会建议,硒的日营养摄入最低量为 60 μg。中国居民普遍习惯以食用植物性食物为主。中国粮食主要种植地东北平原、长江三角洲、珠江三角洲均为低硒地区,其粮食产量占全国的 70%。

2. 硒的生理功能

硒是体内谷胱甘肽过氧化物酶(glutathione peroxidase, GPx)、碘甲腺原氨酸脱碘酶(iodothy ronine deiodinase)的组成成分。谷胱甘肽过氧化物酶在人体内起抗氧化作用,能催化 GSH 与胞液中的过氧化物反应,防止过氧化物对机体的损伤。缺硒所致肝坏死可能是过氧化物代谢受损的结果。I 型碘甲腺原氨酸脱碘酶分布于甲状腺、肝、肾和脑垂体中,能催化甲状腺激素 T_4 向其活性形式 T_3 的转化。

(二) 硒与疾病

近年来的研究发现,硒与多种疾病的发生有关,如克山病、心肌炎、扩张型心肌病、大骨节病、碘缺乏病等。硒还具有抗癌作用,是肝癌、乳腺癌、皮肤癌、结肠癌、鼻咽癌及肺癌等的抑制剂。硒还具有促进人体细胞内新陈代谢、核酸合成和抗体形成、抗血栓及抗衰老等多方面作用。硒摄入过多也会引起脱发、指甲脱落、周围性神经炎、生长迟缓及生育力降低等症状。

五、碘

(一) 碘的性质与生理功能

1. 碘的性质

正常成人体内碘（iodine）含量为 20～50 mg，约 30% 集中在甲状腺内，用于合成甲状腺激素。60%～70% 存在于甲状腺外。成人每日需要量为 0.15 mg。大多数食物含碘量较低，而海产品含碘量较高，如海带、紫菜、海藻、海鱼虾等。碘的吸收快而且完全，吸收率可高达 100%。吸收入血的碘与蛋白结合而送输，浓集于甲状腺被利用。体内碘主要由肾排泄，约 90% 随尿排出，约 10% 随粪便排出。

2. 碘的生理功能

碘在体内主要参与甲状腺激素[三碘甲腺原氨酸（T_3）和四碘甲腺原氨酸（T4）]合成，调节甲状腺的生长与分泌功能，以甲状腺激素的形式实现其生理功能。当人体缺碘时，甲状腺合成 T_3、T_4 减少，从而导致一系列生理功能异常；同时可通过反馈作用引起 TSH 分泌增加，并导致甲状腺偿性增生增大，形成甲状腺肿。

(二) 碘与疾病

碘缺乏病主要病因是环境缺碘，使人体摄取碘不足。该病分布广泛，国内多省区均有分布。该病主要多见于远离沿海及海拔高的山区。成人缺碘可引起甲状腺肿大，称甲状腺肿。胎儿及新生儿缺碘则可引起呆小症、智力迟钝、体力不佳等严重发育不良。常用的预防方法是食用含碘盐或碘化食油等。在使用碘制剂过程中，要注意防洪补碘过多造成高碘性甲状腺肿，同时还需警惕碘过敏或碘中毒。甲亢患者不需食用碘盐，因为补碘会增加甲状腺激素的合成，加剧病情。不缺碘地区的居民不需食用加碘盐。

六、锰

(一) 锰的性质与生理功能

1. 锰的性质

成人体内含锰（manganese）量为 12～20 mg，主储存于肝和肾中。在细胞内则主要集中于线粒体中。每日需要量为 2～5 mg。锰在肠道中吸收与铁吸收机制类似，吸收率较低，吸收后与血浆 γ-球蛋白、清蛋白、运铁蛋白结合而送输，主要由胆汁和尿中排出。食物中茶叶、坚果、粗粮、干豆含锰最多。

2. 锰的生理功能

锰参与一些酶的构成，如线粒体中丙酮酸羧化酶、精氨酸酶、超氧化物歧化酶等；不仅参加糖和脂类代谢，而且在蛋白质、DNA 和 RNA 合成中起作用。

(二) 锰与疾病

锰在自然界分布广泛，一般不缺乏。偏食精米、白面、肉类的人群需要补充。当正常人出现体重减轻、性功能低下、头发早白可怀疑锰摄入不足。若吸收过多可出现中毒症状，主要由于生产及生活中防护不善，锰以粉尘形式进入人体所致。锰中毒通常只限于采矿和精炼矿石的人。锰是一种原浆毒，可引起慢性神经系统中毒，表现为锥体外系的功能障碍；并可引起眼球集合能力减弱、眼球震颤、睑裂扩大等。

七、氟

（一）氟的性质与生理功能

1. 氟的性质

氟（fluorine）元素在正常成年人体中含 2～6g，约 90% 分布在骨骼、牙齿中，少量存在于指甲、毛发和神经肌肉中。氟主要经胃部和消化道吸收，易吸收且吸收较迅速。主要经尿和粪便排泄，体内氟约 80% 从尿排出。人体所需的氟主要来自饮用水。

2. 氟的生理功能

氟在牙齿及骨骼的形成和钙磷代谢中起到重要的作用。氟能与羟磷灰石吸附，取代其羟基形成氟磷灰石，能加强对龋齿的抵抗作用。此外，氟还可直接刺激细胞膜中 G 蛋白，激活腺苷酸环化酶或磷脂酶 C，启动细胞内 cAMP 或磷脂酰肌醇信号系统，引起广泛生物效应。

（二）氟与疾病

缺氟时，由于牙釉质中不能形成氟磷灰石，牙釉质易被微生物、有机酸和酶侵袭而发生龋齿。缺氟可致骨质疏松，易发生骨折；过量的氟进入人体后，主要沉积在牙齿和骨骼上，形成氟斑牙和氟骨症。氟中毒没有特效药治疗。最好的防治措施是改善水源。适量的氟有利于预防龋齿，若水中的氟含量小于 0.5 ppm，龋齿的病发率会达到 70%～90%。但如果饮用水中含氟量超过 1 ppm，牙齿则会逐渐产生斑点并变脆。饮用水中氟含量超过 4ppm 时，人易患氟骨病，导致骨髓畸形。降低饮用水中氟含量的方法是煮沸饮用水。

八、铬

（一）铬的性质与生理功能

1. 铬的性质

正常成人含铬（chromium）量为 6 mg 左右，铬广泛分布于所有组织，经口腔、呼吸道、皮肤及肠道吸收。主要从尿中排出。谷类、豆类、海藻类、啤酒酵母、乳制品和肉类是铬的最好来源，尤以肝含量丰富。

2. 铬的生理功能

铬是铬调素（chromodulin）的组成成分。铬调素通过促进胰岛素与细胞受体的结合，增强胰岛素的生物学效应。铬还通过改变细胞的骨架，降低细胞膜中胆固醇的含量，提高细胞膜的流动性，促进葡萄糖转运体的转移，加快体内葡萄糖的利用，并促使葡萄糖转化为脂肪。动物实验的结果证明，铬还具有预防动脉硬化和冠心病的作用，为生长发育所需要。

（二）铬与疾病

铬的毒性与其存在的价态有关，金属铬对人体几乎不产生有害作用，未见工业铬中毒的报道。六价铬比三价铬毒性高 100 倍，并易被人体吸收及在体内蓄积，三价铬和六价铬可以相互转化。若铬缺乏,主要表现为胰岛素的生物活性降低,造成葡萄糖耐量受损,血清胆固醇和血糖上升。国外报道,铬中毒会引起肺癌和皮肤癌。铬慢性中毒的症状表现为皮肤和鼻黏膜的创伤。

九、钴

(一) 钴的性质与生理功能

1. 钴的性质

正常成人体内钴 (cobalt) 含量为 $1.1\sim1.5\mathrm{mg}$。钴主要由消化道和呼吸道吸收。从食物中摄取的钴必须在肠道经细菌合成维生素 B_{12} 才能被吸收利用。钴主要从尿中排泄,且排泄能力强,很少出现蓄积过多的现象。

2. 钴的生理功能

钴主要以维生素 B_{12} 和维生素 B_{12} 辅酶形式发挥其生物学作用。维生素 B_{12} 在体内主要参与造血、促进红细胞成熟、转运一碳单位等。

(二) 钴与疾病

钴的缺乏可使维生素 B_{12} 缺乏,而维生素 B_{12} 缺乏可引起巨幼细胞贫血和高同型半胱氨酸血症。钴元素能刺激人体骨髓的造血系统,促使血红蛋白的合成及红细胞数目的增加。动物实验结果显示,甲状腺素的合成可能需要钴,钴能拮抗碘缺乏产生的影响。

十、钼

(一) 钼的性质与生理功能

1. 钼的性质

人体各种组织都含钼 (molybdenum),在人体内总量为 9 mg,肝、肾中含量最高。膳食中的钼很容易被吸收,但硫酸根会与钼形成硫酸钼而影响钼的吸收。钼主要从尿中排泄。膳食中摄入的钼主要来源于动物内脏、肉类、全谷类、麦胚、蛋类、叶类蔬菜和酵母。

2. 钼的生理功能

钼是黄嘌呤氧化酶、醛氧化酶和亚硫酸盐氧化酶的辅基,催化一些底物的羟化反应。黄嘌呤氧化酶催化次黄嘌呤转化为黄嘌呤,后者进一步转变成尿酸;亚硫酸盐氧化酶可催化亚硫酸盐向硫酸盐的转化。钼还能抑制小肠对铁、铜的吸收,其机制可能是钼可竞争性抑制小肠黏膜刷状缘上的受体,或形成不易被吸收的铜-钼复合物、硫-钼复合物或硫钼酸铜 (Cu-MoS) 并使之不能与血浆铜蓝蛋白等含铜蛋白结合。

(二) 钼与疾病

钼缺乏主要见于遗传性钼代谢缺陷。钼缺乏时,尿中尿酸、黄嘌呤、次黄嘌呤排泄增加,易患肾结石。钼缺乏导致儿童和青少年生长发育不良、智力发育迟缓,并与克山病、肾结石和大骨节病等疾病的发生有关。每日摄取量超过 $10\sim15\mathrm{mg}$ 时,则可出现痛风综合征。

小　结

(1) 维生素是维持机体正常功能所必需,体内不能合成或合成量很少,必须由食物供给的低分子有机物质。按照溶解度的不同，可分为脂溶性维生素和水溶性维生素，这两类维生素各包含哪些？

（2）脂溶性维生素包括维生素 A、维生素 D、维生素 E 和维生素 K。它们不溶于水而易溶于脂肪和有机溶剂，当胆管阻塞、胆汁酸缺乏或长期腹泻造成脂质吸收不良时，脂溶性维生素的吸收也会减少，甚至引起缺乏症。脂溶性维生素在体内主要储存于肝，故不需每日供给，长期摄入过多则可发生中毒。请叙述各种脂溶性维生素的来源、体内活性形式及其缺乏症。

（3）水溶性维生素是可溶于水而不溶于非极性有机溶剂的一类维生素，包括维生素 B 族（维生素 B_1、维生素 B_2、维生素 PP、维生素 B_6、泛酸、生物素、叶酸、维生素 B_{12}）和维生素 C。水溶性维生素在体内主要构成酶的辅因子，直接影响某些酶的活性。水溶性维生素在人体内储存较少，几乎无毒性，摄入量偏高一般不会引起中毒现象，若摄入量过少则较快出现缺乏症状。请简述 B 族维生素和维生素 C 的来源、体内活性形式及其缺乏症。

（4）巨幼细胞贫血是由于脱氧核糖核酸合成障碍所引起的一种贫血，主要由于体内缺乏维生素 B_{12} 和/或叶酸所致，亦可因遗传性或药物等获得性 DNA 合成障碍引起。本症特点是呈大红细胞性贫血，骨髓内出现巨幼红细胞系列，并且细胞形态的巨型改变也见于粒细胞、巨核细胞系列，甚至某些增殖性体细胞。该巨幼红细胞易在骨髓内破坏，出现无效性红细胞生成。维生素 B_{12} 和/或叶酸所致巨幼细胞贫血的机制？

（5）微量元素在人体中存在量低于人体体重的 0.01%，每日需要量在 100 mg 的无机元素包含哪些？微量元素在体内一般结合成化合物或络合物，它们参与酶、激素、维生素和核酸的代谢过程。请简述各种微量元素主要生理作用及相关疾病。

测试题

1. 维生素 A 缺乏时可能发生（　　）。
  A. 青光眼　　　　B. 色盲症　　　　C. 夜盲症　　　　D. 糖尿病
  E. 白化病
2. 儿童维生素 D 缺乏时可导致（　　）。
  A. 结石　　　　　B. 不孕不育　　　C. 贫血　　　　　D. 夜盲症
  E. 佝偻病
3. 与凝血酶原生成有关的维生素是（　　）。
  A. 维生素 D　　　B. 维生素 K　　　C. 维生素 E　　　D. 维生素 B_1
  E. 维生素 B_6
4. 被称为硫胺素的维生素是（　　）。
  A. 维生素 B_1　　B. 维生素 D　　　C. 维生素 C　　　D. 维生素 PP
  E. 维生素 B_{12}
5. 下列维生素缺乏时会引起口角炎的是（　　）。
  A. 维生素 E　　　B. 维生素 B_2　　C. 维生素 A　　　D. 维生素 PP
  E. 维生素 K

6. NAD$^+$和NADP$^+$中所含的维生素是：（　　）。
   A. 泛酸　　　　　　B. 维生素 B$_2$　　　C. 维生素 K　　　　D. 维生素 C
   E. 维生素 PP
7. 下列哪种维生素作为羧化酶辅基参与体内 CO_2 固定和羧化过程？（　　）
   A. 泛酸　　　　　　B. 硫辛酸　　　　　C. 生物素　　　　　D. 维生素 E
   E. 维生素 PP
8. 维生素 B$_6$ 可构成何种酶的辅酶成分（　　）。
   A. 氨基酸转氨酶　　B. 一碳单位转移酶　C. 酰化酶　　　　　D. 羧化酶
   E. 脱氢酶
9. 孕妇早期缺乏叶酸可导致（　　）。
   A. 新生儿神经管畸形　　　　　　　　B. 孕妇血脂升高
   C. 新生儿白血病　　　　　　　　　　D. 新生儿先天畸形
   E. 新生儿佝偻病
10. 微量元素指人体每日需要量少于（　　）。
    A. 5 mg　　　　　　B. 20 mg　　　　　C. 50 mg　　　　　D. 100 mg
    E. 200 mg

参考文献

［1］VOET D, VOET J G, PRATT CW. Fundamentals of Biochemistry：Life at the Molecular Level［M］. 5th Edition. Hoboken：John Wiley & Sons，2016.
［2］BAYNES J W, DOMINICZAK M H. Medical Biochemistry［M］.5th ed. Amsterdam：Elsevier Limited，2019.
［3］NESLSON D L, COX M M. Lehninger principles of biochemistry ［M］.7th ed. San Francisco：W. H. Freeman and Company，2017
［4］周春燕，药立波. 生物化学与分子生物学［M］.9 版. 北京：人民卫生出版社，2018.
［5］何凤田，李荷. 生物化学与分子生物学（案例版）［M］.北京：科学出版社.2017.
［6］杨荣武，等. 生物化学原理［M］.3 版. 北京：高等教育出版社，2018.

（蔡苗）

第二章 | 酶与酶促反应

物质与能量代谢

新陈代谢是由生物体内众多的化学反应形成。这些化学反应以有序的方式组成各种反应链，而衔接这些链条的最基本的物质是酶（enzyme）。酶是生物催化剂（biocatalyst）的一种，通常为蛋白质，可以催化体内的化学反应，使之以温和、高效、特异的方式进行，从而避免了体外反应所需要的高温、高压、强酸、强碱等条件。这里需要强调的是，酶促反应并不改变化学反应的平衡点。研究酶分子的结构与功能及催化特点的学科称为酶学（enzymology），酶学的研究及发展对医学、农业、工业乃至科学研究都具有重要意义和深远的影响。由于人体疾病的发生、发展、诊断及治疗往往与体内的酶具有密切关系，因此，酶的学习成为医学生课程中的重要组成部分。本章将就蛋白酶的分子结构、功能、反应动力学等进行介绍。

第一节　酶的分子结构与功能

大多数酶的化学本质是蛋白质，根据酶分子中肽链的组成特点可以分为单体酶（monomeric enzyme）、寡聚酶（oligomeric enzyme）及多酶复合物（multienzyme complex）。单体酶仅由一条肽链组成，如溶菌酶等。寡聚酶则是由两个以上相同或者不同的亚基组成，如蛋白激酶 A 等。多酶复合物又称多酶体系（multienzyme system），是由几种不同催化功能的酶分子彼此聚合形成一个结构和功能上有机协调的整体，完成一组连续反应，如糖代谢过程中的丙酮酸脱氢酶复合体。此外，还有部分酶的一条肽链上同时具有两种及以上不同的催化功能，称为多功能酶（multifunction enzyme），又称为串联酶（tandem enzyme），如大肠杆菌 DNA 聚合酶 I。

一、辅因子是酶的常见组成成分

根据酶分子水解产物中是否有氨基酸以外的组分，也将酶划分为单纯酶和结合酶。单纯酶是指酶经蛋白酶降解后产物中只有氨基酸没有其他组分，如淀粉酶。而结合酶则是指酶解产物中除了氨基酸还有其他物质，如维生素等，此类酶占机体中酶的绝大多数。结合酶的蛋白质部分称为酶蛋白，主要决定酶对底物的选择性，从而决定酶的特异性。非蛋白质部分称为辅助因子（cofactor），主要决定酶促反应的性质及类型。上述两个组分结合在一起时称为全酶（holoenzyme），对于结合酶来说全酶才具有催化活性。

依据据辅助因子与酶蛋白结合的紧密程度与作用特点不同可分为辅酶（coenzyme）和辅基（prosthetic group）。如果辅助因子通过非共价键与酶蛋白相连，结合比较疏松，可以用透析或超滤的方法除去，我们称之为辅酶。在酶促反应中，辅酶作为接受质子或基团的底物并在接受后离开酶蛋白，携带质子或基团参加另一酶促反应并将质子或基团转移出去。辅助因子与酶蛋白形成共价键，结合较为紧密，不能通过透析或超滤将其除去，我们称之为辅基。在酶促反应中，辅基与酶蛋白不分离。

辅助因子多为金属离子或小分子的有机化合物。有机化合物的辅助因子多为 B 族维生素的衍生物或卟啉化合物，在酶促反应中它们主要参与电子、质子（或基团）传递或作为运载体（见表 2-1）。

表 2-1 部分辅酶/辅基在催化中的作用

辅酶或辅基	缩写	转移的基团	所含的维生素
烟酰胺腺嘌呤二核苷酸，辅酶 I	NAD^+	氢原子、电子	烟酰胺（维生素 PP）
烟酰胺腺嘌呤二核苷酸磷酸，辅酶 II	$NADP^+$	氢原子、电子	烟酰胺（维生素 PP）
黄素单核苷酸	FMN	氢原子	维生素 B_2
黄素腺嘌呤二核苷酸	FAD	氢原子	维生素 B_2
焦磷酸硫胺素	TPP	醛基	维生素 B_1
磷酸吡哆醛	—	氨基	维生素 B_6
辅酶 A	CoA	酰基	泛酸
生物素	—	二氧化碳	生物素
四氢叶酸	FH_4	一碳单位	叶酸
甲基钴胺素		甲基	维生素 B_{12}
5'-脱氧腺苷钴胺素	—	相邻碳原子上氢原子、烷基、羧基互换	维生素 B_{12}

最常见的辅因子是金属离子，约 2/3 的酶含金属离子（见表 2-2）。作为酶的辅因子的金属离子主要作用是：①参加催化反应，使酶活性中心的必需基团与底物形成正确的空间排列；②作为桥梁连接酶与底物，形成三元复合物；③中和电荷，减小静电斥力，促进酶与底物的结合；④稳定酶的构象。

表 2-2 某些金属酶和金属激活酶

金属酶	金属离子	金属激活酶	金属离子
过氧化氢酶	Fe^{2+}	丙酮酸激酶	K^+、Mg^{2+}
过氧化物酶	Fe^{2+}	丙酮酸羧化酶	Mn^{2+}、Zn^{2+}
β-内酰胺酶	Zn^{2+}	蛋白激酶	Mg^{2+}、Mn^{2+}
固氮酶	Ma^{2+}	精氨酸酶	Mn^{2+}
核糖核苷酸还原酶	Mn^{2+}	磷脂酶 C	Ca^{2+}
羧基肽酶	Zn^{2+}	细胞色素氧化酶	Cu^{2+}
超氧化物歧化酶	Cu^{2+}、Zn^{2+}、Mn^{3+}	己糖激酶	Mg^{2+}
碳酸酐酶	Zn^{2+}	脲酶	Ni^{2+}

根据与金属离子结合的紧密程度，可将酶分为金属酶（metalloenzyme）和金属激活酶（metal activated enzyme）。前者与金属离子结合紧密，酶提取过程中金属离子不易丢失。而就后者而言，金属离子虽为酶活性所必需，但与酶的结合具有可逆性，从而在酶提取的过程中容易丢失，如 DNA 聚合酶。

值得一提的是，不同类型的辅因子可能同时出现在同一种酶中，如琥珀酸脱氢酶既含有 Fe^{2+} 又含有 FAD，细胞色素氧化酶同时含有血红素和 Cu^+/Cu^{2+}。

二、酶执行催化功能的部位是活性中心

酶分子具有特定三维结构的区域，该区域能与底物特异地结合并催化底物转变为产物，称为酶的活性中心（active center of enzymes）或酶的活性部位（active site of enzymes）（见图 2-1）。辅因子大多是酶活性中心的组成成分。酶分子中有许多化学基团，按照其在酶活性发挥中所起的作用分为必需基团（essential group）和非必需基团。必需基团与酶的活性发挥密切相关，以丝氨酸残基的羟基、组氨酸残基的咪唑基、半胱氨酸残基的巯基，以及酸性氨基酸残基的羧基较常见。位于活性中心内的必需基团分为结合基团（binding group）和催化基团（catalytic group）。结合基团的作用是识别底物和辅酶并与之结合形成酶底物过渡复合物，催化基团可影响底物中某些化学键的稳定性，催化底物发生化学反应并进一步转变。尽管酶活性中心外的必需基团不直接参与催化作用，却是维持酶活性中心空间构象和（或）作为调节剂的结合部位所必需的。

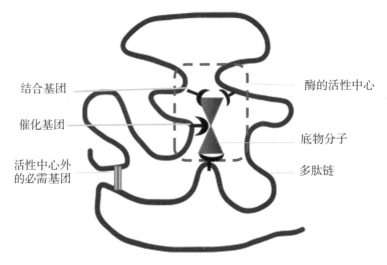

图 2-1 酶的必需基团与活性中心

在酶分子的三维结构中，活性中心往往以裂缝或者凹陷的形式形成"口袋"，且深入酶蛋白分子内部，利用氨基酸残基的疏水基团形成疏水区域。例如，溶菌酶的活性中心就是一种裂隙结构，能够容纳 6 个 N-乙酰氨基葡糖环（A~F）。该酶有 4 个活性中心内的必需基团，其中催化基团位于 35 位 Glu 残基和 52 位 Asp 残基，负责催化 D 环糖苷键的断裂。结合基团位于该酶的 101 位 Asp 和 108 位 Trp。

三、同工酶具有相同或者相似的活性中心

催化相同的化学反应，但酶蛋白的分子结构、理化性质乃至免疫学性质不同的一组酶称为同工酶（isoenzyme 或 isozyme）。同工酶具有不同的一级结构，但却可以催化相同的化

学反应,其原因就在于它们具有结构相似的活性中心。同工酶的编码基因可以不同,也可以是同一基因转录后不同的剪接体。

乳酸脱氢酶(lactate dehydrogenase,LDH)的作用是催化 L 乳酸与丙酮酸之间的氧化还原反应。动物体内 LDH 共有两种类型的亚基,称为骨骼肌型(M 型)和心肌型(H 型)。两种亚基以不同的比例组合为 5 种同工酶,分别为 LDH1 ~ LDH5,五种同工酶的亚基组成情况如图 2 - 2 所示。

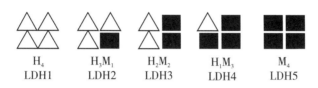

图 2 - 2　乳酸脱氢酶同工酶的亚基相成

乳酸脱氢酶的两种亚基在一级结构上有着明显的不同,但是两种亚基活性中心附近只有极少数氨基酸残基不同,如 H 亚基的 30 位氨基酸残基为谷氨酰胺残基,而 M 型亚基则为丙氨酸残基。这些氨基酸残基的差别虽然微小,但却足以引起 LDH 同工酶解离程度和分子表面电荷不同,在缓冲液(pH 8.6)中进行电泳时自负极向正极泳动的结果排列的次序为 LDH5、LDH4、LDH3、LDH2 和 LDH1。此外,构象上细微的差别也导致不同的同工酶对底物的亲和力不同。如 LDH1 对乳酸的亲和力较大(K_m = 4.1 × 10^{-3} mol/L),而 LDH5 对乳酸的亲和力较小(K_m = 14.3 × 10^{-3} mol/L)。这主要是因为 H 型亚基比 M 型亚基对乳酸的亲和力更大。

表 2 - 3 列出了人体中各组织器官中 LDH 同工酶的活性情况,从中可以看出,不同的组织或者细胞中同一种酶的活性是有差异的,比如 LDH1 在心肌中含量最丰富,而在肝脏中含量最少;LDH5 则是在肝脏中分布最丰富,而心肌细胞、白细胞及红细胞中则几乎没有。实际上,同一个体在不同发育阶段或不同组织器官中,编码不同亚基的基因表达水平程度不同,因此合成的亚基种类和数量也不同,导致某种同工酶在同一个体的不同组织、同一细胞的不同的亚细胞的结构分布不同,形成特异的同工酶谱。

表 2 - 3　人体各组织器官 LDH 同工酶谱(活性%)

LDH 同工酶	红细胞	白细胞	血清	骨骼肌	心肌	肺	肾	肝	脾
LDH1	43	12	27	0	73	14	43	2	10
LDH2	44	49	34.7	0	24	34	44	4	25
LDH3	12	33	20.9	5	3	35	12	11	40
LDH4	1	6	11.7	16	0	5	1	27	20
LDH5	0	0	5.7	79	0	12	0	56	5

同工酶谱对于疾病的诊断及预后具有重要的参考价值。如当肝脏组织病变时,LDH5

会释放入血液，血清乳酸脱氢酶同工酶谱中 LDH5 的峰值会急剧升高。反之，当我们在血清中检测到 LDH1 的水平上升，则考虑心肌细胞受损。

第二节 酶的工作原理

酶与一般催化剂具有相似之处：只能催化热力学上允许的化学反应，不会改变反应的平衡点及平衡常数，在化学反应前后都没有质和量的改变。由于蛋白酶的化学本质是蛋白质，因此，酶促反应又具有不同于一般催化剂催化反应的特点和反应机制。

一、酶的作用特点

（一）高效性

相对于非酶促反应而言，酶促反应的效率可提高 $1×10^8 \sim 10^{20}$ 倍，相对于一般的催化剂，酶的催化效率也可提高 $1×10^7 \sim 10^{13}$ 倍。例如尿素的分解，一般催化剂（H^+）催化下反应的速率为 $7.4×10^{-7}$，而脲酶催化下反应速度则为 $5.0×10^6$（见表 2-4）。

表 2-4 某些酶与一般催化剂催化效率的比较

底物	催化剂	反应温度（℃）	速率常数
尿素	H^+	62	$7.4×10^{-7}$
	脲酶	21	$5.0×10^6$
苯酰胺	H^+	52	$2.4×10^{-6}$
	OH^-	53	$8.5×10^{-6}$
	α-胰凝乳蛋白酶	25	14.9
H_2O_2	Fe^{2+}	56	22

（二）特异性

酶活性中心的结构特点决定了其对底物具有较严格的选择性，称为酶的特异性（enzyme specificity）。酶的特异性主要表现为，一种酶只能作用于一种或一类化合物，或者一定的化学键，或者催化一定的化学反应并产生一定的产物。酶对底物选择的严格程度不同，表现为相对特异性和绝对特异性。

绝对特异性（absolute specificity）表现为酶只作用于特定结构的底物分子，只进行专一的反应，只生成特定结构的产物。例如，葡萄糖激酶只能催化葡萄糖的磷酸化生成 6-P-G，脲酶只能催化尿素水解生成 CO_2 和 NH_3。乳酸脱氢酶只能催化 L-乳酸脱氢生成丙酮酸，则表现出更高的特异性。

酶对底物的相对特异性（relative specificity）表现为能够作用于含有相同化学键或化学基团的一类化合物，而不依赖于底物分子的整体结构。例如蛋白酶作用于肽键，而不是整个蛋白分子的结构或者序列。

(三) 可调节性

激素水平或者代谢物含量可调节体内大多数酶的活性和含量,如 ATP 可抑制氧化磷酸化过程中大部分酶的活性,而 AMP 含量升高则可促进氧化磷酸化的进程。机体通过调节酶的活性与含量使体内代谢过程受到精确调控,以适应体内外环境的不断变化。

(四) 不稳定性

本章所讨论的蛋白酶其化学本质是蛋白质,在高温、强酸或者强碱的条件下易于发生变性而失活,因此,酶促反应一般都在常温、常压及接近中性的 pH 环境中进行。当然,也有些特殊的酶具有耐高温及极端 pH 值的能力,如 RNA 酶对温度的耐受可达到 100 ℃ 以上,胃蛋白酶在酸性的环境中发挥作用。

二、酶促反应高效性的机制

(一) 酶比一般催化剂能更有效地降低反应的活化能

当底物分子处于能量基态时,很难发生化学反应,当分子达到活化态转变为活化分子时才有可能发生化学反应。活化能(activation energy)是指在一定温度下,1mol 反应物从基态转变到活化态或者过渡态所需要的自由能,即过渡态中间物超出基态反应物的那部分能量,活化能越低,分子间越容易发生化学反应。为使反应速率加快,增加反应物活化能(如加热)或降低化学反应的活化能,都能使基态反应物转化成过渡态。

酶和一般催化剂提高反应效率的原理都是降低反应的活化能,而酶催化效率之所以更高,就是因为酶分子可以更有效的降低反应的活化能(见图 2-3)。

根据测算,在 25 ℃ 时化学反应的活化能每减少 4.184 kJ/mol,反应速率可增高 5.4 倍之多。由酶与底物相互作用衍生的能量叫作结合能(binding energy),这种结合能的释放是酶降低化学反应活化所能利用的自由能的主要来源。

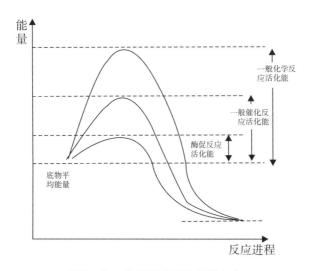

图 2-3 酶促反应活化能的变化

（二）酶与底物结合形成中间产物

酶与底物的结合是所有酶促反应的开始，结合的过程伴随着能量的释放，而释放的结合能则是反应活化能的主要来源。因而，酶与底物的有效结合是酶的催化效率的决定因素。

1. 酶与底物的诱导契合作用

诱导契合假说（induced-fit hypothesis）是1958年由 D. E. Koshland 提出，后来得到 X 射线衍射结果的强有力支持。其核心理念是指酶与底物在相互靠近的过程中相互诱导、相互适应，进而结合形成酶 – 底物复合物（见图 2 – 4）。诱导契合学说更有利于我们认识酶的相对特异性。

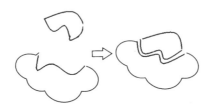

图 2 – 4　酶与底物的诱导契合作用

2. 邻近效应与定向排列

当酶与底物形成复合物后，定位于酶的活性中心的各底物之间必须以正确的方向相互碰撞，才有可能发生后续的反应。酶在反应通过邻近效应（proximity ffect）与定向排列（orientation arrangement）作用将各底物结合到酶的活性中心，使它们相互靠近并形成有利于反应发生的正确定向关系，将分子间的反应转变成类似于分子内的反应，进而提高反应的速率。

3. 表面效应

如前所述，酶的活性中心多形成狭缝疏水区域（疏水口袋），该环境对于防止水化膜的形成及水分子对反应中功能基团的干扰具有重要作用，有利于底物分子的去离子化及酶与底物分子之间的密切接触和结合，这种现象就称为表面效应（surface effect）。图 2 – 5 为胰蛋白酶的活性中心的疏水性口袋。

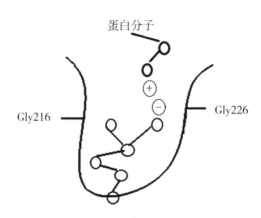

图 2 – 5　胰蛋白酶的活性中心疏水口袋

（三）酸碱催化及共价催化

酶分子中具有多种功能基团，它们的解离常数不同，同一种功能基团处于不同的微环境条件下解离程度也不同。酶活性中心上有些基团表现为质子供体（酸），有些基团表现为质子受体（碱）（见表2-5）。这些基团通过参与质子的转移，能够使反应速率提高$10^2 \sim 10^5$倍。这种催化作用叫作普通酸碱催化作用（general acid-base catalysis）。

表2-5 酶分子中具有酸/碱催化作用的基团

氨基酸残基	酸（质子供体）	碱（质子受体）
天冬氨酸、谷氨酸	R—COOH	R—COO$^-$
赖氨酸	R—NH$_3^+$	R—NH$_2$
精氨酸	R—N(H)—C(=NH$_2^+$)—NH$_2$	R—N(H)—C(=NH)—NH$_2$
半胱氨酸	R—SH	R—S$^-$
组氨酸	(咪唑正离子)	(咪唑)
丝氨酸	R—OH	R—O$^-$
酪氨酸	R—C$_6$H$_4$—OH	R—C$_6$H$_4$—O$^-$

此外，共价催化也是酶的催化机制中重要的一环，是指催化剂与反应物的中间物利用共价结合，使反应活化能降低，再把被转移基团传递给另一个反应物的催化作用。

第三节 酶促反应动力学

影响酶促反应速度的因素很多，包括酶的浓度、底物浓度、温度、pH、抑制剂及激活剂等。研究酶促反应速率及其影响因素的科学，我们称之为酶促反应动力学（kinetics of enzyme-catalyzed reactions）。酶促反应动力学在酶的理论研究及实际应用中都具有重要意义。下述将重点讨论六种因素对酶促反应动力学的影响，当我们在讨论某一种影响因素时，其他因素都默认为处于稳定的最佳状态。

一、底物浓度

在酶浓度和其他反应条件稳定的情况下，以底物浓度[S]为横坐标，以反应速率（v）为纵坐标作图，形成矩形双曲线。曲线具有三段明显不同的特征：①一级反应。当[S]很低时，v随[S]的增加而升高呈一级反应（a段曲线）；②混合级反应。随着

[S] 的不断增加，v 上升的幅度不断变缓，呈现出一级反应与零级反应的混合级反应（b 段曲线）；③零级反应。随着 [S] 的不断增加，当所有酶的活性中心均被底物所饱和，速率不再增加，此时速率达最大反应速率（maximum velocity，V_{max}），此时的反应可视为零级反应（c 段曲线）（见图 2-6）。

（一）米-曼氏方程

1913 年 L Michaelis 和 M Menten 提出米-曼氏方程（Michaelis equation），将酶促反应的过程数学化，简称米氏方程。该方程建立在 1902 年由 Vicor Henri 提出的酶-底物中间复合物学说基础上，认为酶（E）先与底物（S）生成酶-底物中间复合物（ES），然后中间复合物再分解生成产物（P）和游离的酶（式 2-1），在该过程中涉及三个速率常数 K_1、K_2、K_3。K_1 表示酶和底物结合转化为复合物 ES 的速率常数，K_2 则是上述反应的逆向反应速率常数，而 K_3 是指 ES 分解为酶和产物 P 的速率常数。米氏方程中（式 2-2）将上述常数的关系用 K_m 来表示，称为米氏常数（Michaelis constant），V_{max} 指最大反应速度，[S] 表示底物浓度。

酶-底物中间复合物学说：

$$E + S \underset{K_2}{\overset{K_1}{\rightleftharpoons}} ES \overset{K_3}{\longrightarrow} E + P \qquad （式 2-1）$$

米氏方程：

$$V = \frac{V_{max}[S]}{K_m + [S]} \qquad （式 2-2）$$

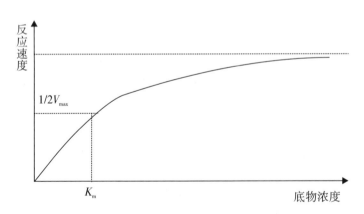

图 2-6　底物浓度影响酶促反应速度的矩形双曲线

根据米氏方程，我们可以更好地理解底物浓度影响酶促反应的矩形双曲线（图 2-7）。当 [S] 远远小于 K_m 时，可以将式 2-2 分母中的 [S] 忽略不计，米氏方程就简化为 $v = V_{max}[S]/K_m$，这时 v 和 [S] 成正比关系，反应呈一级反应（相当于图 2-7 中 a 段曲线）。当 [S] 远远大于 K_m 时，可以将方程中的 K_m 忽略不计，此时 $v = V_{max}$，反应呈零级反应（相当于图 2-7 中 c 段曲线）。

米氏方程的推导基于这样的前提：①测定的反应速率是初速率（指反应刚刚开始，各种影响因素还没有发挥作用时的酶促反应速率）；②仅有一种底物；③当 [S] 远远大于

[E] 时, 在反应初速率范围内, 可以忽略底物的消耗。

（二）K_m 与 V_{max} 是重要的酶促反应动力学参数

当 v 等于 V_{max} 的一半时, 米氏方程即可变换为:

$$\frac{V_{max}}{2} = \frac{V_{max}[S]}{K_m + [S]}$$

经整理得 $K_m = [S]$, 因此 K_m 值等于酶促反应速率为最大反应速率一半时的底物浓度。需要注意的是, K_m 的单位是浓度单位, 一般以 mol/L 表示。各种酶的 K_m 值不同, 同一个酶对不同底物的 K_m 值也不同, 酶的 K_m 值常常在 $10^{-6} \sim 10^{-2}$ mol/L 范围。K_m 值是酶对某一底物的特征性常数（见表 2-6）, 在一定条件下可表示酶对底物的亲和力, K_m 值越大, 则表示酶对底物的亲和力越小; 反之, K_m 值越小, 则表示酶对底物的亲和力越大。因此酶与底物的亲和力与 K_m 值的大小呈负相关。

表 2-6 某些酶对底物的 K_m

酶	底物	K_m/(mol·L^{-1})
己糖激酶（脑）	ATP	4×10^{-4}
	D-葡萄糖	5×10^{-5}
	D-果糖	1.5×10^{-3}
碳酸酐酶	HCO_3^-	2.6×10^{-2}
胰凝乳蛋白酶	甘氨酰酪氨酰甘氨酸	1.08×10^{-1}
	N-苯甲酰酪氨酰胺	2.5×10^{-3}
β-半乳糖苷酶	D-乳糖	4×10^{-3}
过氧化氢酶	H_2O_2	2.5×10^{-2}
溶菌酶	N-乙酰氨基葡糖	6.0×10^{-3}

V_{max} 是酶的活性中心被底物完全饱和时的反应速率, 当全部的酶均与底物形成 ES 时, 反应速率达到最大。当酶被底物完全饱和结合时, 单位时间内单个酶分子（或活性中心）催化底物转变成产物的分子数称为酶的转换数 (turnover number), 单位是 s^{-1}。酶的转换数也可用来表示酶的催化效率。如果已知酶的总浓度（[E_t]）, 便可通过 V_{max} 计算酶的转换数。例如, 在 1s 钟内, 10^{-6} mol/L 的碳酸酐酶溶液能够催化生成 0.6 mol/L H_2CO_3, 则酶的转换数 K_3 计算式为:

$$K_3 = \frac{V_{max}}{[E_t]} = \frac{0.6 \text{ mol}/(\text{L} \cdot \text{s})}{10^{-6} \text{mol/L}} = 6 \times 10^5 \text{ s}^{-1}$$

对于生理性底物来说,大部分酶的转换数在 $1 \sim 10^4/s^{-1}$ 之间(见表2-7)。

表2-7 某些酶的转换数

酶	转换数/(s^{-1})	酶	转换数/(s^{-1})
碳酸酐酶	600000	(肌肉)乳酸脱氢酶	200
过氧化氢酶	80000	胰凝乳蛋白酶	100
乙酰胆碱酯酶	25000	醛缩酶	11
磷酸丙糖异构酶	4400	溶菌酶	0.5
α-淀粉酶	300	果糖-2,6-二磷酸酶	0.1

*转换数是在酶被底物饱和的条件下测定的,受反应温度和pH等因素影响。

(三)K_m 和 V_{max} 的测定

由于 v 对 [S] 作图为矩形双曲线,从这个曲线上很难准确地求得反应的 K_m 和 V_{max}。因此,将米氏方程进行多种变换采用直线作图法可准确求得 K_m 和 V_{max},林-贝(Lineweaver-Burk)作图法被广泛应用。林贝作图法同时将米氏方程的两边取倒数,并加以整理得到一个线性方程(即林-贝方程),因此又称双倒数作图法(式2-3)。即以 $1/v$ 对 $1/$ [S] 作图,横轴上的截距为 $-1/K_m$,纵轴上的截距为 $1/V_{max}$(见图2-7)。

$$\frac{1}{V} = \frac{K_m}{V_{max}} \cdot \frac{1}{[S]} + \frac{1}{V_{max}} \quad (式2-3)$$

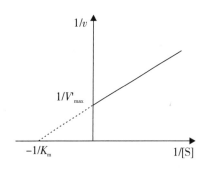
图2-7 双倒数作图

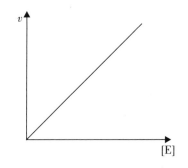
图2-8 酶浓度对反应速度的影响

二、酶浓度

当 [S] 远远大于 [E] 时,反应中 [S] 浓度的变化量可以忽略不计。酶促反应速率随着反应体系酶浓度的增加而增大,两者呈现正比例关系(见图2-8)。

三、温度

温度的增加可提高底物分子的能态,增加其与酶分子相互碰撞的机会,进而提高反应速度，温度每升高10 ℃反应速率可增加1.7～2.5倍。但随着温度的升高，作为蛋白质的酶分子会发生变性，导致酶促反应速度下降。因此，温度对于酶促反应速度的影响具有双重性，当反应速度达到最大时的温度被称作酶的最适反应温度（optimum temperature）（见图2-9）。最适温度不是酶的特征性常数。

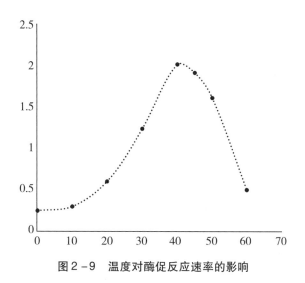

图2-9　温度对酶促反应速率的影响

大部分恒温动物体内酶的最适温度在35～40 ℃，但有些极端环境中的生物细胞内酶的最适反应温度会不同。如我们现在常用的TaqDNA聚合酶就是从火山温泉微生物中分离得到的，其最适温度为72 ℃，95 ℃时该酶的半寿期仍然长达40分钟，因而被广泛用于PCR反应。

温度影响酶活性的现象在实践中有很多应用，如医学手术过程中采取低温麻醉，就是利用低温降低机体内酶的活性，进而延缓物质代谢及对氧的消耗，同时也可以降低应激反应，从而起到保护机体的作用。

四、pH

酶分子是由氨基酸残基构成的，而氨基酸侧链基团的解离状态对于酶分子的构象具有重要影响，而且酶活性中心的必需基团也需要在解离状态下发挥作用，因此pH也是影响酶促反应速度的重要参数。不同的pH条件下，酶分子的构象会有细微的差别，当反应体系处于某一pH时，酶促反应的速度达到最大，此pH即为

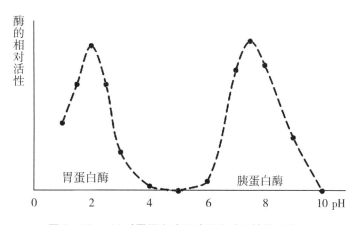

图2-10　pH对胃蛋白酶和胰蛋白酶活性的影响

酶的最适 pH（见图 2-10）。

酶的最适 pH 也不是酶的特征性常数，它受酶的纯度、底物浓度和缓冲液种类与浓度等因素的影响。动物体内大部分酶的最适 pH 偏中性，但也有少数特例，例如胃蛋白酶的最适 pH 约为 1.8，肝精氨酸酶最适 pH 为 9.8。

五、抑制剂

顾名思义，酶的抑制剂就是能够抑制酶的活性的物质。抑制剂与变性剂均可降低酶的活性，但抑制剂不会使酶变性。抑制剂对酶的抑制作用通过与酶结合而实现，但结合的紧密程度不同，因而分为可逆性抑制和不可逆性抑制两种类型。

（一）可逆性抑制作用

抑制剂与酶以非共价的方式可逆性结合，结合后酶的活性降低或者消失，当通过透析等物理方法将抑制剂除去，酶的活性又可恢复，这种抑制作用称为可逆性抑制作用。可逆性抑制作用又细分为竞争性抑制作用、非竞争性抑制作用及反竞争性抑制作用。三种类型的抑制作用均遵守米氏方程。

1. 竞争性抑制作用（competitive inhibition）

此作用的特点是抑制剂结构与底物相似，可通过与底物竞争结合酶的活性中心而阻碍 ES 的形成。（见图 2-11）

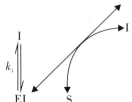

图 11　酶的竞争性抑制作用

EI 的解离常数 k_i 又称为抑制常数。抑制剂与酶形成二元复合物 EI，增加底物的浓度可促使 EI 转变为 ES。

竞争性抑制剂存在时的米氏方程为：

$$\frac{1}{v} = \frac{V_{max}[S]}{K_m\left(1 + \frac{[I]}{k_i}\right) + [S]}$$

将此方程的两边同时取倒数，则得到它的双倒数方程为：

$$\frac{1}{v} = \frac{K_m}{V_{amx}}\left(1 + \frac{[I]}{k_i}\right)\frac{1}{[S]} + \frac{1}{V_{max}}$$

若以 $1/v$ 对 $1/[S]$ 作图,得到图 2-12。从图可看出,当有竞争性抑制剂存在的情况下,双倒数直线斜率增大,在纵坐标上的截距不变,在横坐标上截距的绝对值变小,所代表的表观 K_m(apparent K)增大,K_m 增大酶对底物的亲和力下降,活性受到抑制。但由于抑制剂和酶的结合是可逆的,抑制程度取决于抑制剂与酶的相对亲和力及抑制剂与底物浓度的相对比例,所以当底物浓度无限增大的情况下,抑制剂的作用可以被忽略,故 V_{max} 不受影响。

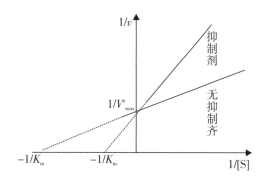

图 2-12 竞争性抑制作用双倒数

丙二酸对琥珀酸脱氢酶的抑制作用就是竞争性抑制的典型例子。当琥珀酸与丙二酸的浓度比例为 50:1 时,酶活性被减弱 50%。而当增大琥珀酸的浓度,此抑制作用被减弱。此外,磺胺类药物的抑菌机制属于酶的竞争性抑制作用。人体直接利用食物中的叶酸进行代谢,而细菌需要从头合成叶酸,关键的反应步骤是由二氢叶酸合成酶所催化(见图 2-13)。磺胺类药物与二氢叶酸合成酶的底物之一(对氨基苯甲酸)结构类似,可竞争性争夺并结合对氨基苯甲酸在二氢叶酸合成酶上的结合部位,减少了有效工作的酶分子数,因而起到了抑制二氢叶酸合成的作用,进一步抑制细菌一碳单位的代谢过程,干扰核酸合成,生长被抑制。根据竞争性抑制作用的原理,我们不难得出结论,服用此类药物需要保证药物在体内的浓度,从而也就明白很多药物在说明书上注明首剂倍量的意义所在。

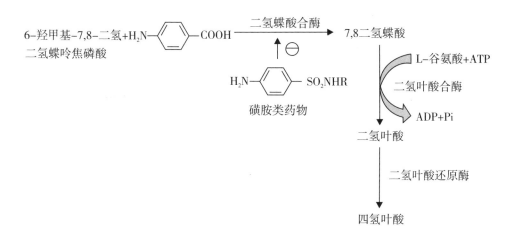

图 2-13 细菌从头合成四氢叶酸的途径和磺胺类药物抑菌的作用机制

2. 非竞争性抑制作用

非竞争性抑制剂不再竞争结合酶的活性中心，而是结合在酶的活性中心以外的部位，与底物之间不存在竞争关系，彼此间不影响对方与酶的结合，但所形成的中间复合物 IES 不能释放出产物，这种抑制作用称为非竞争性抑制作用（non-competitive inhibition），如图 2-14 所示。

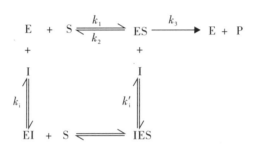

图 2-14 酶的非竞争性抑制作用

反应系统中存在非竞争性抑制剂时的米氏方程为：

$$v = \frac{V_{max}[S]}{(K_m + [S])\left(1 + \frac{[I]}{k_i}\right)}$$

其双倒数方程为：

$$\frac{1}{v} = \frac{K_m}{V_{max}}\left(1 + \frac{[I]}{k_i}\right)\frac{1}{[S]} + \frac{1}{V_{max}}\left(1 + \frac{[I]}{k_i}\right)$$

若以 $1/v$ 对 $1/[S]$ 作图，可以得图 2-15。

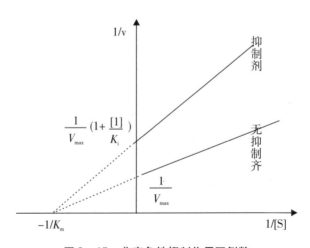

图 2-15 非竞争性抑制作用双倒数

从图 2-15 可以看出，非竞争性抑制作用下直线的斜率增大，K_m 不变，这符合非竞争性抑制剂不影响酶与底物结合的事实，但由于 IES 不能产出产物，导致 V_{max} 降低。非竞争性抑制的例子有亮氨酸对精氨酸酶的抑制、麦芽糖对 a 淀粉酶的抑制等。

3. 反竞争性抑作用

反竞争抑制的特点是抑制剂不与游离的酶结合，而是只有当酶与底物形成 ES 后，抑制剂才结合在酶的活性中心以外，形成 IES，这使得 ES 的量减少，反应速度下降。此称为反竞争性抑制作用（uncompetitive inhibition），如图 2-16 所示。

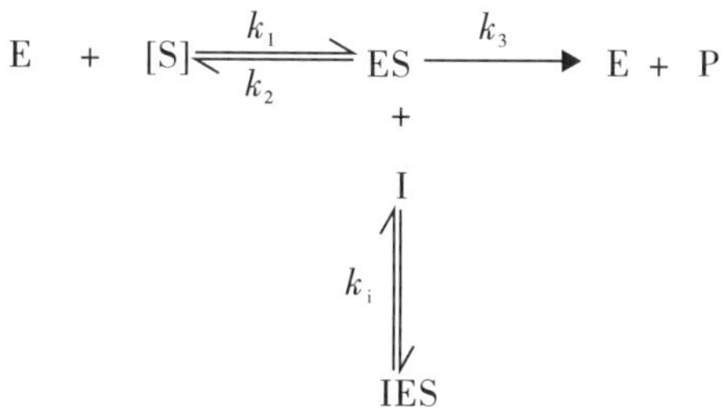

$$E + [S] \underset{k_2}{\overset{k_1}{\rightleftharpoons}} ES \xrightarrow{k_3} E + P$$
$$+$$
$$I$$
$$k_i \updownarrow$$
$$IES$$

图 2-16 酶的反竞争性抑制作用

反应系统中有反竞争性抑制剂存在时，米氏方程为：

$$v = \frac{V_{max}[S]}{K_m + \left(1 + \frac{[I]}{k_i}\right)[S]}$$

其双倒数方程为：

$$\frac{1}{v} = \frac{K_m}{V_{amx}} \cdot \frac{1}{[S]} + \frac{1}{V_{max}}\left(1 + \frac{[I]}{k_i}\right)$$

同样，若以 $1/v$ 对 $1/[S]$ 作图，可以得到图 2-17。

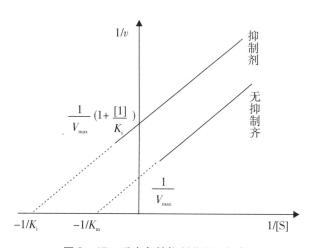

图 2-17 反竞争性抑制作用双倒数

反竞争性抑制作用不改变直线的斜率,由于 ES 除了生成产物外,还生成 IES,因而从表面上看起来酶与底物的亲和力增加了,表观 K_m 降低。而由于 IES 不能释放出产物,因而有效工作的酶分子数减少,最大反应速度也减小。苯丙氨酸对胎盘型碱性磷酸酶的抑制就是典型的反竞争性抑制作用。

表 2-8 总结了三种可逆性抑制作用的特点,从表中我们可以看出三种抑制作用的特点各不相同。

表 2-8 三种可逆性抑制作用的比较

作用特点	无抑制剂	竞争性抑制剂	非竞争性抑制剂	反竞争性抑制剂
I 的结合部位	—	E	E、ES	ES
动力学特点	—	—	—	—
表观 K_m	K_m	增大	不变	减小
V_{max}	V_{max}	不变	降低	降低
双倒数作图	—	—	—	—
横轴截距	$-1/K_m$	增大	不变	减小
纵轴截距	$1/V_{max}$	不变	增大	增大
斜率	K_m/V_{max}	增大	增大	不变

(二) 不可逆性抑制作用

不可逆抑制作用是指抑制剂通过共价键与酶活性中心的必需基团结合且不能通过简单的物理方法除去,导致酶失活。例如,诸如乐果、敌敌畏等有机磷类农药可特异地与胆碱酯酶活性中心的丝氨酸残基的羟基结合,使胆碱酯酶失活,造成乙酰胆碱累积,引发神经过度兴奋,病人出现恶心、多汗、呕吐、瞳孔缩小、肌肉震颤、惊厥等一系列的症状。有机磷农药中毒后的救治需要胆碱酯酶复活剂解磷定和乙酰胆碱拮抗剂阿托品。

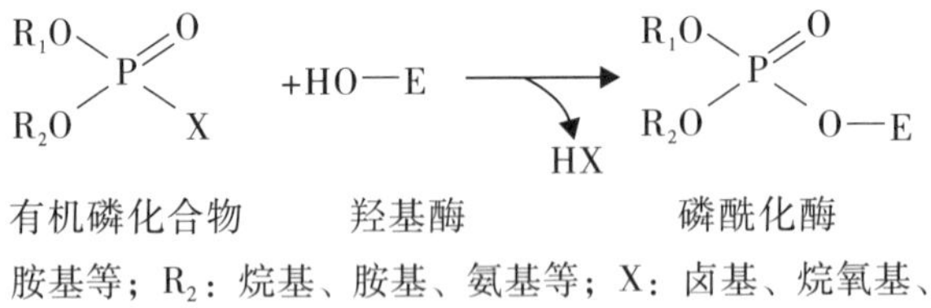

有机磷化合物　　羟基酶　　磷酰化酶

R_1:烷基、胺基等;R_2:烷基、胺基、氨基等;X:卤基、烷氧基、酚氧基等

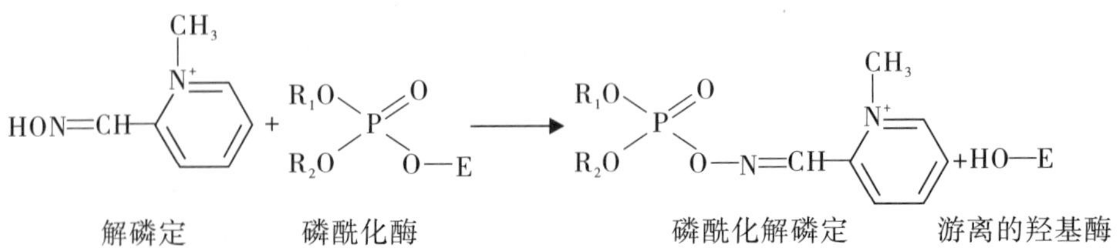

解磷定　　磷酰化酶　　　　磷酰化解磷定　　游离的羟基酶

诸如 Hg^{2+}、Ag^+ 等重金属离子可与巯基酶的巯基结合导致酶失去活性。路易士气是一种化学毒气，能不可逆地抑制体内巯基酶的活性，从而导致神经系统、黏膜、毛细血管等多组织病变和多种代谢功能出现紊乱。这类抑制剂对巯基酶的抑制可以用二巯基丙醇（British anti-lewisite，BAL）进行解除。

六、激活剂

与抑制剂相反，激活剂（activator）与酶结合后能促使酶的活性从无到有或者从低到高。体内的激活剂大多为金属离子，如 Ca^{2+}、Mg^{2+}、K^+、Mn^{2+} 等，其次为有机化合物（如胆汁酸盐），也有少数是阴离子（如 Cl^-）。

有些激活剂的存在对于酶的活性是必需的，称为酶的必需激活剂（essential activator）。而另一些激活剂的存在只是提升了酶的活性，当激活剂不存在时，酶的基础活性仍在，这类激活剂则称为非必需激活剂（non-essential activator）。Mg^{2+} 是己糖激酶的必需激活剂，它先与 ATP 结合形成复合物，然后该复合物再与己糖激酶结合参加反应。

第四节 酶的调节

细胞的代谢需要根据内外环境的变化进行调节，而调节的主要对象是反应途径中的关键酶。酶的调节分为调节其活性或含量两个方面，对活性的调节属于快速调节，对酶的含量的调节属于缓慢调节。

一、酶的快速调节

酶的快速调节主要包括化学修饰调节、别构调节，而酶原的激活也是酶快速调节的一种特殊方式。

（一）化学修饰调节

化学修饰调节指酶蛋白的侧链基团可被其他酶催化与某些化学基团共价结合，或者去掉已经结合的化学基团，从而改变酶的活性，又称酶的共价修饰调节（covalent modification of enzymes）。

化学修饰过程中酶的活性可以实现有/无或高/低的转换。最常见的化学修饰方式是磷酸化与去磷酸化。磷酸化是指在蛋白激酶的作用下由 ATP 提供磷酸基团，结合在酶蛋白分子的含羟氨基酸残基上；而去磷酸化则是在磷蛋白磷酸酶的作用下脱去磷酸基团（见图 2-18）。

（二）别构调节

酶的活性中心之外的特殊部位可结合某些代谢物而引起酶分子结构的改变，进而引起酶活性的改变，这种调节方式即是酶的别构调节（allosteric regulation of enzymes）。酶分子（别构酶）与代谢物（别构效应剂）结合的部位称为别构部位（allosteric site）或调节部位（regulatory site）。调节部位跟酶的活性中心可能位于同一条亚基上，也可能分布于不同亚基。

别构效应可以激活酶的活性（别构激活剂），也可以减弱酶的活性（别构抑制剂）。别构效应剂可能是代谢途径中的产物、底物，也可能是其他物质。

别构酶分子中一般含有多个（偶数）亚基，具有多亚基的别构酶存在着协同效应，类似于血红蛋白，包含正协同效应和负协同效应。如果效应剂结合酶的一个亚基，此亚基的别构效应导致相邻亚基也发生构象改变，并增加对该效应剂的亲和力，这种协同效应称为正协同效应；如果后续亚基的构象改变降低了酶对此效应剂的亲和力，就称之为负协同效应。如果效应剂就是底物，正协同效应的反应速率-底物浓度曲线就呈典型的"S"形（见图2-19）。

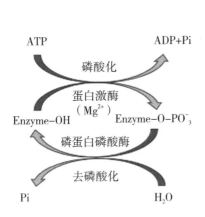

图2-18 酶的磷酸化和去磷酸化调节

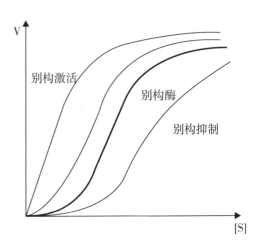

图2-19 别构酶的正协同效应速率-底物浓度

别构激活剂使别构酶的"S"形曲线左移，别构抑制剂使"S"形曲线右移。

（三）酶原及酶原的激活

酶原（zymogen 或 proenzyme）是指无活性的酶的前体。酶原合成的部位往往不是其发挥作用的部位，在细胞内合成时或初分泌时，或在其发挥催化功能前处于无活性状态。酶原在一定条件下转变为有活性的酶的过程称作酶原的激活。酶原的激活往往借助于蛋白酶的水解作用，切掉一个或者几个肽段后，酶分子的空间构象发生改变，活性中心形成或者暴露，进而表现出催化活性。故此，酶原激活的本质就是酶的活性中心形成和暴露的过程。

例如，胰蛋白酶原进入小肠后，在 Ca^{2+} 存在的条件下受肠激酶的作用，第6位赖氨酸残基与第7位异亮氨酸残基之间的肽键断裂，将一个六肽水解掉，蛋白分子构象发生改变，酶的活性中心形成，成为有催化活性的膜蛋白酶（见图2-20）。

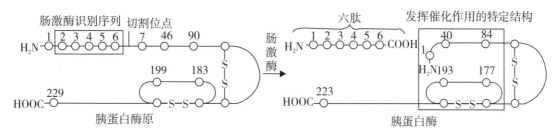

图 2-20 胰蛋白酶原的激活示意

此外，胃蛋白酶原、弹性蛋白酶原、胰凝乳蛋白酶原及羧基肽酶原等均需水解掉一个或几个肽段后，才具有消化蛋白质活性的蛋白酶（见表2-9）。

酶原的存在和激活具有重要的生理学意义，一方面是为了保证对酶原合成器官的保护，另一方面则是为了保证酶在特定的部位、时间、环境中发挥作用，同时，酶原还是酶的储备形式。以消化道蛋白酶为例，胰腺的蛋白酶以酶原形式分泌可避免其胰腺自身细胞及细胞外基质蛋白被蛋白酶的水解破坏；再比如凝血因子在肝脏合成，以酶原形式存在于血管中，正常生理情况下无凝血活性，可保证血管畅通，但是如果血管破损，一系列凝血因子被激活，凝血酶原被激活成凝血酶，催化纤维蛋白原转变成纤维蛋白，就会产生血凝块阻止血管大量失血。

表 2-9 某些酶原的激活需水解掉一个或几个肽段

酶原	激活因素	激活形式	激活部位
胃蛋白酶原	H^+ 或胃蛋白酶	胃蛋白酶 + 六肽	胃腔
胰凝乳蛋白酶原	胰蛋白酶	胰凝乳蛋白酶 + 两个二肽	小肠腔
弹性蛋白酶原	胰蛋白酶	弹性蛋白酶 + 几个肽段	小肠腔
羧基肽酶原 A	胰蛋白酶	羧基肽酶 A + 几个肽段	小肠腔

二、酶的缓慢调节

酶的缓慢调节主要通过调节酶的含量实现，具体来说就是酶蛋白的诱导合成、阻遏、降解。

（一）酶蛋白合的诱导或阻遏

体内的激素、生长因子、某些代谢产物甚至底物或者服用的药物都有可能影响基因的转录及翻译。诱导物（inducer）可诱导酶蛋白编码基因的转录及表达，称为诱导作用（induction）；而辅阻遏物（co-repressor）则通过与阻遏蛋白结合降低酶蛋白基因的转录，称作阻遏作用（repression）。

酶基因被诱导转录后到其发挥效应一般需要几小时以上方能见效，是因为基因表达后还需经过转录水平上的编辑和翻译水平上的加工修饰等过程。但同时，即使去除诱导因素，酶的活性仍能够持续存在，直到该酶被降解或抑制。因此，与酶活性的快速调节相比，酶表达的诱导与阻遏具有缓慢而长效的特点。

（二）酶的降解

细胞内各种酶的半寿期相差很大，如乳酸脱氢酶的半寿期约130 h，而鸟氨酸脱羧酶的半寿期则仅30 min。组织蛋白的降解途径有两种：①溶酶体途径（非ATP依赖性蛋白质降解途径），由溶酶体内的组织蛋白酶非选择性催化分解一些膜结合蛋白、细胞外的蛋白和半寿期蛋白；②胞质途径（ATP依赖性泛素介导的蛋白降解途径），半寿期比较短的以及受伤或异常蛋白主要经由此途径降解。

第五节 酶与医学

酶与医学的关系十分密切，很多遗传病的发生都与酶的突变有关。另外，胞内酶也是临床疾病诊断的辅助指标，酶在疾病治疗方面也开始应用。

一、酶与疾病的发生

由酶的遗传性缺陷导致的先天性代谢缺陷中已经超过140种。例如白化病是由于酪氨酸酶缺乏引起的；肝细胞中葡糖-6-磷酸酶缺乏可引起I_a型糖原贮积症；磷酸戊糖途径关键酶G6PD缺乏可引起蚕豆病；核苷酸补救合成的关键酶HGPRT缺乏可引起自毁容貌症等。

二、酶与疾病的诊断

组织器官损伤可使其组织特异性的酶（胞内酶）释放进入血液，血清中酶的含量或活性增多或减少可用于一些疾病的辅助诊断和预后。如血清谷丙转氨酶活性升高可作为肝脏疾病的辅助诊断指标；尿淀粉酶活性升高可作为急性肝炎诊断的辅助指标；血液中碱性磷酸酶含量明显升高可推测患者患骨癌的概率。

三、酶与疾病的治疗

酶最早作为消化药物应用于临床治疗，如服用消化酶以弥补消化腺功能下降所导致的消化不良。在伤口洗涤液中加入蛋白酶有利于促进伤口的净化，防止浆膜粘连。在一些外敷药中加入透明质酸酶能够增强药物的扩散作用。在抗血栓的治疗中，尿激酶、纤溶酶都是常用的药物。

上述讨论的是直接利用酶作为药物，除此以外，酶还可以作为药物的靶点，许多药物的作用机制是通过抑制体内的某些酶的活性来达到治疗目的。如磺胺类药物通过竞争性抑制细菌二氢蝶酸合酶而起到杀菌的作用；氨甲蝶呤、6-巯基嘌呤、5-氟尿嘧啶等通过竞争性抑制核苷酸合成过程中的关键酶而用于治疗肿瘤；抗抑郁药通过抑制单胺氧化酶减少儿茶酚胺的灭活缓解抑郁症；别嘌呤醇通过抑制黄嘌呤氧化酶达到治疗痛风的作用。

四、酶与临床检验和科学研究

临床检验中，很多试剂盒中都有酶的身影。比如血糖测定时可用葡萄糖氧化酶将之氧化为葡萄糖酸和 H_2O_2，后者在过氧化物酶的催化下与 4－氨基安替比林及苯酚反应生成水和红色醌类化合物，测定 505 nm 处的吸光度即可计算出血糖浓度。

在检测蛋白质的过程中，通常将标记酶与抗体偶联，进而起到信号放大的作用。常用的标记酶有碱性磷酸、酶辣根过氧化物酶、葡糖氧化酶、D－半乳糖苷酶等。

此外，酶在分子生物学研究尤其是基因工程中被广泛应用。如用 Ⅱ 型限制性核酸内切酶对 DNA 分子进行切割，用 DNA 连接酶对核酸片段进行连接，用 DNA 聚合酶进行核酸片段的体外扩增等。这些工具酶为基因工程的发展提供了有力的工具。

小　　结

酶是生物催化剂的一类，大多数酶包含辅助因子，而维生素的活性形式及金属离子是酶辅因子中最重要的组成部分。酶蛋白及辅因子对于酶的催化特点有何贡献？酶的活性中心是酶发挥催化作用的关键部位，为何具有不同级结构的同工酶却可以催化相似或者相同的化学反应？

酶促反应具有高效、特异、可调节、不稳定的特点。催促反应高效性的机制是什么？特异性又取决于何种因素？

酶促反应动力学是酶学研究的重要内容，本章阐述了六类影响酶反应速度的因素，包括底物浓度、酶浓度、温度、pH、抑制剂及激活剂。其中，底物浓度对酶促反应的影响主要以米氏方程进行阐释，米氏常数 K_m 是本章学习的酶唯一的特征性参数，其数值与酶和底物的亲和力呈负相关，米氏常数在酶的研究中有何意义？矩形双曲线有何特点（请分三段进行解读）？酶浓度与反应速度的关系是什么？温度和 pH 对酶而言为何存在"最适"值？抑制剂对酶的抑制作用分为可逆性和不可逆性抑制。可逆性抑制又分为哪三类？其主要的动力学参数如何变化？

酶的调节以调节活性为主，以调节酶的含量为辅。其中，活性调节属于快速调节，可通过共价修饰调节、别构调节、酶原的激活进行。最常见的共价修饰调节方式是什么？什么是酶原？其存在对于机体有何意义？酶原激活的本质是什么？

酶与医学具有密切关系，在疾病的发生、诊断、治疗及相关科研工作中具有广泛应用。请查阅本年度最新相关文献，谈一谈你对酶与医学的认识。

测试题

1. 以下关于酶的活性中心的描述正确的是（　　）。
A. 酶的活性中心在酶分子的中心部位
B. 酶的必需基团全部位于酶的活性中心内
C. 酶的活性中心只有氨基酸残基
D. 酶的活性中心只能完成与底物的催化反应

E. 酶的活性中心可完成与底物的结合及催化过程

2. 以下关于酶的辅因子的说法错误的是（　　）。

A. 常见的辅因子包含维生素及金属离子

B. 能成为酶的辅因子的维生素往往是维生素的活化形式

C. 维生素 B_6 是脱羧酶的辅酶

D. NAD^+ 和 $NADP^+$ 中所含的维生素部分是一样的

E. 一种维生素只能生成一种酶的辅助因子

3. 以下关于酶原的描述错误的是（　　）。

A. 酶原是无活性的酶的前体

B. 酶原激活的过程涉及氨基酸的水解或肽段的切除

C. 酶原产生的部位与发挥作用的部位相同

D. 酶原是酶的储存形式

E. 酶原的活性中心没有形成或者没有暴露

4. 以下关于米氏方程的描述正确的是（　　）。

A. 米氏方程描述的是一条抛物线

B. 米氏常数没有单位

C. 米氏常数的值可反应底物与酶之间的亲和力

D. 米氏方程的提出建立在酶-底物复合物学说的基础上

E. 米氏方程中可准确求取最大反应速度

5. 以下关于抑制剂对酶反应速度的影响的说法，正确的是（　　）。

A. 抑制剂都是不可逆的

B. 抑制作用的可逆与否取决于其与酶结合的方式是否是共价结合

C. 所有的抑制剂都会减弱酶对底物的亲和力

D. 所有的抑制剂都会改变酶促反应的最大速度

E. 所有的抑制剂均结合于酶的活性中心

6. 下述关于同工酶的描述正确的是（　　）。

A. 所有的同工酶都具有相同的一级结构

B. 所有的同工酶都具有相同的空间结构

C. 所有的同工酶理化性质都相同

D. 所有的同工酶都具有相同的催化能力

E. 所有的同工酶都具有相似的活性中心

7. 以下关于温度对酶活性的影响的说法正确的是（　　）。

A. 温度越低，酶的活性越强

B. 温度越高，酶的活性越强

C. 温度越低，酶的活性越弱

D. 温度越高，酶的活性越差

E. 温度对酶促反应具有双重影响

8. 以下关于底物浓度对酶促反应的影响的描述正确的是（　　）。

A. 底物浓度与酶促反应的速度成正比例关系

B. 底物浓度与酶促反应速度的关系是正相关，随着底物浓度的增加，反应速度一直增加

C. 在一定范围内，随着底物浓度的增加，反应速度会提高

D. K_m值越大，底物浓度对反应速度的影响越灵敏

E. 底物浓度与酶促反应速度之间的函数关系是一条直线

9. 以下关于酶的必需基团的描述，错误的是（　　）。

A. 酶的必需基团与酶的活性密切相关

B. 酶的必需基团分为活性中心内和活性中心外必需基团

C. 催化基团位于活性中心内

D. 活性中心外的必需基团主要作用在于维持酶活性中心的空间结构

E. 结合基团可位于酶的活性中心外

10. 以下关于酶的调节的描述，错误的是（　　）。

A. 酶的调节分为快速调节和慢速调节

B. 酶原激活属于酶的快速调节

C. 酶的化学修饰是属于快速调节

D. 酶的合成与降解属于快速调节

E. 酶的别构调节有别构激活和别构抑制两种方式

（张云霞　江朝娜）

第三章　糖 代 谢

糖在人体代谢中占有中心位置，可为生命活动提供能源和碳源。葡萄糖是一种良好的供能物质。葡萄糖完全氧化为二氧化碳和水，1 mol 葡萄糖标准自由能变化为 −2840 kJ/mol，生成的能量中约 34% 转化储存于 ATP，用于机体各种生理活动。人体可将葡萄糖作为高分子量聚合物（肝糖原或肌糖原）储存，当能量需求增加时，葡萄糖可以从糖原中释放出来，用于有氧或无氧氧化，生成 ATP。葡萄糖能够为生物合成反应提供大量的代谢中间体，作为氨基酸、核苷酸、辅酶、脂肪酸或其他代谢中间产物的碳骨架。此外，糖还可参与组成糖蛋白和糖脂，调节细胞信息转导。

葡萄糖有三个主要来源：①食物的消化吸收。食物消化分解，释放出葡萄糖后，被消化道吸收。②糖原分解作用。短暂饥饿时肝中储存的糖原可分解并生成葡萄糖。③糖异生作用。较长时间饥饿时，非糖物质（乳酸，生糖氨基酸、甘油）转变为葡萄糖。

葡萄糖有四个主要去路：①储存在细胞中（以肝糖原或肌糖原的形式）；②通过糖酵解生成三碳化合物（丙酮酸盐），通过无氧氧化或有氧氧化的方式，提供 ATP 和代谢中间产物；③通过磷酸戊糖（磷酸葡萄糖酸）途径生成用于核酸合成的 5−磷酸核糖和用于还原性生物合成过程的 NADPH。④转化成非糖物质，如脂肪酸、甘油、氨基酸等物质。

第一节　糖的摄取与利用

人体主要从食物中摄取糖类（可利用的糖类包括植物淀粉、动物糖原、麦芽糖、蔗糖、乳糖、葡萄糖等），糖消化后以单体形式吸收。在唾液和胰液中具有 α 淀粉酶（α-amylase），可进行淀粉消化。唾液 α−淀粉酶水解淀粉的内部（α1→4）糖苷键，产生短的多糖片段或寡糖。由于食物在口腔中的停留时间较短，因此淀粉消化主要在小肠内进行。在胃中，唾液 α−淀粉酶被胃酸灭活，此时胰腺 α−淀粉酶分泌到小肠，继续分解过程。胰腺 α−淀粉酶主要产生麦芽糖和麦芽三糖和称为极限糊精的寡糖。寡糖在小肠黏膜刷状缘进一步水解，由 α 糖苷酶水解 α−1, 4 糖苷键和 α−1, 6−糖苷键，将麦芽糖、麦芽三糖、异麦芽糖、α 极限糊精等水解为葡萄糖；蔗糖酶可水解蔗糖为葡萄糖和果糖；乳糖酶可水解乳糖为葡萄糖和半乳糖。有些人饮用牛奶后发生腹胀、腹泻等症状，是由于他们先天缺乏乳糖酶，称为乳糖不耐受（lactose intolerance）。

糖类消化成单糖后在小肠吸收。小肠黏膜细胞通过主动运输吸收葡萄糖，同时伴有 Na^+ 的转运，这是一个耗能的转运过程，这类转运载体称为 Na^+ 依赖型葡萄糖转运蛋白（sodium-dependent glucose transporter, SGLT），主要存在于小肠黏膜和肾小管上皮细胞中。葡萄糖由小肠黏膜细胞吸收后，经门静脉入肝，通过血液循环供各组织细胞摄取及利用。

细胞通过葡萄糖转运蛋白（glucose transporter, GLUT）摄取血液中的葡萄糖。人体中已发现多达 12 种 GLUT，其中 GLUT1 ~ GLUT5 功能较为明确。GLUT1 和 GLUT3 与葡萄糖的亲和力较高，分布广泛，是细胞摄取葡萄糖的基本转运体。GLUT2 与葡萄糖的亲和力较低，主要存在于肝和胰细胞中，可帮助肝摄取餐后过量的葡萄糖。GLUT4 主要存在于肌和脂肪组织中，锻炼可增加肌组织细胞膜上的 GLUT4 数量。GLUT5 是细胞吸收果糖的重要转运载体。这些 GLUT 蛋白有不同的组织分布，不同的生物功能，影响着各组织对葡萄糖的利用。

第二节　糖酵解

糖酵解是葡萄糖分解代谢的中心途径。葡萄糖的糖酵解是某些哺乳动物组织和细胞类型（如红细胞、肾髓质、脑和精子）代谢能量的唯一来源。糖酵解中，六碳葡萄糖分解为两个分子的三碳丙酮酸，分10个步骤进行。

一、糖酵解反应过程的准备阶段

糖酵解反应的前5步为准备阶段。葡萄糖首先在 C-6 上的羟基上被磷酸化，生成的葡萄糖-6-磷酸转化为 D-果糖6-磷酸后，在 C-1 被再次磷酸化，生成果糖-1,6-二磷酸。

（一）葡萄糖的磷酸化

葡萄糖的磷酸化是糖酵解的第一步，葡萄糖通过其在 C-6 的磷酸化而被激活，产生葡萄糖-6-磷酸，ATP 是磷酸基团供体。磷酸化后的葡萄糖不能自由通过细胞膜而逸出细胞。该反应由己糖激酶催化，是不可逆反应，也是糖酵解反应的第一个限速步骤。

己糖激酶是糖酵解的第一个关键酶。己糖激酶几乎存在于所有生物体中。人类基因组编码四种不同的己糖激酶（Ⅰ~Ⅳ）同工酶，这些酶都催化相同的反应。肝细胞中存在是己糖激酶Ⅳ（也称为葡萄糖激酶），在动力学和调节特性上与其他的己糖激酶不同：一是对葡萄糖的亲和力较低；二是受激素调控且对葡萄糖-6-磷酸的反馈抑制不敏感。因此，葡萄糖激酶Ⅳ在肝维持血糖恒定中发挥重要功能，只在血糖显著升高时，肝加快葡萄糖的利用。

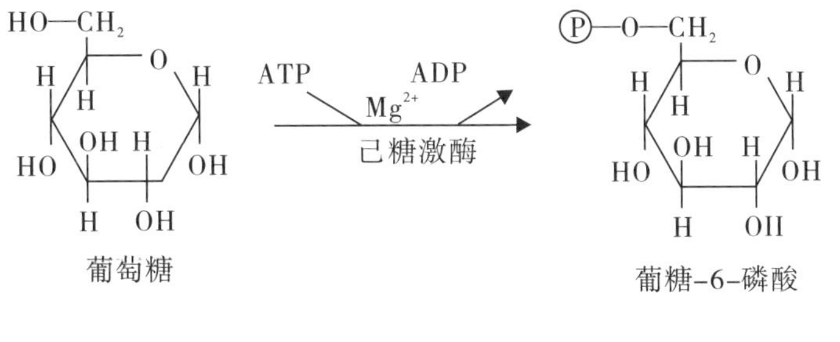

（二）葡萄糖-6-磷酸变构为果糖-6-磷酸

该反应由己糖异构酶（phosphohexose isomerase）催化，葡萄糖-6-磷酸可逆异构化为果糖-6-磷酸（fructose-6-phosphate，F-6-P），需要 Mg^{2+} 参与。这个反应标准自由能的变化相对较小，是一个可逆反应。

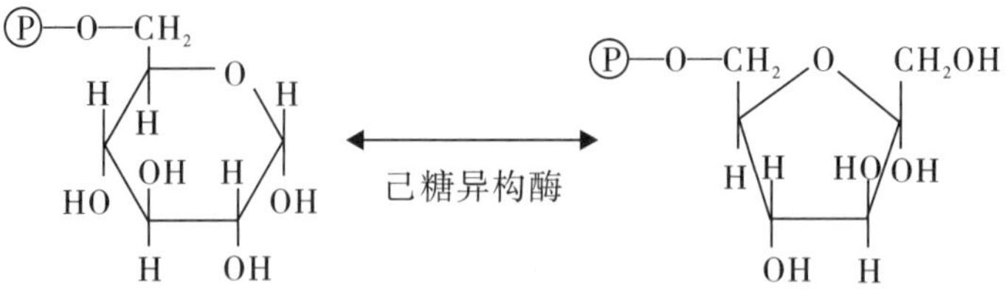

葡糖-6-磷酸　　　　　　　　　果糖-6-磷酸

（三）果糖-6-磷酸磷酸化生成果糖-1,6-二磷酸

该反应是第二个磷酸化反应，需 ATP 和 Mg^{2+} 参与。由磷酸果糖激酶-1（phosphofructokinase-1，PFK-1）催化，产物为果糖-1,6-二磷酸（fructose-1,6-bisphosphatel，F-1,6-BP）。此步骤属于不可逆反应，也是糖酵解中第二个限速步骤。

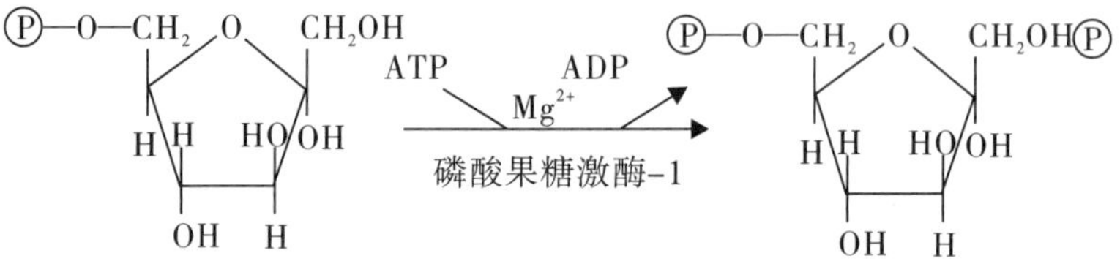

果糖-6-磷酸　　　　　　　　　果糖-1,6-二磷酸

（四）果糖-1,6-二磷酸分解为2分子磷酸丙糖

果糖-1,6-二磷酸醛缩酶，通常简称醛缩酶，催化可逆的醛缩合反应。果糖-1,6-二磷酸经裂解产生2个丙糖，即磷酸二羟丙酮和3-磷酸甘油醛。

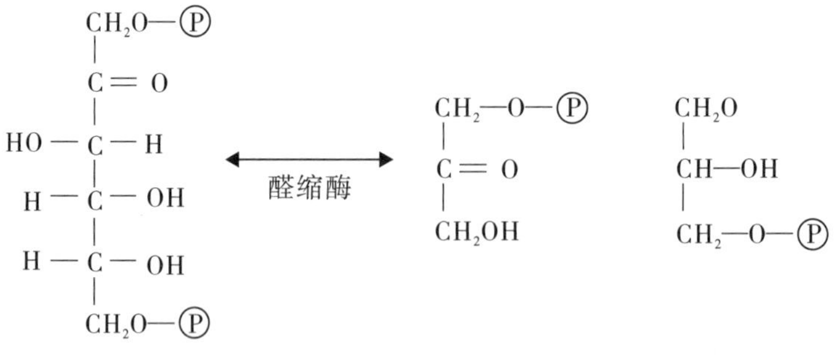

果糖-1,6-二磷酸　　　磷酸二羟丙酮　　　3-磷酸甘油醛

（五）两个丙糖间的相互转变

3-磷酸甘油醛可以直接参与随后的糖酵解步骤。磷酸二羟丙酮经磷酸丙糖异构酶（triose phosphate isomerase）催化，可转变为3-磷酸甘油醛。此外，磷酸二羟丙酮还可转变成α-磷酸甘油，参与脂肪的合成反应。

$$\text{磷酸二羟丙酮} \underset{\text{磷酸丙糖异构酶}}{\rightleftharpoons} \text{3-磷酸甘油醛}$$

通过上述 5 步反应完成了糖酵解的准备阶段。已糖分子在 C-1 和 C-6 被磷酸化，然后裂解形成两个 3-磷酸甘油醛分子。在本阶段的反应中，1 分子葡萄糖经历了两次磷酸化反应，消耗 2 分子 ATP，生成 2 分子 3-磷酸甘油醛。

二、糖酵解反应的产能阶段

在本阶段，葡萄糖分子中的化学能，转变生成 ATP 和 $NADH+H^+$。1 分子的葡萄糖可产生 2 分子的 3-磷酸甘油醛，最终转化为 2 分子的丙酮酸，伴随着 4 分子 ATP 的生成，并生成 2 分子的 $NADH+H^+$。

（一）3-磷酸甘油醛氧化生成 1,3-二磷酸甘油酸

该反应由 3-磷酸甘油醛脱氢酶（glyceraldehyde 3-phosphate dehydrogenase）催化，包括 3-磷酸甘油醛的醛基氧化成羧基及羧基的磷酸化。3-磷酸甘油醛脱氢酶以 NAD^+ 为辅酶，反应进程伴随 $NADH+H^+$ 的生成。

$$\text{3-磷酸甘油醛} \xrightarrow[]{Pi、NAD^+ \quad NADH+H^+} \text{1,3-二磷酸甘油酸}$$

（二）1,3-二磷酸甘油酸转变成 3-磷酸甘油酸

该反应由磷酸甘油酸激酶（phosphoglycerate kinase）催化，将高能磷酸基从羧基转移到 ADP，形成 ATP 和 3-磷酸甘油酸。从底物（如 1,3-二磷酸甘油酸）通过磷酸基团转移形成 ATP 被称为底物水平的磷酸化，以区别与呼吸相关的氧化磷酸化。该反应为可逆反应。

$$\text{1,3-二磷酸甘油酸} \underset{\text{磷酸甘油酸激酶}}{\overset{ADP \quad ATP}{\rightleftharpoons}} \text{3-磷酸甘油酸}$$

（三）3-磷酸甘油酸转变为2-磷酸甘油酸

该反应由磷酸甘油酸变位酶（phosphoglycerate mutase）催化，将磷酸基从3-磷酸甘油酸的C-3位转移到C-2位，为可逆反应。

$$\begin{array}{c} \text{COOH} \\ | \\ \text{C—OH} \\ | \\ \text{CH}_2\text{—O—}\textcircled{P} \\ \text{3-磷酸甘油酸} \end{array} \xrightarrow[\text{磷酸甘油酸变位酶}]{} \begin{array}{c} \text{COOH} \\ | \\ \text{C—O—}\textcircled{P} \\ | \\ \text{CH}_2\text{—O—}\textcircled{P} \\ \text{2-磷酸甘油酸} \end{array}$$

（四）2-磷酸甘油酸转变为磷酸烯醇式丙酮酸

该反应由烯醇化酶（enolase）催化，使2-磷酸甘油酸脱水生成磷酸烯醇式丙酮酸（phosphoenolpyruvate，PEP）。该反应使分子内部的电子重排，形成了一个高能磷酸键。

$$\begin{array}{c} \text{COOH} \\ | \\ \text{C—O—}\textcircled{P} \\ | \\ \text{CH}_2\text{—OH} \\ \text{2-磷酸甘油酸} \end{array} \xrightarrow[\text{烯醇化酶}]{} \begin{array}{c} \text{COOH} \\ | \\ \text{C—O~}\textcircled{P} + H_2O \\ | \\ \text{CH}_2 \\ \text{磷酸烯醇式丙酮酸} \end{array}$$

（五）磷酸烯醇式丙酮酸生成丙酮酸

该反应由丙酮酸激酶（pyruvate kinase）催化。在生成烯醇式丙酮酸后，经非酶促反应迅速转变为酮式。该反应是糖酵解途径的第三个限速步骤，进行了糖酵解途径中的第二次底物水平磷酸化。该反应为不可逆反应。

$$\begin{array}{c} \text{COOH} \\ | \\ \text{C—O~}\textcircled{P} \\ | \\ \text{CH}_2 \\ \text{磷酸烯醇式丙酮酸} \end{array} \xrightarrow[\text{丙酮酸激酶}]{\text{ADP} \xrightarrow{K^+ \quad Mg^{2+}} \text{ATP}} \begin{array}{c} \text{COOH} \\ | \\ \text{C=O} \\ | \\ \text{CH}_3 \\ \text{丙酮酸} \end{array}$$

通过糖酵解途径，最终产物为丙酮酸。在该反应进程中，总共消耗了2分子ATP，生成了4分子ATP和2分子的NADH+H$^+$，净生成2分子ATP。

三、糖酵解的调节

通过糖酵解途径调节葡萄糖流量可维持ATP水平恒定。糖酵解的调节主要通过ATP消耗、NADH+H$^+$再生和3种糖酵解酶（包括己糖激酶、PFK-1和丙酮酸激酶）的变构调节来完成。糖酵解过程中有 3 个不可逆反应,分别由己糖激酶、磷酸果糖激酶 – 1 和丙酮酸激酶催化。这 3 个反应速率较慢,控制了糖酵解流量,其活性受到别构效应剂的调节。此外,糖酵解也受胰高血糖素、肾上腺素和胰岛素等激素的调节。

(一) 对磷酸果糖激酶 – 1 的调节

1. 磷酸果糖激酶 – 1 的别构抑制剂

该酶的别构抑制剂包括 ATP 和柠檬酸。磷酸果糖激酶 – 1 别构部位与 ATP 具有较低亲和力,较高浓度的 ATP 才能抑制酶活性。此外,高浓度的柠檬酸也能抑制该酶活性。

2. 磷酸果糖激酶 – 1 的别构激活剂

该酶的别构激活剂包括果糖 – 1,6 – 二磷酸、果糖 – 2,6 – 二磷酸 (fructose-2,6 bisphosphate,F-2,6-BP)、AMP、ADP 等。果糖 – 1,6 – 二磷酸是磷酸果糖激酶 – 1 的反应产物,这种产物对该酶具有正反馈作用,利于糖的分解,这在生化反应中比较少见。果糖 – 2,6 – 二磷酸是该酶最强的别构激活剂。

(二) 对丙酮酸激酶的调节

1. 丙酮酸激酶的别构抑制剂

该酶的别构抑制剂包括 ATP、丙氨酸、乙酰辅酶 A、长链脂肪酸等。

2. 丙酮酸激酶的别构激活剂

该酶的别构激活剂包括果糖 – 1,6 – 二磷酸。

(三) 对己糖激酶的调节

该酶的别构抑制剂包括葡萄糖 – 6 – 磷酸、长链脂酰 CoA。葡萄糖 – 6 – 磷酸反馈抑制己糖激酶,然而葡萄糖激酶不存在葡萄糖 – 6 – 磷酸的别构调节部位。在饥饿时,长链脂酰 CoA 别构抑制己糖激酶,可减少肝和其他组织分解葡萄糖,胰岛素可促进该酶的合成。当消耗能量增加,细胞内 ATP/AMP 比值降低,可激活磷酸果糖激酶 – 1 和丙酮酸激酶,使葡萄糖分解加快。当能量储备充足时,糖酵解途径受到抑制。

德国生物化学家 Otto Warburg 在 1928 年首次观察到,几乎所有类型的肿瘤都以比正常组织高得多的速率进行糖酵解,即使有氧气也是如此,称之为"Warburg 效应"。与正常组织相比,肿瘤对糖酵解的依赖程度更高,这也预示了通过调节糖酵解通路进行抗癌治疗的可能性:糖酵解抑制剂可能通过耗尽肿瘤的 ATP 供应,从而靶向并治疗肿瘤。己糖激酶的三种抑制剂(2 脱氧葡萄糖、氯硝胺和 3 – 溴丙酮酸)已显示出作为化疗药物的前景。

四、其他单糖进入糖酵解的途径

在大多数生物体中,除葡萄糖以外的己糖在转化为磷酸化衍生物后可以进行糖酵解,如果糖、半乳糖和甘露糖。

(一) 果糖

D – 果糖以游离形式存在于许多水果中,或由蔗糖在脊椎动物小肠中水解形成,每天从食物中摄入的果糖约为 100 g。果糖主要被肝摄取和代谢,肝内的果糖激酶催化果糖磷酸化生成果糖 – 1 – 磷酸,然后在果糖 – 1 – 磷酸醛缩酶的催化下生成磷酸二羟丙酮及甘油醛。甘油醛经由丙糖激酶催化,生成 3 – 磷酸甘油醛。此外,小部分果糖被肌组织和脂肪组织等摄取后，在己糖激酶催化下，果糖磷酸化生成果糖-6-磷酸。这些产物均为糖酵解的中间产物。果糖不耐受（fructose intolerance）是一种罕见的先天性疾病，发病率约为1/20000。果糖不耐受患者表现为低血糖及肝肿大、肾功能损害、黄疸和肾小管性酸中毒等。

（二）半乳糖

D-半乳糖是乳糖水解的产物，从肠道中吸收入血，再运输到肝脏。在肝脏中，D-半乳糖在C-1被半乳糖激酶磷酸化生成半乳糖-1-磷酸，消耗1分子ATP。经过一系列反应后，半乳糖-1-磷酸转化为其C-4的异构体葡萄糖-1-磷酸。这种途径中几个关键酶出现缺陷都会导致人类的半乳糖血症。

（三）甘露糖转变为果糖-6-磷酸进入

D-甘露糖可以被己糖激酶在C-6处磷酸化生成甘露糖-6-磷酸，继而被磷酸葡萄糖异构酶异构化，生成6-磷酸果糖，从而进入糖酵解途径。

第三节 糖的无氧氧化和有氧氧化

一、糖的无氧氧化

糖的无氧氧化（见图3-1）包括糖酵解生成丙酮酸，以及丙酮酸在乳酸脱氢酶催化下还原为乳酸。该反应的总体平衡强烈支持乳酸的形成。

丙酮酸　　　　　　　　　　　　　　　乳酸

在糖酵解中，从每个葡萄糖分子衍生的两个3-磷酸甘油醛分子的脱氢将两个NAD^+分子转化为两个$NADH+H^+$分子。将两个丙酮酸分子还原为两个乳酸分子会再生两个NAD^+分子，因此，NAD^+或$NADH+H^+$中没有净变化。

糖无氧氧化的生理意义：不消耗氧迅速提供能量，这对于肌收缩非常重要。肌内ATP含量较低（约为4 mmol/L），几秒即可耗尽。葡萄糖有氧氧化供能所需时间相对较长，而糖的无氧氧化可快速获得ATP。当机体缺氧或剧烈运动，能量需要通过糖的无氧氧化获得。在成熟红细胞中不存在线粒体，也只能依赖糖的无氧氧化提供ATP。某些组织，如视网膜、神经、肾髓质、胃肠道、皮肤等，在不缺氧情况下也常由糖的无氧氧化提供能量。

糖的无氧氧化时每分子磷酸丙糖进行2次底物水平磷酸化，可生成2分子ATP，因此，1 mol葡萄糖可生成4 mol ATP，扣除在葡萄糖和果糖-6-磷酸发生磷酸化时消耗的2 mol ATP，最终净得2 mol ATP。

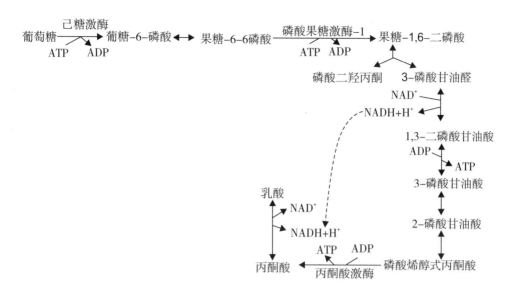

图 3-1 糖的无氧氧化总过程

二、糖的有氧氧化

糖的有氧氧化（aerobic oxidation of glucose）是指机体利用氧将葡萄糖彻底氧化生成 CO_2 和 H_2O 的过程。有氧氧化是体内糖分解代谢供能的主要方式，绝大多数组织和细胞都通过该途径获得能量。

糖的有氧氧化分为三个阶段：第一阶段葡萄糖经糖酵解生成丙酮酸，该阶段在细胞质中进行；第二阶段丙酮酸进入线粒体，经丙酮酸脱氢酶复合体氧化脱羧生成乙酰 CoA；第三阶段乙酰 CoA 进入三羧酸循环及氧化磷酸化提供能量。

（一）糖的有氧氧化第一阶段

见第三章第二节。

（二）糖的有氧氧化第二阶段：丙酮酸氧化脱羧生成乙酰 CoA

丙酮酸进入线粒体，经过 5 步反应氧化脱羧生成乙酰 CoA，总反应式为：

$$丙酮酸 + HSCoA + NAD^+ \xrightarrow{丙酮酸脱氢酶复合体} 乙酰\ CoA + NADH + H^+ + CO_2$$

丙酮酸脱氢酶复合体存在于线粒体中，由丙酮酸脱氢酶（E1）、二氢硫辛酰胺转乙酰酶（E2）和二氢硫辛酰胺脱氢酶（E3）等多个酶组成。在哺乳动物细胞中，丙酮酸脱氢酶复合体由 60 个 E2、6 个 E3，20~30 个 E1 组成。该反应有焦磷酸硫胺素（TPP）、硫辛酸、FAD、NAD 和 CoA 等辅因子参与。E2 的辅因子包括硫辛酸和 CoA；E1 的辅因子是 TPP；E3 的辅因子是 FAD、NAD。

在整个反应进程中，中间产物不离开丙酮酸脱氢酶复合体，使各步反应迅速完成。该反应是不可逆反应。（见图 3-2）

物质与能量代谢

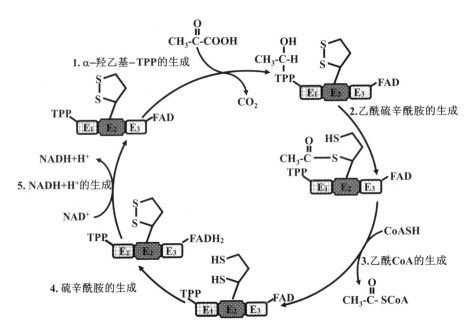

图3-2 丙酮酸脱氢酶复合体催化的反应过程

（三）糖的有氧氧化第三阶段：乙酰CoA进入三羧酸循环及氧化磷酸化提供能量

三羧酸循环（tricarboxylic acid cycle，TCA cycle），其第一个中间产物为柠檬酸（citric acid），亦称柠檬酸循环（citric acid cycle），因为该学说由Krebs正式提出，亦称为Krebs循环。三羧酸循环由八步反应组成，主要涉及4次脱氢、2次脱羧和1次底物水平磷酸化。

1. 乙酰CoA与草酰乙酸缩合成柠檬酸

该反应由柠檬酸合酶（citrate synthase）催化，是三羧酸循环的第一个限速步骤。1分子乙酰CoA与1分子草酰乙酸（oxaloacetate）缩合生成柠檬酸。缩合反应中乙酰CoA的高能硫酯键释放较多的自由能，因此，该反应为不可逆反应。

$$\underset{\text{草酰乙酸}}{\begin{array}{c}COOH\\|\\C=O\\|\\CH_2\\|\\COOH\end{array}} + \underset{\text{乙酰辅酶}}{CH_3-\overset{O}{\underset{}{C}}-SCoA} \xrightarrow{\text{柠檬酸合酶}} \underset{\text{柠檬酸}}{\begin{array}{c}COOH\\|\\CH_2\\|\\HO-C-COOH\\|\\CH_2\\|\\COOH\end{array}} + \underset{\text{辅酶A}}{CoASH} + H^+$$

2. 柠檬酸经顺乌头酸转变为异柠檬酸

该反应由顺乌头酸酶催化，使柠檬酸通过加水及脱水，生成异柠檬酸。

[柠檬酸 ⇌(顺乌头酸酶, H_2O) 顺乌头酸 ⇌(顺乌头酸酶, H_2O) 异柠檬酸]

3. 异柠檬酸转变为 α-酮戊二酸

该反应由异柠檬酸脱氢酶（isocitrate dehydrogenase）催化，氧化脱羧产生 CO_2，NAD^+ 接受脱下的氢，生成 $NADH + H^+$，以及 α-酮戊二酸。这是三羧酸循环中的第一次氧化脱羧，也是三羧酸循环的第二个限速步骤，该反应为不可逆反应。

[异柠檬酸 →(异柠檬酸脱氢酶, Mg^{2+}, $NADH+H^+$, NAD^+, CO_2) α-酮戊二酸]

4. α-酮戊二酸生成琥珀酰 CoA

该反应由 α-酮戊二酸脱氢酶复合体（α-ketoglutarate dehydrogenase complex）催化，氧化脱羧产生 CO_2，NAD^+ 接受脱下的氢，生成 $NADH + H^+$。转变生成的琥珀酰 CoA（succinyl CoA）含有高能硫酯键。α-酮戊二酸脱氢酶复合体的组成和催化反应过程与丙酮酸脱氢酶复合体类似，这就使得 α-酮戊二酸的脱羧、脱氢、形成高能硫酯键等反应步骤生成的中间产物不离开复合体，使各步反应迅速完成。该反应是不可逆反应，也是第三个限速步骤。

[α-酮戊二酸 + CoASH →(α-酮戊二酸脱氢酶复合体, NAD^+, $NADH+H^+$, CO_2) 琥珀酰CoA]

5. 琥珀酰 CoA 转变为琥珀酸

该反应由琥珀酰 CoA 合成酶（succinyl CoA synthetase）催化，水解释放琥珀酰 CoA 所含高能硫酯键能量，同时与 GDP 或 ATP 磷酸化偶联，生成高能磷酸键。该反应是可逆反应，也是三羧酸循环中唯一一次底物水平磷酸化反应。琥珀酰 CoA 合成酶在哺乳动物体中有两种同工酶，可分别生成 GTP 和 ATP。

$$\text{琥珀酰CoA} \xrightleftharpoons[\text{琥珀酰CoA合成酶}]{GDP+Pi \quad\quad GTP} \text{琥珀酸}$$

6. 琥珀酸脱氢生成延胡索酸

该反应由琥珀酸脱氢酶（succinate dehydrogenase）催化，反应脱下的氢由 FAD 接受生成 $FADH_2$。

$$\text{琥珀酸} \xrightleftharpoons[\text{琥珀酸脱氢酶}]{FAD \quad\quad FADH_2} \text{延胡索酸}$$

7. 延胡索酸加水生成苹果酸

该反应由延胡索酸酶（fumarate hydratase）催化，此反应为可逆反应。

$$\text{延胡索酸} + H_2O \xrightleftharpoons{\alpha-\text{延胡索酸酶}} \text{苹果酸}$$

8. 苹果酸脱氢生成草酰乙酸

该反应由苹果酸脱氢酶（malate dehydrogenase）催化，反应脱下的氢由 NAD^+ 接收生成 $NADH+H^+$。此反应为可逆反应。

$$\underset{\text{苹果酸}}{\begin{array}{c}\text{COOH}\\|\\\text{HO-C-H}\\|\\\text{CH}_2\\|\\\text{COOH}\end{array}} \xrightleftharpoons[\text{NADH+H}^+]{\text{NAD}^+} \underset{\text{草酰乙酸}}{\begin{array}{c}\text{COOH}\\|\\\text{C=O}\\|\\\text{CH}_2\\|\\\text{COOH}\end{array}}$$

（四）三羧酸循环的主要特点

三羧酸循环通过上述 8 步反应，进行了 4 次脱氢反应，生成 3 分子 $NADH+H^+$ 和 1 分子 $FADH_2$；2 次脱羧生成 2 分子 CO_2，这是体内 CO_2 的主要来源；1 次底物水平磷酸化生成 1 分子 GTP（或 ATP）。三羧酸循环每进行一轮，底物水平磷酸化只能发生 1 次，故其不是线粒体内的主要产能方式。三羧酸循环的总反应为：

乙酰 CoA + $3NAD^+$ + FAD + GDP + Pi + $2H_2O$ ⟶ CoA－SH + 3（$NADH+H^+$）+ $FADH_2$ + $2CO_2$ + GTP

此外，2 次脱羧生成 2 分子 CO_2（2 个碳原子），并非直接来源于乙酰 CoA 的 2 个碳原子，而是来自草酰乙酸，因此，进行一轮三羧酸循环后，重新形成的草酰乙酸的碳骨架更新一半。另外，三羧酸循环的中间产物并无量的变化。草酰乙酸主要来自丙酮酸的羧化反应，也可通过苹果酸脱氢生成。（见图 3-3）

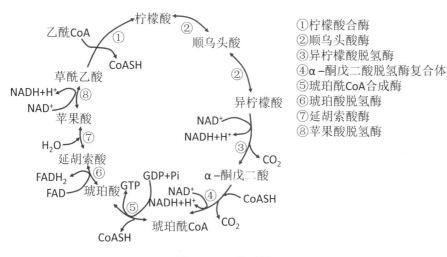

图 3-3　三羧酸循环

（五）三羧酸循环的生理意义

1. 三羧酸循环是糖、脂肪、氨基酸三大物质分解产能的共同通路

糖、脂肪、氨基酸是能源物质，都可提供能量供机体使用。它们在体内最终都将产生乙酰 CoA，然后进入三羧酸循环而彻底氧化。

2. 三羧酸循环是糖、脂肪、氨基酸代谢联系的枢纽

三大营养物质通过三羧酸循环在一定程度上相互转变。饱食时糖可以转变成脂肪，乙酰 CoA 可以合成脂肪酸。大部分氨基酸可以转变生成糖，许多氨基酸的碳骨架是三羧酸循环的中间产物，能参与合成天冬氨酸、谷氨酸等非必需氨基酸。

（六）糖有氧氧化的调节

糖的有氧氧化主要通过以下方面进行调节：①丙酮酸脱氢酶复合体；②三羧酸循环中的 3 个关键酶，分别调控丙酮酸生成乙酰 CoA 和乙酰 CoA 彻底氧化的速率。

1. 丙酮酸脱氢酶复合体的调节。

丙酮酸脱氢酶复合体活性的调节方式有别构调节和化学修饰调节两种。

（1）丙酮酸脱氢酶复合体的别构调节。其别构抑制剂包括 ATP、乙酰 CoA、NADH + H^+ 和脂肪酸等。其别构激活剂包括 ADP、CoA、NAD^+ 和 Ca^{2+} 等。①ATP/AMP 比值：能量缺乏时，酶被激活；能量过剩时，酶被抑制。②乙酰 CoA/CoA 比值或 NADH/NAD 比值升高时，酶被抑制。因此，餐后（糖分解过盛）或饥饿（大量脂肪酸氧化）时，该酶发生别构抑制。

（2）丙酮酸脱氢酶复合体的化学修饰调节。该酶受到可逆的化学修饰调节：通过丙酮酸脱氢酶激酶催化发生磷酸化，失去活性；通过丙酮酸脱氢酶磷酸酶催化发生去磷酸化，恢复活性。乙酰 CoA 和 NADH + H^+ 可增强丙酮酸脱氢酶激酶的活性，使丙酮酸脱氢酶复合体失活。

2. 三羧酸循环关键酶的调节

三羧酸循环有 3 步关键调节点：柠檬酸合酶、异柠檬酸脱氢酶和 α-酮戊二酸脱氢酶复合体。别构调节是它们主要调节方式。

（1）别构激活作用。乙酰 CoA 和草酰乙酸作为柠檬酸合酶的底物，可影响柠檬酸合成的速率。ADP 可以激活柠檬酸合酶和异柠檬酸脱氢酶。

（2）产物的别构抑制作用。柠檬酸合酶的抑制剂包括 ATP、柠檬酸、琥珀酰 CoA 和 NADH + H^+。异柠檬酸脱氢酶抑制剂有 ATP。α-酮戊二酸脱氢酶复合体抑制剂包括琥珀酰 CoA 和 NADH + H^+。

当能量充足时，三羧酸循环被抑制，反之三羧酸循环被激活。

（3）Ca^{2+} 的激活作用。当线粒体内 Ca^{2+} 浓度升高时，Ca^{2+} 可直接与异柠檬酸脱氢酶和 α-酮戊二酸脱氢酶复合体相结合，增加它们对底物的亲和力；Ca^{2+} 可激活丙酮酸脱氢酶复合体。

3. 糖的有氧氧化三个阶段的协调

在正常情况下，有氧氧化三个阶段的速度是相协调的。在糖酵解中产生的丙酮酸，三羧酸循环可以消化掉这些丙酮酸所提供的乙酰 CoA，这种协调作用可通过同一种别构剂实现对多个关键酶的调节。

（1）柠檬酸。糖产能过多时，柠檬酸在线粒体内反馈抑制柠檬酸合酶，也可被转运至细胞质中，抑制磷酸果糖激酶-1 及负反馈调节糖酵解和三羧酸循环。

（2）NADH + H^+。NADH + H^+ 积累，可在线粒体内抑制丙酮酸脱氢酶复合体，柠檬酸合酶、α-酮戊二酸脱氢酶复合体等酶的活性，负反馈调节丙酮酸氧化脱羧和三羧酸循

环。导致 $NADH+H^+$ 积累,进而抑制上游丙酮酸的氧化分解。

(3) ATP/ADP 或 ATP/AMP 比值。当细胞 ATP 消耗时,ADP 和 AMP 浓度升高,可同时别构激活糖酵解(磷酸果糖激酶-1、丙酮酸激酶)、丙酮酸氧化脱羧(丙酮酸脱氢酶复合体)、三羧酸循环(柠檬酸合酶、异柠檬酸脱氢酶及氧化磷酸化的相关酶)等步骤,加速进行有氧氧化;反之,当 ATP 充足时,可同时别构抑制上述酶的活性。两组比值相比,ATP/AMP 的变动比 ATP/ADP 的大,故对有氧氧化的调节作用更为明显。

三、糖的有氧氧化的生理意义

糖的有氧氧化是产生能量的主要途径。糖的有氧氧化的三个阶段如下:糖酵解中在初始阶段消耗 2 分子 ATP,产能阶段生成 4 分子 ATP,净获得 2 分子 ATP;3-磷酸甘油醛在细胞质中脱氢生成的 $NADH+H^+$,需要从细胞质运到线粒体,具有两种转运机制,可分别产生 2.5 分子和 1.5 分子 ATP。因此,每分子的葡萄糖在糖酵解阶段可获得 7 分子或 5 分子 ATP。

丙酮酸进入线粒体,生成乙酰 CoA 阶段,脱氢生成 1 分子的 $NADH+H^+$。三羧酸循环阶段,发生了 4 次脱氢反应产生 3 分子 $NADH+H^+$ 和 1 分子 $FADH_2$,并进行了一次底物水平磷酸化生成的 1 分子 ATP。在线粒体中,1 分子 $NADH+H^+$ 可生成 2.5 分子 ATP;1 分子 $FADH_2$ 能生成 1.5 分子 ATP。因此,每分子的葡萄糖在丙酮酸氧化脱羧阶段可获得 $2×2.5$ 分子 ATP,在三羧酸循环阶段可获得 $2×10$ 分子 ATP。

1 mol 葡萄糖彻底氧化生成 CO_2 和 H_2O,可净生成 30 或 32 mol ATP(见表 3-1)。

表 3-1 糖的有氧氧化

阶段	反应	辅酶	最终获得 ATP
第一阶段 (胞浆)	葡萄糖→6-磷酸葡萄糖	—	-1
	6-磷酸果糖→1,6-二磷酸果糖	—	-1
	2×3-磷酸甘油醛→2×1,3-二磷酸甘油酸	$2NADH+H^+$	3 或 5 *
	2×1,3-二磷酸甘油酸→2×3-磷酸甘油酸	—	2
	2×磷酸烯醇式丙酮酸→2×丙酮酸	—	2
第二阶段 (线粒体基质)	2×丙酮酸→2×乙酰 CoA	$2NADH+H^+$	5
第三阶段 (线粒体基质)	2×异柠檬酸→2×α-酮戊二酸	$2NADH+H^+$	5
	2×α-酮戊二酸→2×琥珀酰 CoA	$2NADH+H^+$	5
	2×琥珀酰 CoA→2×琥珀酸	—	2
	2×琥珀酸→2×延胡索酸	$2FADH_2$	3
	2×苹果酸→2×草酰乙酸	$2NADH+H^+$	5
	由 1 分子葡萄糖总共获得	—	30 或 32

物质与能量代谢

第四节　糖异生

在哺乳动物中，一些组织的能量代谢几乎完全依赖葡萄糖。对于人脑和神经系统，以及红细胞、睾丸、肾髓质和胚胎组织，血液中的葡萄糖是唯一或主要的能量来源。仅大脑每天就需要大约120 g葡萄糖，超过了肌肉和肝脏中作为糖原储存的葡萄糖的一半以上。然而，葡萄糖供应并不总是充足的，在两餐之间及较长的禁食期间，或在剧烈运动之后，糖原所能提供的葡萄糖被耗尽。在这些时候，生物体需要通过非糖化合物（如乳酸、甘油、生糖氨基酸等）合成葡萄糖，这个过程称为糖异生（"糖的新形成"）。在哺乳动物中，糖异生主要发生在肝脏，在较小程度上发生在肾皮质和小肠内部的上皮细胞中。产生的葡萄糖进入血液供应其他组织。

糖异生不完全是糖酵解的逆反应，尽管它们共享了几个步骤。糖异生的10个酶反应中有7个是糖酵解反应的逆反应。然而，糖酵解的3个关键反应在体内基本上是不可逆的，不能用于糖异生：①己糖激酶将葡萄糖转化为葡萄糖-6-磷酸；②磷酸果糖激酶-1将果糖-6-磷酸化为果糖-1,6-二磷酸；③丙酮酸激酶将磷酸烯醇式丙酮酸转化为丙酮酸。在细胞中，这3个反应均发生了较大的自由能变化，而其他糖酵解反应的ΔG接近于0。因此，这3个不可逆的步骤需要由糖异生特有的关键酶来催化。因此，糖酵解和糖异生在细胞中都是不可逆的过程。这两种途径主要发生在胞质中，它们需要相互协调。

一、糖异生三个不可逆的步骤

糖异生三个不可逆的步骤需要由糖异生特有的关键酶来催化。

（一）丙酮酸转化为磷酸烯醇式丙酮酸

糖异生过程中的第一个旁路反应是丙酮酸转化为磷酸烯醇式丙酮酸（PEP）。这种反应不能通过简单逆转糖酵解的丙酮酸激酶反应来发生，该反应具有大的负自由能变化。丙酮酸的磷酸化是通过一系列迂回的反应来实现的，该反应在胞质和线粒体中进行。

1. 丙酮酸羧化

丙酮酸的羧化包括两步反应，分别由丙酮酸羧化酶和磷酸烯醇式丙酮酸羧激酶催化，丙酮酸羧化酶其辅因子为生物素。丙酮酸羧化酶可以将丙酮酸羧化生成草酰乙酸，需消耗ATP。磷酸烯醇式丙酮酸羧激酶可以将草酰乙酸脱羧转变成磷酸烯醇式丙酮酸，需消耗ATP。上述两步反应共消耗2个ATP。

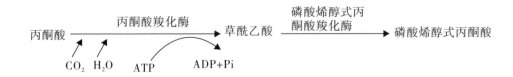

2. 草酰乙酸的转运

草酰乙酸不能直接进入线粒体内膜，有两种方式可以将其从线粒体转运到细胞质：经苹果酸或天冬氨酸转运。苹果酸和天冬氨酸均可自由进出线粒体，到达细胞质。通过苹果酸转运的过程为：在线粒体内，草酰乙酸被苹果酸脱氢酶催化还原为苹果酸，运出线粒体后，通过细胞质中苹果酸脱氢酶，将苹果酸重新生成草酰乙酸，此过程伴随着 $NADH+H^+$ 的转运。通过天冬氨酸转运的过程为：在线粒体内，由线粒体内谷草转氨酶催化，草酰乙酸被谷草转氨酶转变成天冬氨酸，运出线粒体后，通过细胞质中谷草转氨酶，将天冬氨酸重新生成草酰乙酸，此过程无 $NADH+H^+$ 伴随转运。（见图 3-4）

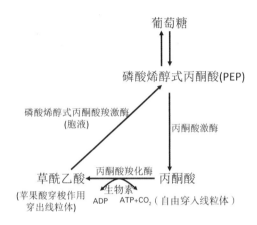

图 3-4 草酰乙酸的转运

（二）果糖-1,6-二磷酸水解为果糖-6-磷酸

由果糖二磷酸酶-1 催化此反应，对 C1 位的高能酯进行水解，这个反应并不生成 ATP，反应易于进行。

$$1,6\text{-二磷酸果糖} + H_2O \xrightarrow{\text{果糖二磷酸酶}} 6\text{-磷酸果糖}$$

（三）葡萄糖-6-磷酸水解为葡萄糖

由葡萄糖-6-磷酸酶催化此反应，也是磷酸酯水解反应。这个反应并不生成 ATP，反应易于进行。这个酶存在于肝细胞、肾细胞和小肠上皮细胞的内质网的管腔一侧，但不存在于其他组织中，因此，其他组织不能向血液供应葡萄糖。

$$\text{葡萄糖-6-磷酸} \xrightarrow[\substack{\uparrow \\ H_2O}]{\text{葡糖-6-磷酸酶} \atop \searrow Pi} \text{葡萄糖}$$

二、糖异生的生理意义

肝的糖异生可以在饥饿或运动时维持血糖，也可在饥饿后进食初期帮助肝糖恢复原储备。肾的糖异生可帮助在长期饥饿时酸碱平衡的维持。（见图3-5）

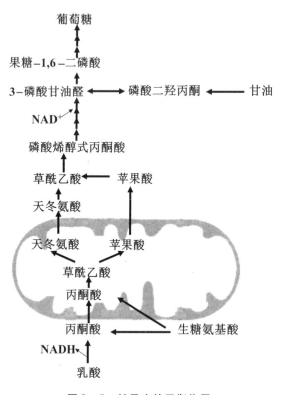

图3-5 糖异生的平衡作用

（一）维持血糖恒定

饥饿导致肝糖原耗尽后，葡萄糖依赖肝的糖异生生成，维持红细胞、骨髓、视网膜、神经等组织和细胞的葡萄糖供给。然而，糖异生生成的葡萄糖有限，其他组织需改用脂质供能，节约葡萄糖。糖异生原料可来源于蛋白质分解产生的生糖氨基酸及脂肪分解产生的甘油。饥饿时，大量的蛋白质分解为氨基酸，被运输至肝进行糖异生，作为血糖补给的主要来源；此外，脂肪分解增强使甘油增多，可补充少量葡萄糖。

（二）维持肝糖原储备

在饥饿后进食时，通过糖异生可补充或恢复肝糖原储备，尤为重要。肝内葡萄糖激酶对葡萄糖的亲和力低，在饥饿后进食初期血糖浓度不足以达到葡萄糖激酶催化所需的有效底物浓度。通过糖异生，可生成大量葡萄糖-6-磷酸用于糖原合成，从而绕开葡萄糖激酶催化的瓶颈反应。

（三）维持酸碱平衡

长期饥饿时，肾糖异生发挥重要作用。长期禁食使酮体代谢旺盛，导致体液pH降低。

肾发生糖异生，使三羧酸循环中间产物降低，促进谷氨酰胺和谷氨酸脱氨生成 α-酮戊二酸，补充进入三羧酸循环；脱下的氨分泌入肾小管管腔，与原尿中 H^+ 结合成 NH_4^+，促进排氢保钠，利于防止酸中毒。

（四）乳酸循环

在剧烈运动时，肌肉中的糖通过无氧氧化生成乳酸。肌肉组织无法进行糖异生，生成的乳酸需经血液转运至肝，经糖异生重新生成葡萄糖，完成对乳酸的回收再利用，这就是乳酸循环。乳酸循环糖异生生成葡萄糖需要在肝内完成，是由于肝内有葡萄糖-6-磷酸酶，且糖异生活跃；而肌组织中没有葡萄糖-6-磷酸酶，糖异生活性低。乳酸循环的生理意义在于，通过循环既能生成血糖，又可避免酸中毒。（见图3-6）

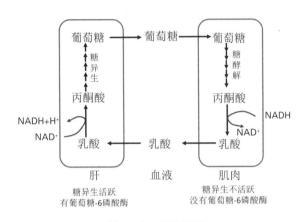

图3-6 乳酸循环

三、糖异生的调节

糖异生与糖酵解共享了7个反应步骤，其互为逆反应，而3个限速步骤分别由糖异生与糖酵解中特异的酶进行催化。当糖供应不足时需要进行糖异生，就须抑制糖酵解；当糖供应充足时要进行有效的糖酵解，就须抑制糖异生。这依赖于对两个反应途径底物的调节。

（一）果糖-6-磷酸和果糖-1,6-二磷酸的调节

糖酵解时，果糖-6-磷酸发生磷酸化而生成果糖-1,6-二磷酸，反应耗能；糖异生时，果糖-1,6-二磷酸水解去磷酸而转变为果糖-6-磷酸，反应并无产能，由此构成第一个底物循环。催化互变反应的两种酶活性常呈相反的变化。果糖-2,6-二磷酸和AMP可别构激活磷酸果糖激酶-1，别构抑制果糖二磷酸酶-1。果糖-2,6-二磷酸的合成可受激素调节。胰高血糖素可抑制果糖-2,6-二磷酸的生成，这是因为胰高血糖素可使磷酸果糖激酶-2磷酸化而失活，减弱糖酵解活性，增强肝糖异生。胰岛素可升高果糖-2,6-二磷酸水平，因此，餐后随着胰岛素的分泌，肝糖异生减弱而糖酵解增强。

（二）磷酸烯醇式丙酮酸与丙酮酸的调节

丙酮酸激酶的别构调节：果糖-1,6-二磷酸别构激活丙酮酸激酶，促进糖酵解；丙氨酸别构抑制丙酮酸激酶，抑制糖酵解。饥饿时，丙氨酸作为糖异生主要原料，因此，丙

氨酸抑制糖酵解并促进肝内糖异生。此外，丙酮酸激酶受化学修饰调节。胰高血糖素可使丙酮酸激酶发生磷酸化，活性受抑制，糖酵解减弱。

胰高血糖素可促进磷酸烯醇式丙酮酸羧激酶的合成，加强糖异生。胰岛素则相反，抑制磷酸烯醇式丙酮酸羧激酶的合成减弱糖异生。

乙酰 CoA 别构激活丙酮酸羧化酶的同时可别构抑制丙酮酸脱氢酶复合体。饥饿时，脂酰 CoA 在线粒体内进行 β-氧化，生成大量乙酰 CoA，可激活丙酮酸羧化酶，使丙酮酸转变为草酰乙酸，加速糖异生；也可抑制丙酮酸脱氢酶复合体，阻止葡萄糖经由丙酮酸氧化分解。

四、哺乳动物不能将脂肪酸转化为葡萄糖

大多数脂肪酸的分解代谢产生乙酰辅酶 A。哺乳动物不能使用乙酰辅酶 A 作为葡萄糖的前体，因为丙酮酸脱氢酶反应是不可逆的，哺乳动物细胞没有其他途径将乙酰辅酶 A 转化为丙酮酸。而植物、酵母和许多细菌却有一条途径将乙酰辅酶 A 转化为草酰乙酸酯，因此，这些生物体可以使用脂肪酸作为糖异生的起始材料。虽然哺乳动物不能将脂肪酸转化为糖，但它们可以使用脂肪分解产生的少量甘油（三酰甘油）进行糖异生。甘油激酶磷酸化甘油，然后氧化中心碳，产生二羟基磷酸丙酮。磷酸甘油是脂肪细胞合成三酰甘油的必要中间体，但这些细胞缺乏甘油激酶，因此不能简单地磷酸化甘油。相反，脂肪细胞进行截短版本的糖异生，称为甘油异生：通过糖异生的早期反应将丙酮酸转化为二羟丙酮磷酸酯，然后将二羟丙酮磷酸酯还原为磷酸甘油。

第五节　糖原的合成与分解

动物摄入的糖类除满足供能外，多余的葡萄糖大部分转变成脂肪储存于脂肪组织，还有一小部分转化为葡萄糖的多聚体形式储存——糖原（glycogen）。糖原是动物体内糖的储存形式。糖原主要储存于肝和骨骼肌，具有不同的生理意义。肌肉中的糖原为有氧或无氧代谢提供了快速的能量来源。在剧烈运动中，肌肉糖原可以在不到一个小时的时间内耗尽。当两餐之间或禁食期间没有葡萄糖时，肝糖原充当其他组织的葡萄糖储存库；这对于不能使用脂肪酸作为能量来源的大脑神经元尤其重要。肝糖原在 12～24 h 内耗尽。在人类中，储存为糖原的总能量远远少于储存为脂肪（三酰甘油）的总量，但脂肪不能在脊椎动物中转化为葡萄糖，也不能在厌氧条件下分解代谢。

一、糖原合成

糖原合成（glycogenesis）是指由葡萄糖生成糖原的过程（见图 3-7）。糖原合成时，葡萄糖需要先被活化，再连接形成直链和支链。糖原合成几乎发生在所有动物组织中，但在肝脏和骨骼肌中尤为突出。糖原合成的起点是葡萄糖-6-磷酸。正如我们已经看到的，这可以从肌肉中的己糖激酶Ⅰ和Ⅱ同工酶及肝脏中的己糖激酶Ⅳ（葡萄糖激酶）催化的反应中的游离葡萄糖得到。

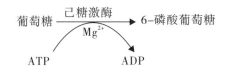

$$6\text{-磷酸葡萄糖} \xrightarrow{\text{磷酸葡萄糖变位酶}} 1\text{-磷酸葡萄糖}$$

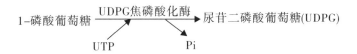

（一）葡萄糖活化为尿苷二磷酸葡萄糖

为了启动糖原合成，在磷酸葡萄糖变位酶催化下将葡萄糖-6-磷酸转化为葡萄糖-1-磷酸。然后在 UDP-焦磷酸化酶的作用下将产物转化为 UDPG，这是糖原生物合成的一个关键步骤。虽然该反应是可逆反应，但在细胞中，反应朝着 UDPG 形成的方向进行，因为焦磷酸能被无机焦磷酸酶快速水解。UDPG 可看作"活性葡萄糖"，在体内充当葡萄糖供体。

$$G_n + UDPG + 6\text{-磷酸葡萄糖} \xrightarrow{\text{糖原合酶}} UDP + G_{n+1}$$

（二）糖原合成的起始需要引物

糖原合酶不能启动新的糖原链。它需要引物，通常是预制的（α1→4）聚糖链或支链，具有至少 8 个葡萄糖残基。糖原蛋白既是新链组装的引物，作为最初的葡萄糖基受体起始糖原的合成，也是催化其组装的酶。合成新的糖原分子的第一步是将葡萄糖残基从 UDPG 转移到糖原的 Tyr194 的羟基上。新生链通过连续添加另外 7 个葡萄糖残基来延伸，每个残基都来自 UDPG，即成为糖原合成的初始引物。糖原基因突变可导致肌肉无力和疲劳，肝脏糖原耗尽，以及不规则心跳（心律失常）。

（三）UDPG 中的葡萄糖基连接形成直链和支链

糖原合酶不能形成在糖原分支点发现的（α1→6）键。这些键是由糖原分枝酶形成的，也称为淀粉（1→4）至（1→6）转糖基酶或糖基（4→6）转移酶。该糖原分枝酶能催化 6 或 7 个葡萄糖残基的末端片段从具有至少 11 个残基的糖原支链的非还原端转移到同一或另一糖原链的内部位置处的葡萄糖残基的 C-6 羟基，从而产生新的分支。进一步的葡萄糖残基可以通过糖原合酶添加到新的分支中。分支的生物效应是使糖原分子更易溶解，增加非还原末端的数量。

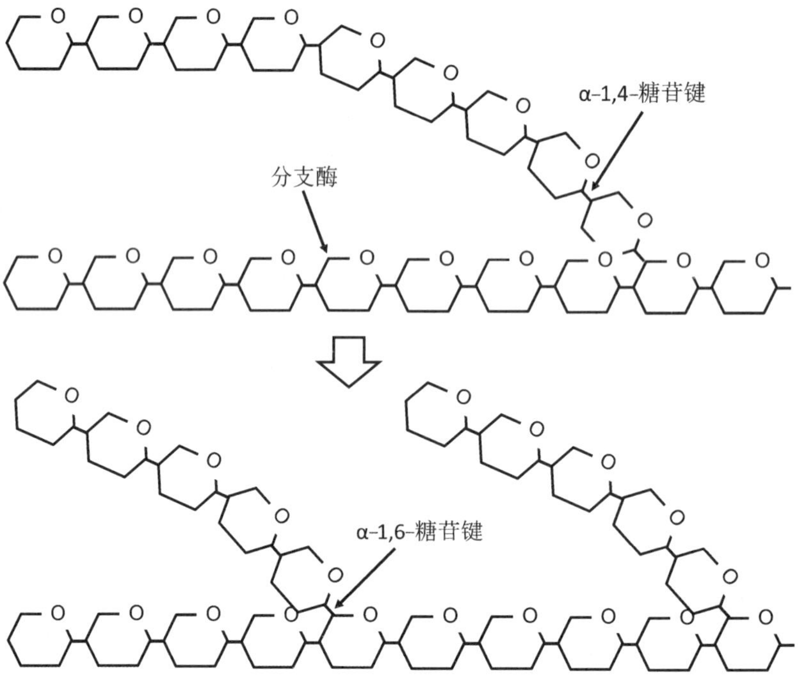

图 3-7 糖原合成

(四) 糖原合成是耗能过程

葡萄糖生成葡萄糖-6-磷酸需消耗 1 个 ATP；焦磷酸水解时损失 1 个高能磷酸键；糖原合酶催化反应时将 ATP 的高能磷酸键转移给了 UTP，无高能磷酸键的损失。因此，糖原分子每延长 1 个葡萄糖基，消耗 2 个 ATP。

二、糖原分解

糖原分解（glycogenolysis）是指糖原分解为葡萄糖-1-磷酸的过程，它不是糖原合成的逆反应。肝糖原和肌糖原的解聚过程一样，释出的主要产物葡萄糖-1-磷酸可转变为葡萄糖-6-磷酸，但肝和肌组织对葡萄糖-6-磷酸的后续利用则完全不同。在骨骼肌和肝脏中，糖原外分支的葡萄糖单位通过 3 种酶的作用进入糖酵解途径：糖原磷酸化酶、糖原去支酶和磷酸葡萄糖变位酶。糖原磷酸化酶催化糖原非还原末端的两个葡萄糖残基之间的（α1→4）糖苷键受到无机磷酸（PI）的攻击，去除末端的葡萄糖残基作为 α-D-葡萄糖-1-磷酸。这种磷酸化反应不同于在饮食糖原和淀粉的肠道降解过程中由淀粉酶水解糖苷键的反应。

(一) 糖原释出葡萄糖-1-磷酸

此反应由糖原磷酸化酶催化分解 1 个葡萄糖基，生成葡萄糖-1-磷酸。磷酸吡哆醛是糖原磷酸化酶反应中必不可少的辅助因子，其磷酸基团作为一般酸催化剂，促进 Pi 对糖苷键的攻击。此反应虽为可逆反应，但由于细胞内无机磷酸盐的浓度高，是葡萄糖-1-磷酸的 100 多倍，所以反应只能向糖原分解方向进行。糖原磷酸化酶只能作用于

α-1,4-糖苷键。

$$G_{n+1} \xrightarrow{\text{糖原磷酸化酶}} G_n + G-1-P$$

(二) 脱支酶分解α-1,6-糖苷键释出游离葡萄糖

糖原磷酸化酶在到达距离（α1→6）分支点4个葡萄糖残基时，停止分解。在脱支酶［形式上称为寡糖（α1→6）转（α1→4）葡聚糖转移酶］催化下将3个葡萄糖基转移，并将剩余的葡萄糖基水解成游离葡萄糖（见图3-8）。

(三) 葡萄糖-1-磷酸可以进入糖酵解或在肝脏中补充血糖

葡萄糖-1-磷酸作为糖原磷酸化酶反应的最终产物，被磷酸葡萄糖变位酶转化为葡萄糖-6-磷酸。在肝脏中，糖原分解可用于维持血糖浓度：当血糖水平下降时将葡萄糖释放到血液中。这需要葡萄糖-6-磷酸酶的催化，该酶存在于肝脏和肾脏中。葡萄糖-6-磷酸酶是内质网的膜蛋白，包含9个跨膜螺旋，其活性位点在内质网的管腔一侧。胞质中形成的葡萄糖-6-磷酸通过特定的转运体运输到内质网管腔中，并在管腔表面被葡萄糖-6-磷酸酶水解。由此产生的Pi和葡萄糖被认为是由两种不同的转运体携带回细胞质中，并且葡萄糖通过质膜转运体GLUT2离开肝细胞。骨骼肌糖原形成的葡萄糖-6-磷酸可以进入糖酵解，作为支持肌肉收缩的能量来源。肌组织中缺乏葡萄糖-6-磷酸酶，故肌糖原不能分解成葡萄糖。

此外，从葡萄糖-6-磷酸进入糖酵解，无须进行葡萄糖磷酸化的起始步骤。因此肌糖原分解时，1分子葡萄糖基进行无氧氧化净产生3分子ATP。

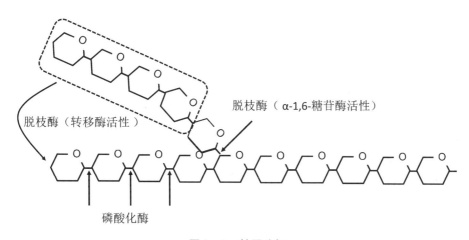

图3-8 糖原分解

三、糖原合成与分解的调节

(一) 糖原分解的调节

糖原磷酸化酶是最早被发现的变构酶之一，也是第一个被可逆磷酸化控制的酶，最早

被研究的同工酶之一。骨骼肌的糖原磷酸化酶以两种可相互转换的形式存在：糖原磷酸化酶 a，它具有催化活性；还有就是糖原磷酸化酶 b，它的活性较低。Earl Sutherland 的研究表明，磷酸化酶 b 在静息肌肉活动中占主导地位，但在剧烈的肌肉活动中，肾上腺素触发磷酸化酶 b 中特定 Ser 残基的磷酸化，将其转化为更活跃的形式，即磷酸化酶 a。

磷酸化酶 b 激酶负责通过将磷酸基转移到其丝氨酸残基来激活磷酸化酶，可被肾上腺素或胰高血糖素激活。肾上腺素（肌肉中）或胰高血糖素（肝脏中）刺激 cAMP 浓度增加，先激活蛋白激酶 A（PKA），然后激活磷酸化酶 b 激酶，随后磷酸化酶 b 激酶催化糖原磷酸化酶两个相同亚基中每一个亚基中的丝氨酸残基的磷酸化，从而刺激糖原分解。在肌肉中，这为糖酵解提供了能量，以维持由肾上腺素发出的战斗或逃跑反应的肌肉收缩。在肝脏中，糖原分解应对胰高血糖素发出的低血糖信号，将葡萄糖释放到血液中。肝脏和肌肉的糖原磷酸化酶是同工酶，由不同的基因编码，其调节性质不同。

当肌肉剧烈运动导致 AMP 积累时，其与磷酸化酶结合并激活磷酸化酶，加速葡萄糖 - 1 - 磷酸从糖原的释放。此外，Ca^{2+} 是肌肉收缩的信号，通过钙调蛋白与磷酸化酶 b 激酶结合并激活磷酸化酶 b 激酶，促进磷酸化酶 b 向活性 a 形式的转化。当肌肉恢复休息时，第二种酶——磷蛋白磷酸酶 1，从磷酸化酶 a 中去除磷酸基，将其转化为活性较低的形式磷酸化酶 b。

肝脏的糖原磷酸化酶是由激素通过磷酸化/去磷酸化和变构调节的。去磷酸化形式基本上是不活跃的。当血糖水平过低时，胰高血糖素激活磷酸化酶 b 激酶，而磷酸化酶 b 激酶又将磷酸化酶 b 转化为其活性的 a 形式，启动葡萄糖向血液中的释放。当血糖水平恢复正常时，葡萄糖进入肝细胞并与磷酸化酶 a 上的抑制性变构位点结合。这种结合还会产生构象变化，将磷酸化的丝氨酸残基暴露于磷蛋白磷酸酶 1，后者催化它们的去磷酸化并使磷酸化酶失活。葡萄糖的变构位点允许肝糖原磷酸化酶作为其自身的葡萄糖传感器，并对血糖的变化做出适当的反应。

（二）糖原合成的调节

与糖原磷酸化酶一样，糖原合酶可以磷酸化和去磷酸化形式存在。它的活性形式，糖原合酶 a，是非磷酸化的。两个亚基的几个 Ser 残基的羟基侧链的磷酸化将糖原合酶 a 转换为糖原合酶 b。糖原合酶能够被至少 11 种不同的蛋白激酶磷酸化在不同的残基上。最重要的调节激酶是糖原合酶激酶 3（GSK3），它将磷酸基添加到糖原合酶羧基末端附近的三个 Ser 残基上，使其强烈失活。

在肝脏中，磷蛋白磷酸酶 1 促进糖原合酶 b 向活性形式的转化，磷蛋白磷酸酶 1 通过一种磷蛋白磷酸酶 1 亚基 GL 与糖原颗粒结合。磷蛋白磷酸酶 1 从 GSK3 磷酸化的三个 Ser 残基中去除磷酸基。葡萄糖 - 6 - 磷酸与糖原合酶 b 上的变构位点结合，使该酶成为磷蛋白磷酸酶 1 去磷酸化的更好底物，并导致其活化。糖原合酶可以被认为是葡萄糖 - 6 - 磷酸传感器。在肌肉中，另一种不同的磷酸酶可能具有磷蛋白磷酸酶 1 在肝脏中所起的作用，通过使其去磷酸化来激活糖原合酶。（见图 3 - 9）

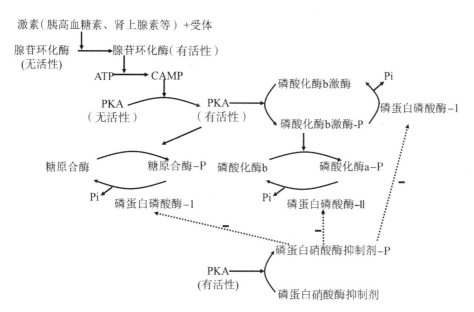

图3-9 糖原合成的调节

四、糖原贮积症由先天性酶缺陷所致

糖原贮积症（glycogen storage disease）患者某些组织器官中出现大量糖原堆积的现象，其病因是先天性缺乏糖原分解代谢相关的酶。不同酶的缺陷，对健康的危害程度也不同。缺乏肝糖原磷酸化酶时，可正常成长，肝糖原沉积导致肝肿大，后果并不严重。若葡萄糖-6-磷酸酶缺乏，血糖不能正常补充，则后果严重。溶酶体的α-葡萄糖苷酶缺乏，使所有组织受损，患者常因心肌受损而猝死（见表3-2）。

表3-2 糖原贮积症

型别	缺陷的酶	受害器官	糖原结构
I	葡萄糖-6-磷酸酶缺陷	肝、肾	正常
II	溶酶体α-1,4和α-1,6葡萄糖苷酶	所有组织	正常
III	脱支酶缺失	肝、肌肉	分支多，外周糖链短
IV	分支酶缺失	所有组织	分支少，外周糖链特别长
V	肌磷酸化酶缺失	肌肉	正常
VI	肝磷酸化酶缺陷	肝	正常
VII	肌肉和红细胞磷酸果糖激酶缺陷	肌肉、红细胞	正常
VIII	肝脏磷酸化酶激酶缺陷	脑、肝	正常

第六节 磷酸戊糖途径

在大多数动物组织中,葡萄糖-6-磷酸的分解代谢主要是经糖酵解分解为丙酮酸,其中大部分随后通过柠檬酸循环被氧化,最终导致 ATP 的形成。葡萄糖-6-磷酸还有其他分解代谢的命运,如将葡萄糖-6-磷酸氧化为磷酸戊糖(也称为磷酸戊糖途径)。磷酸戊糖途径可以将葡萄糖-6-磷酸通过氧化、基团转移等方式,生成果糖-6-磷酸和3-磷酸甘油醛,最终返回糖酵解途径。在这个途径中,$NADP^+$是电子受体,产生 $NADPH + H^+$。快速分裂的细胞,如骨髓、皮肤和肠黏膜的细胞及肿瘤组织的细胞,使用磷酸戊糖合成 RNA、DNA,以及 ATP、$NADH + H^+$、$FADH_2$ 和辅酶 A 等。因此,磷酸戊糖途径虽然不能产生 ATP,但可生成 $NADPH + H^+$ 和磷酸核糖两种重要产物。

一、磷酸戊糖的两个阶段

葡萄糖-6-磷酸进入磷酸戊糖途径后,反应分为两个阶段:第一阶段通过氧化反应,生成磷酸戊糖、$NADPH + H^+$ 和 CO_2;第二阶段通过基团转移反应,生成果糖-6-磷酸和3-磷酸甘油醛。反应全部在细胞质中进行。

(一)氧化阶段生成 $NADPH + H^+$ 和磷酸核糖

磷酸戊糖途径的第一个反应是葡萄糖-6-磷酸脱氢酶(G6PD)氧化葡萄糖-6-磷酸形成葡萄糖-6-磷酸酸内酯。$NADP^+$ 是电子受体,总体平衡向 $NADPH + H^+$ 形成的方向。葡萄糖-6-磷酸内酯被特定的内酯酶水解成葡萄糖-6-磷酸,然后葡萄糖-6-磷酸经过葡萄糖-6-磷酸脱氢酶氧化和脱羧形成核酮糖-5-磷酸;该反应可产生第二个 $NADPH + H^+$ 分子。磷酸戊糖异构酶将核酮糖-5-磷酸转化为其醛糖异构体,核糖-5-磷酸。在一些组织中,磷酸戊糖途径在这个阶段结束,1 分子葡萄糖-6-磷酸生成 2 分子 $NADPH + H^+$ 和 1 分子核糖-5-磷酸,释出 1 分子 CO_2。

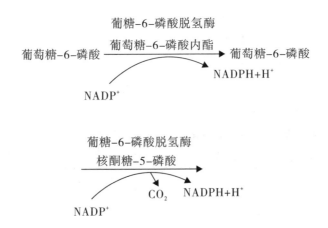

(二) 基团转移阶段生成磷酸己糖和磷酸丙糖

由于细胞对 $NADPH+H^+$ 的需求量大,为避免磷酸核糖堆积,多余的戊糖进入第二阶段,返回糖酵解途径进行利用。

在碳骨架的一系列重排中,6个五碳糖磷酸酯被转化为5个六碳糖磷酸酯,完成循环,并允许葡萄糖-6-磷酸酯随着 $NADPH+H^+$ 的产生而继续氧化。持续的循环最终导致葡萄糖-6-磷酸转化为6个 CO_2。磷酸戊糖途径特有的两种即转酮醇酶和转醛醇酶在这些糖的相互转化中起作用。

转酮醇酶催化两个碳片段从酮糖供体到醛糖受体的转移。转酮醇酶需要辅因子硫胺焦磷酸(TPP)。转酮醇酶将5-磷酸木糖的C-1和C-2转移到5-磷酸核糖,形成7-碳化合物7-磷酸庚糖。木糖中剩余的3个碳原子生成3-磷酸甘油醛。

接下来,转醛缩酶催化类似于糖酵解的醛缩酶反应:从7-磷酸庚糖中除去1个三个碳原子片段,与3-磷酸甘油醛缩合,形成果糖-6-磷酸和赤藓糖-4-磷酸。转酮醇酶催化赤藓糖-4-磷酸和5-磷酸木糖形成果糖-6-磷酸和甘油醛-3-磷酸。由这些反应的两次迭代形成的两个分子的3-磷酸甘油醛可以转化为果糖-1,6-二磷酸,最后转化为葡萄糖-6-磷酸。总体而言,6个磷酸戊糖转化为5个磷酸己糖。(见图3-10)

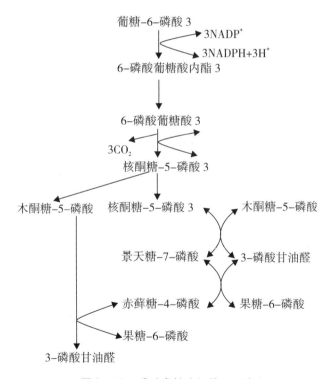

图3-10 磷酸戊糖途经的总反应

二、磷酸戊糖的调节

葡萄糖-6-磷酸可进入多条代谢途径。葡萄糖-6-磷酸是否进入糖酵解或磷酸戊糖途径取决于细胞的当前需要和胞质中 NADP⁺ 的浓度。没有 NADP⁺，磷酸戊糖途径的第一反应（由 G6PD 催化）就不能进行。当细胞在生物合成还原过程中迅速将 NADPH + H⁺ 转化为 NADP⁺ 时，NADP⁺ 的水平上升，刺激 G6PD，从而增加葡萄糖－6－磷酸通过磷酸戊糖途径的通量。当对 NADPH + H⁺ 的需求放缓时，NADP⁺ 的水平下降，磷酸戊糖途径减慢，而葡萄糖－6－磷酸被用来为糖酵解提供能量。

磷酸戊糖途径的所有酶都定位在胞质中，与糖酵解的酶及大多数糖异生的酶一样。事实上，这三条途径可通过几种共享的中间体和酶连接起来。在转酮醇酶的作用下形成的3－磷酸甘油醛很容易通过糖酵解酶磷酸三糖异构酶转化为二羟丙酮磷酸酯，并且这两个三糖可以在糖异生过程中被醛缩酶连接，形成果糖－1，6－二磷酸。或者通过糖酵解反应被氧化成丙酮酸。三糖的命运由细胞对戊糖磷酸酯、NADPH + H⁺ 和 ATP 的相对需求决定。

三、磷酸戊糖途径的生理意义

磷酸戊糖途径产生的磷酸核糖和 NADPH + H⁺，可为体内多种合成代谢提供碳源和供氢体。对于脂质合成旺盛的组织（如肝、脂肪组织、哺乳期的乳腺）、增殖活跃的组织（如骨髓、肿瘤）、红细胞等，磷酸戊糖途经尤为旺盛。

（一）提供磷酸核糖参与核酸的生物合成

体内的核糖主要通过磷酸戊糖途径生成，生成方式有两种：①由葡萄糖－6－磷酸氧化脱羧生成（氧化阶段）；②由3－磷酸甘油醛和果糖－6－磷酸通过基团转移生成（基团转移阶段）。人体主要采用方式①生成磷酸核糖，而肌组织缺乏葡萄糖－6－磷酸脱氢酶，故采用方式②生成磷酸核糖。

（二）提供 NADPH + H⁺ 作为供氢体参与多种代谢反应

NADPH + H⁺ 携带的氢的主要作用是参与多种代谢反应发挥功能。

（1）作为体内生物合成的供氢体：参与脂质合成、氨基酸合成（谷氨酸）。

（2）参与羟化反应包括生物合成反应（从鲨烯合成胆固醇，从胆固醇合成胆汁酸，从胆固醇合成类固醇激素，从血红素合成胆红素，等等），以及生物转化（biotransformation）（细胞色素 P450 单加氧酶的羟化反应）。

（3）维持谷胱甘肽的还原状态。氧化型谷胱甘肽（GSSG）可在谷胱甘肽还原酶作用下，被 NADPH + H⁺ 还原成还原型谷胱甘肽（GSH）。GSH 是重要的抗氧化剂，能保护含巯基的蛋白或酶免受氧化损害。在红细胞中，GSH 可保护红细胞膜的完整性。（见图3－11）

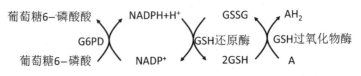

图3－11 谷胱甘肽的还原

四、磷酸戊糖途径与疾病

蚕豆自古以来就是地中海和中东地区的重要食物来源。希腊哲学家和数学家毕达哥拉斯禁止他的追随者吃蚕豆,也许是因为他认为食用蚕豆使人生病,这种疾病被称为"蚕豆病"。这种病可能是致命的。在蚕豆病病人中,在摄入豆类后 24~48 h 开始红细胞溶解,释放出游离血红蛋白进入血液,发生黄疸甚至导致肾衰竭。服用抗疟药伯氨喹或磺胺抗生素,或暴露于某些除草剂后,可能会出现类似的症状。这些症状的遗传基础是葡萄糖-6-磷酸脱氢酶(G6PD)缺乏,全世界约有 4 亿人受到影响。大多数 G6PD 缺乏症患者都是无症状的,只有 G6PD 缺乏症和某些环境因素的结合才会产生临床表现。葡萄糖-6-磷酸脱氢酶催化磷酸戊糖途径的第一步会产生 $NADPH + H^+$。$NADPH + H^+$ 可以保护细胞免受过氧化氢(H_2O_2)和超氧阴离子自由基(作为代谢副产物产生的高活性氧化剂)的氧化损伤。在正常解毒过程中,H_2O_2 通过还原的谷胱甘肽和谷胱甘肽过氧化物酶转化为 H_2O,氧化的谷胱甘肽通过谷胱甘肽还原酶和 $NADPH + H^+$ 转化回还原形式。H_2O_2 也被过氧化氢酶分解为 H_2O 和 O_2,这也需要 $NADPH + H^+$。在 G6PD 缺乏的个体中,$NADPH + H^+$ 的产生减少,H_2O_2 的还原受到抑制,脂质过氧化导致红细胞膜破裂及蛋白质和 DNA 氧化。

第七节 血糖及其调节

血糖(blood glucose)即血液中的葡萄糖。血糖来源于食物消化后的肠道吸收、肝糖原的分解和糖异生生成的葡萄糖释入血。血糖被机体各组织器官摄取后,用于无氧氧化或有氧氧化活动、合成糖原、转变成其他物质(脂肪或者氨基酸等)。

一、血糖水平

空腹血糖维持在 3.9~6.0 mmol/L。餐后血糖升高,主要来自食物消化吸收,所有去路均活跃进行;短期饥饿时,来自肝糖原分解的血糖,用于满足基本供能需求;长期饥饿时,来自非糖物质的糖异生的血糖,仅对葡萄糖极为依赖的少数组织供给,其他组织改用脂质供能。(见图 3-12)

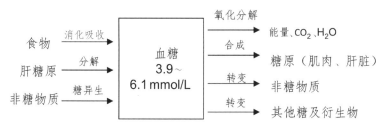

图 3-12 血糖的来源与去路

二、激素参与血糖调节

调节血糖的激素有胰岛素、胰高血糖素、肾上腺素和糖皮质激素等。这些激素通过整合调节各代谢途径的关键酶，以适应体内能量需求和能量供给的变化，维持血糖稳定。

（一）胰岛素

胰岛素（insulin）由胰腺β细胞分泌，是体内唯一具有降糖作用的激素。胰岛素的分泌受血糖浓度控制，血糖含量升高则胰岛素分泌增加。胰岛素调控血糖的机制主要包括以下方面：

(1) 促进肌、脂肪组织对葡萄糖的摄取；
(2) 活化糖原合酶、抑制磷酸化酶，加速糖原合成、抑制糖原分解；
(3) 激活丙酮酸脱氢酶磷酸酶，活化丙酮酸脱氢酶复合体，从而加快糖的有氧氧化；
(4) 抑制肝内糖异生，抑制磷酸烯醇式丙酮酸羧激酶的合成；
(5) 乙酰 CoA 和 $NADPH+H^+$ 供应增多，有利于脂肪酸合成。

简而言之，胰岛素促进葡萄糖分解利用，抑制糖异生，将多余的血糖转变为甘油三酯和糖原（肝糖原和肌糖原），从而控制餐后血糖水平。

（二）升高血糖的激素

饥饿或应激等状况发生时，机体可分泌多种升高血糖的激素，包括胰高血糖素、糖皮质激素、肾上腺素等。其中，胰高血糖素对于饥饿时的血糖调节尤为重要。

1. 胰高血糖素

胰高血糖素（glucagon）是升高血糖的主要激素。血糖降低或氨基酸升高促进了胰高血糖素分泌。胰高血糖素升高血糖的机制包括：①抑制糖原合酶并激活磷酸化酶，促进肝糖原分解；②抑制磷酸果糖激酶-2并激活果糖二磷酸酶-2，降低果糖-2,6-二磷酸的合成。果糖-2,6-二磷酸别构激活磷酸果糖激酶，并别构抑制果糖二磷酸酶-1，从而抑制糖酵解，加速糖异生；③抑制肝内丙酮酸激酶，阻止磷酸烯醇式丙酮酸进行糖酵解，促进磷酸烯醇式丙酮酸羧激酶的合成，加强糖异生；④激活脂肪组织内激素敏感性脂肪酶，增加脂肪分解供能，节约血糖。综上，胰高血糖素能促进肝糖原分解和糖异生，补充血糖；抑制糖酵解，改用脂质供能，促使血糖回升到正常水平。

胰岛素和胰高血糖素作用相反，它们的动态变化使血糖保持在正常范围内。例如，进食后，葡萄糖摄取使血糖增加，可促进胰岛素分泌而抑制胰高血糖素分泌，以降低血糖水平；但胰高血糖素分泌可保证血糖不会无限制地降低。

2. 糖皮质激素（glucocorticoid）

糖皮质激素可升高血糖，其机制包括：①增加肌蛋白质分解以提供糖异生的原料，加强磷酸烯醇式丙酮酸羧激酶的合成，以加速糖异生；②抑制丙酮酸的氧化脱羧；③促进脂肪动员的效应以供能。

3. 肾上腺素

肾上腺素是一种很强的升高血糖激素，其作用机制主要是加速糖原分解：①肝糖原分解升高血糖；②肌糖原加速无氧氧化生成乳酸，乳酸经糖异生间接升高血糖。肾上腺素主

要在应激情况下发挥调节作用。(见表3-3)

表3-3 肾上腺素的作用机制

激素	对糖代谢影响	促进释放主要因素	备注
降低血糖的激素	胰岛素	(1) 促进肌肉、脂肪组织细胞膜对葡萄糖通透性，使血糖容易进入细胞内（肝与脑细胞对葡萄糖可自由通过） (2) 加速葡萄糖在肝与肌肉中合成糖原存储，并且抑制其糖原分解 (3) 促进糖在组织细胞中氧化分解 (4) 促进糖转变成脂肪 (5) 抑制肝脏糖异生作用	高血糖、高氨基酸、迷走神经兴奋、胰泌素、胰高血糖素
升高血糖的激素	胰高血糖素	(1) 促进肝糖原分解成血糖，并且抑制肝糖原合成。 (2) 促进糖异生	低血糖、低氨基酸、促胰酶素（肝囊收缩素）
	肾上腺素	(1) 促进肝糖分解为血糖 (2) 促进肌糖原酵解 (3) 促进糖异生	交感神经兴奋，低血糖
	糖皮质激素	(1) 促进肝外组织蛋白质分解生成氨基酸 (2) 促进肝内糖异生	应激
	生长素	早期：有胰岛素样作用（时间很短） 晚期：有抗胰岛素作用（主要作用）	低血糖，运动，应激

第八节 糖代谢紊乱

糖代谢受到人体一整套精细的调节，故摄入大量葡萄糖后，血糖不会出现大的波动及持续升高。糖代谢障碍会诱发血糖紊乱，出现低血糖或高血糖。糖尿病是最常见的糖代谢紊乱疾病。

一、高血糖症

高血糖症（hyperglycemia）是指空腹血糖浓度高于 7 mmol/L 称为高血糖（hyperglycemia）。如果血糖浓度高于肾糖阈（10 mmol/L），就会形成糖尿。糖尿病（diabetes mellitus）的特征是持续性高血糖和糖尿，其病因包括胰岛素缺失或/及胰岛素抵抗（胰岛素受体减少或受体敏感性降低）。糖尿病可引起多种组织器官慢性病变、功能衰退，包括眼、肾脏、神经、心血管等。临床上将糖尿病分为四型：胰岛素依赖型（1型）、非胰岛素依赖型（2型）、妊娠糖尿病（3型）和特殊类型糖尿病（4型）。

1. 1型糖尿病的发病机制

1型糖尿病与胰岛素生成或（和）分泌障碍，与免疫、遗传及环境等多方面因素影响相关。其中胰岛β细胞受损是关键环节，其损伤机制包括炎症反应和自身抗体的生成。T淋巴细胞、B淋巴细胞、NK细胞、巨噬细胞等免疫细胞释放炎症因子，可诱导胰岛β细胞表面的I类抗原表达，导致胰岛β细胞损伤。多种因素导致抗原错误提呈至辅助性T细胞，产生β细胞的特异性抗体，如抗胰岛细胞抗体、胰岛素自身抗体、抗谷氨酸脱羧酶抗体、抗酪氨酸磷酸酶抗体等抗体，导致免疫性损伤。此外，基因突变也是重要原因。胰岛素基因一级结构的改变可使胰岛素原不能完全转变成胰岛素。组织相容性抗原、细胞毒性T淋巴细胞相关性抗原4、Fox（forkhead helix box，Fox）等基因的突变可引起胰岛素分泌障碍，可能与自身免疫耐受不足所致的胰岛β细胞损伤相关。多种因素和作用机制可诱导胰岛β细胞凋亡。环境因素主要有病毒、化学因素、饮食因素等，以病毒感染最为重要。腮腺炎病毒、肝炎病毒、风疹病毒等均可诱导胰岛β细胞凋亡。四氧嘧啶、链脲霉素、喷他脒等化学物质对胰岛细胞有直接毒性作用。胰岛β细胞凋亡相关的作用途径有凋亡相关因子（factor related apoptosis，Fas）－凋亡相关因子配体（Fas Ligand，FasL）途径、磷脂酶A_2、细胞因子等。胰岛细胞表面的Fas蛋白与T细胞表面的FasL结合后，可诱发细胞凋亡。IL-1β、INF-α、IFN-γ等细胞因子可引起胰岛β细胞DNA链断裂，增加NO的释放，诱导胰岛β细胞凋亡。

2. 2型糖尿病的发病机制

2型糖尿病与胰岛素抵抗（insulin resistance，IR）密切相关。IR是指组织器官（肝脏、肌肉和脂肪组织等）对胰岛素作用的敏感性降低。引发IR的机制包括胰岛素活性下降、胰岛素受体（insulin receptor，INSR）缺陷，信号向细胞内传导异常等。胰岛素抗体形成，包括内源性抗体和外源性抗体形成，可破坏胰岛β细胞及抑制胰岛素生物活性。靶器官组织细胞膜上的INSR数量减少或功能下降，可导致胰岛素不能发挥降低血糖的作用：现已发现30种以上INSR基因突变；胰岛素受体抗体使细胞表面的受体数量减少。胰岛素信号转导途径的异常在胰岛素抵抗发生中占有重要地位，与蛋白激酶B（protein kinase B，PKB）、糖原合酶激酶3（glycogen synthase kinase-3，GSK－3）及GLUT4等蛋白的异常表达相关。

3. 胰高血糖素失调导致高血糖症

高胰高血糖素所致的肝糖原分解和糖异生过多，是高血糖症发病的重要环节。胰高血糖素由胰岛α细胞分泌，是维持血糖的重要调节激素，与血糖浓度负相关。胰岛素可通过调节血糖或旁分泌的方式，抑制胰高血糖素的分泌。胰岛素缺乏使其通过IRS－1/PI3K信号通路对胰高血糖素分泌的抑制作用降低。长时间的高血糖可降低α细胞对血糖的敏感性，减弱葡萄糖反馈抑制，胰高血糖素分泌增加。此外，胰高血糖素通过cAMP信号通路，激活肝细胞内糖原磷酸化酶、脂肪酶及糖异生酶系，加速糖原分解、脂肪动员及糖异生，同时减少胰岛素分泌。

4. 高血糖可导致代谢紊乱及器官损害

高血糖可导致代谢紊乱，包括渗透性脱水、糖尿、物质代谢紊乱，酮症酸中毒等。高血糖可增高细胞外液渗透压，引起细胞脱水，而脑细胞脱水可引起昏迷。血糖浓度高于肾糖阈，使肾小管液中葡萄糖浓度升高，导致渗透压增加，从而抑制水的重吸收，临床表现为糖尿、多尿、口渴。此外，各组织器官减少对葡萄糖的摄取、利用；肝内加强肝糖原分解；脂肪组织减少甘油三酯摄取，降低脂肪合成；脂蛋白酯酶的酶活降低，血液中游离甘油三酯和脂肪酸浓度升高；蛋白质合成减少，分解增加，导致负氮平衡。高血糖症时，进入细胞的可利用糖减少，细胞加强脂肪动员，导致酮体生成增加，而大量酮体堆积在体内，可发展为酮症酸中毒和高钾血症。

长期高血糖患者的眼、心、肾、神经等组织器官会发生损伤，诱发并发症。高血糖时，血红蛋白 β 链 N 端的缬氨酸被糖基化，组织蛋白也可进行非酶糖化，生成糖化终产物。糖化终产物刺激自由基生成增多、生物膜脂质过氧化增强、细胞结构蛋白和酶蛋白中的巯基形成二硫键、基因突变（染色体畸变、核酸碱基改变或 DNA 断裂），可损伤血管内皮细胞及增加细胞间基质。胶原蛋白、晶体蛋白、髓鞘蛋白和弹性硬蛋白等半寿期较长的蛋白质发生非酶促糖基化反应，引起血管基底膜增厚、晶体混浊变性和神经病变，使组织结构发生损伤。高血糖可引起血管病变，包括微血管病变和大血管病变。高血糖诱发微循环障碍和微血管基底膜增厚，主要出现在视网膜、肾、神经和心肌等组织，以高血糖肾病和视网膜病最为重要，大血管病变可导致动脉粥样硬化的发生，引起冠心病、缺血性或出血性脑血管病、肾动脉硬化、肢体动脉硬化等。高血糖可引起外周神经病变和自主神经病变，可能与高血糖所致的代谢或渗透压张力的改变有关；高血糖可促发急性脑损伤，在导致脑缺血的同时可继发神经元的损伤、增加脑血管意外的概率。高血糖可降低吞噬细胞功能。高血糖可增高血液凝固性，导致血栓形成。高血糖可使晶状体出现肿胀和空泡，使蛋白发生变性和沉聚，导致白内障。长期高血糖诱发肾脏血流动力学的改变及代谢异常，导致肾脏功能病变，表现为蛋白尿水肿、电解质紊乱、高血压和氮质血症等。高血糖可引起肢端坏疽，表现为进行性肢端缺血、手足麻木及溃烂坏死。高血糖还可使皮肤出现萎缩性棕色斑、皮疹样黄瘤；引发骨和关节的病变，如关节活动障碍、骨质疏松等。

5. 高血糖症的防治

高血糖症的防治包括合理饮食和运动、药物选用等措施。合理的饮食有利于减轻胰岛 β 细胞负担，减少降糖药物剂量，改善代谢紊乱。长期合理地运动可降低血浆胰岛素水平，增加胰岛素受体，提高组织器官的胰岛素敏感性和葡萄糖的摄取利用能力。高血糖症的药物包括口服降糖药、胰岛素治疗等。降糖药可增加胰岛素敏感性或刺激胰岛素分泌。如磺脲类药物（格列本脲、格列吡嗪、格列奇特等）可刺激胰岛 β 细胞胰岛素分泌。应用外源胰岛素可快速有效降低血糖浓度，但需防止因剂量过大而导致低血糖性昏迷和休克。此外，干细胞治疗、胰岛细胞移植等治疗手段正逐渐进入糖尿病干预的可选方案。

二、低血糖症

血糖浓度低于 2.8 mmo/L 称为低血糖（hypoglycemia）。因为脑细胞依赖葡萄糖氧化供能，血糖过低会影响脑功能，引发头晕、倦怠无力、心悸等症状，严重时发生昏迷，称为低血糖休克；此时需给患者静脉补充葡萄糖，否则可导致死亡。出现低血糖的病因包括血糖来源减少（摄入减少、肝糖原分解和糖异生减少）和（或）机体消耗增多两个方面。

血糖来源减少的常见原因有为：①摄入减少，包括各种原因引起的神经性厌食症；②胃切除术后食物从胃排至小肠速度加快减少葡萄糖吸收；③肝硬化患者胰岛素分泌高峰晚于血糖高峰；④植物神经功能紊乱（主要见于情绪不稳定和神经质的中年女性，精神刺激、焦虑）导致胃排空加速及胰岛素分泌过多引起。肝糖原分解减少常见于肝功能衰竭（重症肝炎、肝硬化、肝癌晚期等疾病）。糖异生减少源于肝功能衰竭或肾功能不全及糖异生障碍。肌肉萎缩使肌蛋白含量降低，不能为肝脏糖异生提供足够原料以维持血糖；此外，升高血糖的激素减少也会导致血糖浓度降低。

导致机体消耗增多的常见因素有胰岛素相关抗体形成、胰岛素-葡萄糖偶联机制缺陷、葡萄糖消耗过多等。胰岛素功能增高可能是由于抗胰岛素抗体、抗胰岛素受体抗体等形成，使胰岛素的降解减少或类胰岛素作用增强。胰岛素-葡萄糖偶联机制缺陷主要源于胰岛β细胞磺脲类药物受体或谷氨酸脱氢酶缺乏，诱发胰岛素持续分泌，导致低血糖发生。葡萄糖消耗过多常见于剧烈运动或长时间重体力劳动后、哺乳期妇女、临床上重症甲状腺功能亢进者和重度腹泻者等。

此外，服用降糖药、注射胰岛素也是导致低血糖的常见原因。血管紧张素转化酶抑制剂、β肾上腺素能受体拮抗剂、水杨酸类、环丙沙星、奎尼丁、复方磺胺甲噁唑等也有引起低血糖的可能性。低血糖常见于老年人和肝肾功能不全者，因为药物不能及时被转化代谢掉。

低血糖主要影响机体的神经系统，特别是交感神经和中枢神经系统。低血糖刺激交感神经受体后，儿茶酚胺分泌增多，作用于β肾上腺素受体，影响心血管系统，临床表现为烦躁、面色苍白、大汗淋漓不止、心跳过速和血压增高等。冠心病患者常因低血糖诱发心绞痛甚至心肌梗死。中枢神经系统对血糖极度敏感，因为神经细胞完全依赖血糖提供能量。低血糖症时，神经细胞能量来源不足，病人很快出现神经症状，称为神经低血糖症。初始表现为精神活动轻度受损，继之大脑皮质和延髓受累，最终导致呼吸系统、循环系统功能障碍。

低血糖症需要及早识别并防治。其在临床上常由药物引起，故应加强合理用药。病人应摄入足够碳水化合物，定时、定量进餐；避免过度疲劳及剧烈运动。低血糖发作时需要及时补充葡萄糖及摄入含糖较高的食物，严重时可适量静脉推注葡萄糖。

小　　结

（1）糖酵解是一种近乎普遍的途径，通过这种途径，葡萄糖分子可被氧化成几个丙酮酸分子，以及 ATP 和 $NADH+H^+$？

（2）1分子糖无氧氧化最终生成2分子乳酸，其中还原丙酮酸生成乳酸的 $NADH+H^+$ 可从哪里获得？有没有来源于葡萄糖的碳被氧化或还原？

（3）糖有氧氧化是葡萄糖在有氧条件下彻底氧化成 H_2O 和 CO_2 的反应过程，可分为哪3个阶段？分别有哪些关键酶？柠檬酸循环由几步反应组成，包括有几次脱氢反应，几次脱羧反应，生成几分子还原当量（3分子 $NADH+H^+$ 和 1 分子 $FADH_2$）和几分子 CO_2？

1 mol 的葡萄糖彻底氧化可净生成多少摩尔 ATP？什么是巴斯德效应？什么是反巴斯德效应？

（4）糖异生是生物体将多种非糖物质转变成葡萄糖或糖原的过程。糖异生与糖酵解有什么不同？糖异生过程中的 7 个步骤是由糖酵解中使用的酶催化的，但其中有 3 个不可逆步骤被糖异生酶催化的反应所绕过，分别是什么？

（5）肝糖原可用于维持血糖浓度，而肌糖原不能，为什么？在糖原合成酶催化的反应中，什么被称为活化的葡萄糖？

（6）磷酸戊糖途径是葡萄糖氧化分解的一种方式。磷酸戊糖途径的生理意义是什么？生成的 NADPH + H$^+$ 有哪些功能？磷酸核糖可用于哪些物质的合成？

（7）血中的葡萄糖称为血糖。空腹血糖的正常浓度范围是什么？可从哪些途径获得？可有哪些功能？调节血糖水平的激素主要有哪些？

测试题

1. 哪个分子通过与草酰乙酸反应而引发柠檬酸循环？（　　）
   A. 丙酮酸　　　　B. 乙酰辅酶 A　　　C. 草酰乙酸　　　D. 以上都是
   E. 以上都不是

2. 由乙酰辅酶 A 和草酰乙酸形成柠檬酸是一种（　　）反应。
   A. 氧化　　　　　B. 还原　　　　　　C. 缩合　　　　　D. 连接
   E. 以上都不是

3. 柠檬酸转化为异柠檬酸涉及的化学变化是什么？（　　）
   A. 水化然后脱水　　　　　　　　　　B. 氧化
   C. 氧化，然后还原　　　　　　　　　D. 脱水然后水化
   E. A 和 B

4. 在柠檬酸循环中直接在哪个反应中生成 GTP（或 ATP）？（　　）
   A. 将琥珀酰辅酶 A 转化为琥珀酸酯　　B. α-酮戊二酸的脱羧
   C. 将异柠檬酸转化为 α-酮戊二酸　　　D. 以上都是
   E. 以上都不是

5. 除了丙酮酸脱氢酶外，柠檬酸循环中的关键调控位点还有哪些其他酶？（　　）
   A. 异柠檬酸脱氢酶　　　　　　　　　B. α-酮戊二酸脱氢酶
   C. 柠檬酸合酶（在细菌中）　　　　　D. A 和 B
   E. A，B 和 C

6. 果糖可以根据组织在两个不同的点进入糖酵解。果糖如何在脂肪组织中代谢？（　　）
   A. 果糖被切割成两个 GAP 分子　　　　B. 将果糖转化为果糖-1-磷酸
   C. 果糖被转化为 6-磷酸果糖　　　　　D. 将果糖切割成 GAP 和 DHAP
   E. 果糖被转化为葡萄糖，进入途径

7. 乳糖不耐症是由于缺乏（　　）。
   A. 乳糖酶　　　　　B. 弹性蛋白酶　　　C. 乳糖　　　　　　D. 蔗糖
   E. 以上都不是

8. 糖酵解酶如何调节？（　　）
   A. 转录控制　　　　B. 可逆的磷酸化　　C. 别构调节　　　　D. 以上都是
   E. 以上都不是

9. 糖异生的主要原料是（　　）。
   A. 半乳糖和蔗糖　　B. 丙酮酸和草酰乙酸　C. 乳酸和丙氨酸　　D. 果糖和丙氨酸
   E. 乳糖和乳酸盐

10. 糖异生中消耗了多少个高能磷酸键？（　　）
    A. 3　　　　　　　B. 6　　　　　　　　C. 2　　　　　　　　D. 4
    E. 1

11. 通过酶促步骤将哪些糖转变为5-磷酸核糖？（　　）
    A. 5-磷酸核酮糖　　B. 5-磷酸木酮糖　　C. 赤藓糖4-磷酸　　D. A 和 B
    E. B 和 C

12. 磷酸戊糖途径的目的是：（　　）。
    A. 生成 ATP　　　　B. 生成 NADPH+H$^+$　C. 合成5-磷酸核糖　D. A 和 B
    E. B 和 C

13. 6-磷酸葡萄糖脱氢酶对 NADP$^+$ 的 K_m（　　）于 NAD$^+$ 的 K_m。
    A. 一千倍大　　　　B. 一千倍低　　　　C. 相当　　　　　　D. 十倍大
    E. 十倍低

（杜冠魁　黄晓敏）

第四章 生物氧化

物质与能量代谢

生物氧化（biological oxidation）是指化学物质在生物体内的氧化分解过程，其特点是通过酶的催化，分阶段、逐步完成。细胞的胞质、线粒体、微粒体中均可进行生物氧化，氧化过程及产物各不相同。在线粒体内的生物氧化，消耗氧伴随能量，伴随 CO_2 和 H_2O 的产生；而在微粒体、内质网等处进行的氧化反应对底物进行氧化修饰、转化等。

第一节　线粒体氧化呼吸链

线粒体氧化体系为机体提供能量，包括热能、ATP 等。1948 年尤金·肯尼迪（Eugene Kennedy）和阿尔伯特·莱宁格（Albert Lehninger）发现，线粒体是真核生物中氧化磷酸化的位点，标志着生物能量转导酶学研究的开始。线粒体有两层膜，线粒体外膜对小分子（Mr < 5000）和离子具有通透性，这些小分子和离子通过孔蛋白自由移动。内膜对大多数小分子和离子都是不可渗透的，包括 H^+。内膜载有呼吸链和 ATP 合成酶的成分。线粒体基质包含丙酮酸脱氢酶复合体和柠檬酸循环酶、脂肪酸 β 氧化途径和氨基酸氧化途径等氧化途径，从而将糖、脂肪、蛋白质等营养物质彻底氧化分解，生成 CO_2 和 H_2O，并释放能量，但其氧化过程及能量释放在酶的催化下逐步进行，能量储存在 ATP 中。营养物质被氧化时通常进行脱氢反应，脱下来的氢（$H^+ + e^-$）以 $NADH + H^+$（后文简称 NADH）、$FADH_2$ 等形式存在。NADH 和 $FADH_2$ 在线粒体中被氧化时，通过一系列酶的催化，逐步脱氢、失电子，将电子和 H^+ 分别传递给氧而生成水，并释放能量生成 ATP。

一、线粒体氧化体系

底物脱氢和失去电子是生物氧化的基本化学过程。能够传递氢和电子的物质，如金属离子、小分子有机化合物、某些蛋白质等称之为递氢体或递电子体。线粒体氧化体系主要将 NADH 和 $FADH_2$ 中的 H^+ 和电子传递给氧。

（一）烟酰胺腺嘌呤二核苷酸（nicotinamide adenine dinucleotide，NAD^+）

NAD^+ 连接的脱氢酶从底物中去除两个氢原子。其中一个以氢离子（H^-）的形式转移到 NAD^+，另一个在介质中以 H^+ 的形式释放。NADH 携带电子从分解代谢反应进入呼吸链；NADPH 通常向合成代谢反应提供电子。细胞维持着不同的 NADPH 和 NADH 池，具有不同的氧化还原电位。NADH 和 NADPH 都不能穿过内部线粒体膜，但是它们携带的电子可以间接穿梭。（见图 4-1）

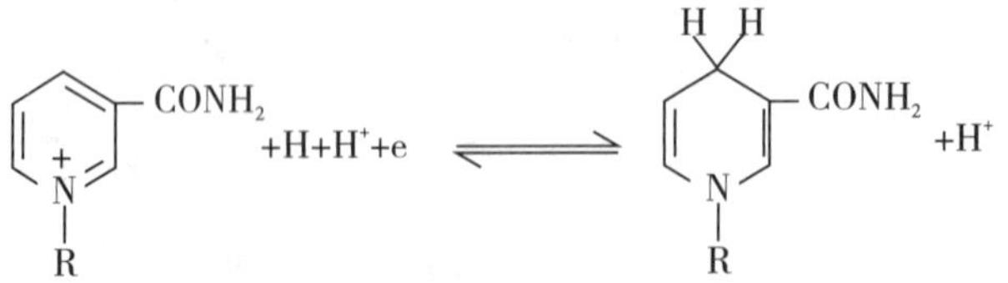

图 4-1　NADH 和 NADPH 还原形式/氧化形式的转变

（二）黄素核苷酸衍生物

黄素蛋白（flavoprotein）含有一个非常紧密、共价结合的黄素单核苷酸（flavinmononucleotide，FMN）或黄素腺嘌呤二核苷酸（flavinadeninedinucleotide，FAD）。氧化的黄素核苷酸可以接受 1 个电子（产生半醌形式）或 2 个电子（产生 $FADH_2$ 或 $FMNH_2$）。发生电子转移是因为黄素蛋白比被氧化的化合物具有更高的还原电位。黄素蛋白可以参与一个或 2 个电子的转移，它们可以充当 2 个电子被捐赠的反应（如脱氢反应）和只接受 1 个电子的反应之间的中间体（如将醌还原为氢醌）。因此，FMN、FAD 起着传递氢和电子的作用，是黄素蛋白的辅基。

（三）电子所通过的一系列膜结合载体

线粒体呼吸链由一系列顺序作用的电子载体组成，其中大部分是具有能够接受和捐献 1 个或 2 个电子的假体基团的完整蛋白质。氧化磷酸化过程中发生 3 种类型的电子转移：①电子的直接转移，如 Fe^{3+} 还原为 Fe^{2+}；②作为氢原子转移（$H^+ + e^-$）；③作为氢化物离子转移（:H^-），它带有两个电子。

除了 NAD^+ 和黄素蛋白外，呼吸链中还有 3 种其他类型的电子携带分子起作用：

1. 泛醌

泛醌也称为辅酶 Q 或简称 Q，是一种脂溶性苯醌，具有长的异戊二烯侧链。泛醌可以接受一个电子成为半醌自由基（·QH）或两个电子形成泛醌（QH_2），就像黄素蛋白载体一样，它可以作用于两个电子供体和一个电子受体之间的连接处。泛醌既小又疏水，在线粒体膜内的脂质双层内自由扩散，并能在膜中其他较少移动的电子载体之间穿梭还原等效物。因为它携带电子和质子，所以在耦合电子流和质子运动中起着核心作用。

2. 细胞色素

是一类具有可见光特征强吸收的蛋白质，这是因为它们含有铁血红素基团。线粒体含有三类细胞色素，分别命名为 a、b 和 c，它们的区别在于光吸收光谱的不同。每种类型的细胞色素在其还原（Fe^{2+}）状态下在可见范围内有三个吸收带。最长波长带在 a 型细胞色素中接近 600 nm，在 b 型细胞色素中接近 560 nm，在 c 型细胞色素中接近 550 nm。为了区分一种类型的密切相关的细胞色素，有时在名称中使用确切的吸收最大值，如细胞色素 b_{562}。a 和 b 型细胞色素的血红素与其相关蛋白紧密结合，但不是共价结合；c-型细胞色素的血红素通过 Cys 残基共价连接。与黄素蛋白一样，细胞色素的血红素铁原子的标准还原电位取决于它与蛋白质侧链的相互作用，因此，对于每个细胞色素来说是不同的。a 型和 b 型及一些 c 型的细胞色素是内线粒体膜的完整蛋白。一个显著的例外是可溶性细胞色素 c，它通过静电相互作用与内膜的外表面结合。

3. 铁硫蛋白

在铁硫蛋白中，铁不是以血红素形式存在，而是与无机硫原子或蛋白质中 Cys 残基的硫原子结合，或两者兼有。这些铁-硫（Fe-S）中心的范围从单个 Fe 原子配位到四个 Cys-SH 基团的简单结构到具有两个或四个 Fe 原子的复合物的 Fe-S 中心。所有的铁-硫蛋白都参与单电子转移，其中 Fe-S 簇的一个铁原子被氧化或还原。至少有 8 个 Fe-S 蛋白在线粒体电子传递中起作用。Fe-S 蛋白的还原电位在 $-0.65 \sim 0.45$ V 之间变化，这取决于蛋白质中铁的微环境。

二、电子流

营养物质的分解代谢中，脱氢酶以 NAD^+、$NADP^+$、FMN 或 FAD 为辅酶或辅基，接受从底物上脱下来的成对氢，生成 NADH、NADPH、$FMNH_2$ 和 $FADH_2$。电子可以从 NADH、琥珀酸或其他一些初级电子供体通过黄素蛋白、泛醌、铁硫蛋白和细胞色素移动，最后到达 O_2。

电子的传递顺序可以通过实验分析各个电子载体的标准还原电位。各个载体按照还原电位增加的顺序发挥作用，因为电子倾向于自发地从较低标准氧化还原电位（$E^{0'}$）的载体流向较高 $E^{0'}$ 的载体。用该方法推断的携带者顺序为 NADH→Q→细胞色素 b→细胞色素 C1→细胞色素 c→细胞色素 a→细胞色素 a3→O_2。

科学家进一步通过实验来确定电子传递顺序。在实验中提供电子源而不提供电子受体（即没有 O_2），当 O_2 突然被引入系统时，分析每个电子载体被氧化的速率可以确认电子传递顺序；因为最靠近 O_2 的电子载体最先失去电子，然后是倒数第二个电子载体，依此类推。

最后，科学家使用几种不同步骤的抑制剂阻断电子传递，在阻断的步骤之前的组分处于还原状态，之后的组分处于氧化状态。通过分析各组分的氧化和还原状态吸收光谱的改变，确定其排列次序。

三、蛋白质复合体

用洗涤剂对内部线粒体膜进行温和处理，找到 4 个独特的电子载体复合物，每个复合物都能够催化电子传递链的一部分电子转移。复合物Ⅰ和Ⅱ催化来自两个不同电子供体的电子转移到泛醌：NADH（复合物Ⅰ）和琥珀酸（复合物Ⅱ）。复合物Ⅲ携带从还原的泛醌到细胞色素 c 的电子，而复合物Ⅳ通过将电子从细胞色素 c 转移到 O_2 来完成电子传递。由于此体系需要消耗氧，与细胞的呼吸过程相关，也称之为呼吸链。

（一）复合物Ⅰ：NADH 到泛醌

在哺乳动物中，复合物Ⅰ，也称为 NADH.泛醌还原酶或 NADH 脱氢酶，是一种由 45 种不同的多肽链组成的大酶，包括一个含 FMN 的黄素蛋白和至少 8 个铁硫中心。复合物Ⅰ是 L 形的，一个臂嵌入内膜，另一个臂延伸到基质中。

复合体Ⅰ催化两个同时且必须耦合的过程：将一对电子从 NADH 传递给 Q，将 4 个 H^+ 从线粒体的基质侧泵到膜间隙侧。在这个过程中，质子是针对跨膜质子梯度移动的。因此，复合物Ⅰ是一个由电子转移能量驱动的质子泵，它催化的反应是矢量的：它在特定方向上将质子从一个位置（基质，随着质子的离开而带负电荷）移动到另一个位置（膜间空间，带正电荷）。

（二）复合体Ⅱ：从琥珀酸到泛醌

复合体Ⅱ是琥珀酸-泛醌还原酶，即琥珀酸脱氢酶，可将电子从琥珀酸传递给 Q。复合体Ⅱ含有结合琥珀酸的位点。复合体Ⅱ催化底物琥珀酸的脱氢反应，使 FAD 转变为 $FADH_2$ 后者再将电子经 Fe-S 传递到 Q。即：琥珀酸-FAD-Fe-S-Q。此过程释放的自由能较小，不足以将 H^+ 泵出线粒体内膜，因此复合体 II 没有 H^+ 泵的功能。

代谢途径中含 FAD 的脱氢酶还包括脂酰 CoA 脱氢酶、α-磷酸甘油脱氢酶、胆碱脱氢酶等。

（三）复合体 III：从还原型泛醌至细胞色素 c

复合体 III 又称泛醌-细胞色素 c 还原酶，可从 QH_2 接受电子并传递给 Cyt c。从复合体 I、复合体 II 募集氢，产生的 QH_2 穿梭至复合体 III，后者将电子传递给 Cyt c 蛋白。复合体 III 包括有 Cyt b（b_{562}，b_{566}）、Cyt c_1 和铁硫蛋白，由这些蛋白组成二聚体。复合体 III 有 2 个 Q 结合位点，分别处于膜间隙侧（Q_P）和基质侧（Q_N 位点）。

复合体 III 传递电子的过程：由于 Q 是双电子传递体，而 Cyt c 是单电子载体，复合体 III 通过 Q 循环分次将电子从 QH_2 传递给 Cyt c：QH_2 结合在复合体 III 的 Q_P 位点上后，将 1 个 e^- 经 Fe-S 传递给 Cyt c_1，将另 1 个 e^- 传递给结合在 Q_N 位点的 Q。此过程重复一次后，2 分子的 Cyt c_1 获得了 e^- 及 Q_N 位点的 Q 还原为 QH_2，QH_2 通过穿梭重新进入 Q 循环。因此，复合体 III 的电子传递过程为 QH_2 - Cyt b - Fe-S - Cyt c_1 - Cyt c。复合体 III 也具有质子泵的能力，每传递 2 个 e^-，向膜间隙释放 4 个 H^+。

Cyt c 不属于复合体 III，与线粒体内膜的外表面结合较为疏松，Cyt c 从复合体 III 中的 Cyt c_1 获得电子后，可将 e^- 传递到复合体 IV。

（四）复合体 IV：从细胞色素 c 到氧

复合体 IV 也称为细胞色素 c 氧化酶（cytochromec oxidase），将从 Cyt c 接受的 e^- 传递给 O_2 生成 H_2O。复合体 IV 也具有质子泵的能力，每传递 2 个 e^-，向膜间隙释放 2 个 H^+。

复合物 IV 是线粒体内膜的大型二聚体酶，每个单体有 13 个亚基，分子量为 204000。复合物 IV 由双核中心发挥电子传递的功能。复合物 IV 的亚基 II 包含两个 Cu_A 离子与两个 Cys 残基的 -SH 基团络合形成第一个双核中心，类似于铁硫蛋白的 Fe_2S_2 核心。Cu_A 离子将传递电子给 Cyt a。亚基 I 包含两个血红素基团，a 和 a_3，分别构成 Cyt a 和 Cyt a_3 及另一个 Cu_B 离子。血红素 a_3 中的 Fe 离子和 Cu 离子形成第二个双核中心，接受来自血红素 a 的电子并将它们转移到与血红素 a_3 结合的 O_2 上。

通过复合物 IV 的电子转移是从细胞色素 c 经 Cu_A 到血红素 a，再到 Fe-Cu 中心，最后到 O_2。对于通过这个复合物的每两个电子，酶在将 $1/2\ O_2$ 转化为 H_2O 的过程中从基质（N 侧），向膜间隙释放 2 个 H^+。

Cyt c→Cu_A→Cyt a→Cyt a_3→Cu_B→O_2

线粒体呼吸链的 4 种复合体和 2 种游离体见表 4-1。

表 4-1 线粒体呼吸链的 4 种复合体和 2 种游离体

复合体	酶名称	功能辅基	含结合位点
复合体 I	NADH-泛醌还原酶	FMN，Fe-S	NADH（基质侧） CoQ（脂质核心）

(续表 4-1)

复合体	酶名称	功能辅基	含结合位点
复合体Ⅱ	琥珀酸-泛醌还原酶	FAD, Fe-S	琥珀酸（基质侧） CoQ（脂质核心）
复合体Ⅲ	泛醌-细胞色素 C 还原酶	血红素 bL, bH, c1, Fe-S	Cyt c（膜间隙侧）
细胞色素 c		血红素 c	Cyt c_1, Cyt a
复合体Ⅳ	细胞色素 C 氧化酶	血红素 a, a3, CuA, CuB	Cyt c（膜间隙侧）

四、两条电子传递链

NADH 和 $FADH_2$ 是呼吸链的电子供体。复合体Ⅰ是 NADH 脱氢酶。NADH 通过呼吸链彻底氧化。NADH 主要用于还原反应，而非参与能量代谢，是由于其所含的磷酸基团可被生物合成相关的酶特异性识别。复合体Ⅱ是琥珀酸脱氢酶。将底物琥珀酸脱氢氧化，产生的 $FADH_2$ 进入呼吸链氧化释能。

复合体Ⅰ和复合体Ⅱ通过不同的电子供体获取氢，向 Q 传递，因此组成了两条电子传递链，复合体Ⅰ以 NADH 为电子供体称为 NADH 呼吸链，电子传递顺序是：

NADH→复合体Ⅰ→Q→复合体Ⅲ→Cyt c→复合体Ⅳ→O_2

复合体Ⅱ以 $FADH_2$ 为电子供体称为 $FADH_2$ 呼吸链，电子传递顺序是：

琥珀酸→复合体Ⅱ→Q→复合体Ⅲ→Cyt c→复合体Ⅳ→O_2

第二节 ATP 的生成

细胞内生成 ATP 的方式有两种，底物水平磷酸化和氧化磷酸化（oxidative phosphorylation）。底物水平磷酸化是指生成 ATP 的过程与高能键水解反应偶联，将高能代谢物的能量转移至 ADP 生成 ATP。氧化磷酸化是指 NADH 和 $FADH_2$ 通过呼吸链进行电子传递，逐步被氧化生成水，伴随着能量的逐步释放驱动 ADP 磷酸化生成 ATP。人体 90% 的 ATP 是由线粒体中的氧化磷酸化产生，底物水平磷酸化也能够产生少量的 ATP。

一、氧化磷酸化偶联部位

氧化磷酸化的偶联部位是指呼吸链中能够产生大量的能量使 ADP 磷酸化的部位，也就是 ATP 生成部位。成对电子经呼吸链传递，所合成 ATP 的分子数，反映该过程的效率。

（一）P/O 比值

呼吸链将一对电子传递给 1 个氧原子，生成 1 分子 H_2O，释放的能量驱动 ADP 转化为 ATP，该过程消耗氧和磷酸。通过分析每消耗 ½O_2 合成 ATP 的数量，即可得出 P/O（phosphate/oxygenratio）比值。

P/O 比值可帮助判断电子传递过程中产生 ATP 的数量。当 NADH 为电子供体时，大多数实验产生的 P/O 比值在 2~3，而当琥珀酸为供体时，P/O 比值在 1~2。这些结果提示，NADH 呼吸链可能存在 3 个 ATP 生成部位，琥珀酸呼吸链可能存在 2 个 ATP 生成部位。NADH 呼吸链和琥珀酸呼吸链 P/O 比值的差异，提示 NADH 和 CoQ 之间（复合体Ⅰ）具有 1 个 ATP 生成部位。抗坏血酸可直接通过 Cyt c 传递电子进行氧化还原反应，其 P/O 比值接近 1，推测 Cyt c 和 O 原子间（复合体Ⅳ）具有 1 个 ATP 生成部位，还可进一步推测 CoQ 和 Cyt c 间（复合体Ⅲ）也具有 1 个 ATP 生成部位。因此，基本可以推断出复合体Ⅰ、复合体Ⅲ、复合体Ⅳ是氧化磷酸化的偶联部位，与 ATP 生成相关。随后，科学家进行精细实验测算证明，经 NADH 呼吸链传递一对电子，P/O 比值约为 2.5，可生成 2.5 分子的 ATP；经琥珀酸呼吸链传递一对电子，P/O 比值约为 1.5，可生成 1.5 分子的 ATP。

（二）自由能变化

两个电子从 NADH 通过呼吸链转移到分子氧可以总结为：

$$NADH + H^+ + O \rightarrow NAD^+ + H_2O$$

对于氧化还原对 $NAD^+/NADH$，$E^{0'}$ 为 -0.320 V；而对于 O_2/H_2O，$E^{0'}$ 为 0.816 V。因此，该反应的 $\Delta E^{0'}$ 为 1.14V，标准自由能变化 -220 KJ/mol NADH。这个标准自由能变化是基于 NADH 和 NAD^+ 浓度相等的假设。在线粒体中，[NADH]/[NAD^+] 比值远高于 1，因此，方程式实际自由能变化比 -220 kJ/mol 大得多。对琥珀酸氧化进行类似的计算，结果表明，电子从转移琥珀酸（富马酸/琥珀酸的 $E^{0'} = 0.031$ V）到 O_2，$\Delta E^{0'}$ 较小，标准自由能变化约为 -150 kJ/mol。此外，NAD^+ 与 CoQ 间（复合体Ⅰ）的还原电位差约为 0.36 V，CoQ 与 Cyt c 间（复合体Ⅲ）的电位差为 0.19 V，Cyt a、a_3 与 O 间（复合体Ⅳ）的电位差为 0.58 V，分别可释放 69.5 kJ/mol、36.7 kJ/mol、112 kJ/mol 的能量。1mol ATP 的生成需要约 30.5kJ 的能量。因此，这三个部位释放的能量远高于 ADP 磷酸化产生 ATP 的需要。

然而，偶联部位并非表示这三个复合体可以直接产生 ATP，这些能量大部分被用来将质子从基质中抽向膜间隙。每一对电子，通过复合体Ⅰ泵出 4 个质子，复合体Ⅲ泵出 4 个质子，复合体Ⅳ泵出 2 个质子。基于线粒体内膜的不通透性和各复合体的质子泵功能，在线粒体内膜两侧形成了质子浓度梯度，将电子传递过程释放的部分能量储存起来。

二、氧化磷酸化偶联机制

1961 年，由英国科学家 Peter Mitchell 提出的化学渗透模型阐述了氧化磷酸化的偶联机制：电子传递过程时释放的能量，促使复合体的质子泵将 H^+ 从线粒体基质转运到内膜间隙。处于线粒体内膜间隙的质子不能自由穿过内膜返回基质，内膜间隙侧 H^+ 的浓度远高于线粒体基质侧，形成跨线粒体内膜的质子电化学梯度。这种 H^+ 浓度梯度和跨膜电位差储存了电子传递所释放的能量。质子的电化学梯度驱动质子通过 ATP 合酶的质子通道回流至基质，释放储存的势能用于合成 ATP。每摩尔的 NADH 通过泵出的 H^+ 储存了约 200 KJ 的势能。

实验研究确证了该化学渗透模型。当 ATP 合酶的质子通道被阻断（例如用寡霉素）时，不存在其他质子返回线粒体基质的路径，质子动力持续积累，直到从基质中泵出质子的成本（自由能）等于或超过电子从 NADH 转移到 O_2 所释放的能量，电子传递停止；耦合到质子泵的整个电子流过程的自由能变为 0，系统处于平衡状态。如通过实验破坏线粒体内膜，电子可以继续被传递，但没有 ATP 合成耦合。通过人工产生的质子梯度则能够取代电子转移来驱动 ATP 合成。

三、ATP 合成

ATP 合酶（ATP synthase）充分利用 H^+ 回流至基质时释放的能量，以 ADP 和 Pi 为底物生成 ATP。ATP 合酶可分为两个部分：F_1（1 表示第一个被认为是氧化磷酸化必需的因子）和 F_0（0 表示对寡霉素敏感）。F_1 位于线粒体基质侧，负责催化 ATP 合成；而 F_0 嵌入线粒体内膜中，作为离子通道用于质子的回流。

（一）ATP 合酶的结构

F_1 有 5 种不同类型的 9 个亚基，组成为 $\alpha_3\beta_3\gamma\delta\varepsilon$。3 个 β 亚基都有 1 个 ATP 合成催化位点。α 和 β 亚基交替排列，形成类似于橘子瓣样球体。γ 亚基的 1 个结构域构成 F_1 的中心轴，另一个结构域可以与 3 个 β 亚基之中的一个结合。γ 亚基通过 $\alpha_3\beta_3$ 球体的中心。γ 亚基与 β 亚基结合后，导致 β 亚基构象发生变化，参与 ATP 的合成。（见图 4-2）

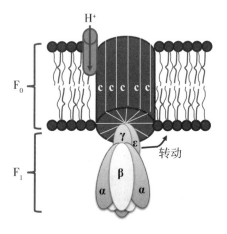

图 4-2 ATP 合酶

F_0 复合体由三种亚基 a、b 和 c 组成，组成为 ab_2c_{9-12}。亚基 c 是一个小的（Mr 8000）、疏水的多肽，由两个跨膜螺旋组成。酵母 F_0F_1 的晶体结构显示 10 个 c 亚基，每个亚基垂直于膜平面，以圆形的形式排列同心圆，围绕垂直于膜的轴一起旋转。F_1 的 ε 和 γ 亚基形成从 F_1 的底部（膜）牢固地站立在 c 亚基的环上。a 亚基由几个疏水螺旋组成，这些螺旋跨越膜，与 c 环中的 c 亚基之一紧密结合。

（二）ATP 合酶的催化机制

在对 F_0、F_1 催化的反应进行详细的动力学和结合研究的基础上，Paul Boyer 提出了一种旋转催化机制，其中 F_1 的 3 个活性位点轮流催化 ATP 合成。给定的 β 亚基起始于 β - ADP 构象，它结合来自周围介质的 ADP 和 Pi；然后亚基构象改变，催化 ATP 的生成；最后亚基变为 β - 空构象，这种构象对 ATP 亲和力低，新合成的 ATP 离开酶表面。三个 β 轮流处于三种构象。

这种核心构象变化是由质子通过 ATP 合成酶的 F_0 部分驱动的。当质子顺梯度通过 F_0 孔向基质回流时，使 c 亚基的圆柱体发生旋转，带动 γ 长轴的旋转，每次旋转 120°。通过旋转 γ 亚基，可以与 $α_3β_3$ 球体中的不同 β 接触，迫使该 β 亚基进入 β - 空构象。ATP 合酶转子循环一周，可生成 3 分子 ATP。实验数据表明，合成 1 分子 ATP 需要 4 个 H^+。每分子 NADH 经呼吸链传递泵出 10 个 H^+，生成约 2.5 分子 ATP；而琥珀酸呼吸链每传递 2 个电子泵出 6 个 H^+，生成 1.5 分子 ATP。因此，质子跨内膜形成的电化学梯度势能驱动了 ATP 合酶转动。（见图 4 - 3）

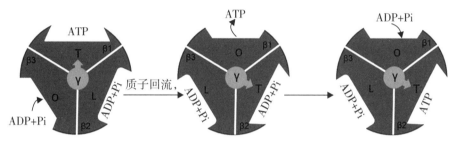

β 亚基3种构象发生周期性转换：O开放型，T紧密结合型，L疏松型

图 4 - 3　ATP 合酶的催化机制

四、ATP 在能量代谢中起核心作用

ATP 是高能磷酸化合物，可直接为细胞的各种生理活动提供能量。高能磷酸化合物是指水解时能释放较大自由能的含有磷酸基的化合物，其释放的标准自由能 △G′ 大于 25 kJ/mol，并在水解时释放能量较高的磷酸酯键，称之为高能磷酸键，用 "～P" 表示。如水解 ATP 末端的磷酸酯键，△G′ 为 -30.5 kJ/mol，因此，ATP 属于高能化合物；葡萄糖 -6 - 磷酸的磷酸酯键水解，△G′ 为 -13.5 kJ/mol，因此，葡萄糖 -6 - 磷酸属于普通的磷酸化合物。此外，生物体内还有一些含高能磷酸键、高能硫酯键的化合物。

（一）ATP 水解释放能量

营养分解产生的 40% 能量用于产生 ATP。在标准状态下，ATP 水解释放的自由能为 30.5 kJ/mol。考虑其他影响因素，ATP 水解释放自由能可达到 52.3 kJ/mol。因而，ATP 最重要的意义是通过水解释放大量自由能，与需要供能的反应偶联，促进这些反应的完成：如 ATP 参与代谢物的活化反应；ATP 为跨膜转运、骨骼肌收缩、蛋白质构象的改变提供能量。ATP 参与酶促反应并提供能量，不仅仅单纯的水解释能。例如，ATP 给葡萄糖提供磷酸基团和能量，合成葡萄糖 -6 - 磷酸。

（二）ATP 与核苷酸相互转变

细胞中存在的腺苷酸激酶（adenylate kinase）可催化 ATP、ADP、AMP 间互变。若

ADP 累积，ADP 在腺苷酸激酶催化下转变成 ATP。若 ATP 的需求量降低，AMP 从 ATP 中获得～P，从而生成 ADP。

UTP、CTP、GTP 可为糖原、磷脂、蛋白质等生物合成提供能量。它们在核苷二磷酸激酶的催化下从 ATP 中获得～P 而生成。反应如下：

$$ATP + UDP \rightarrow ADP + UTP$$
$$ATP + CDP \rightarrow ADP + CTP$$
$$ATP + GDP \rightarrow ADP + CTP$$

生物体内能量的生成、转移和利用以 ATP 为中心。ATP 分子性质稳定，不断进行 ATP/ADP 的循环转变，转变过程中伴随自由能的释放和获得，完成各种生理活动，称为能量货币。

（三）磷酸肌酸

磷酸肌酸（creatine phosphate，CP），储存于骨骼肌、心肌和脑等组织中。磷酸肌酸可将其～P 转移给 ADP，生成 ATP。ATP 富余时，可将～P 转移给肌酸生成磷酸肌酸以进行储存。ATP 并不在细胞中存储。（见图 4-4）

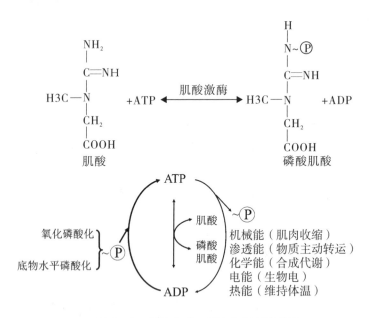

图 4-4 ATP 生成、储存和利用的总结

第三节 氧化磷酸化的调节

氧化磷酸化是主要的产能方式。通过有氧氧化将 1 分子葡萄糖完全氧化为 CO_2 和 H_2O，可净生成 30 或 32 分子 ATP。相比之下，无氧氧化 1 分子葡萄糖仅净生成 2 分子

ATP。此外，棕榈酸的 CoA 衍生物（16∶0）完全氧化成 CO_2，也在线粒体基质中进行，1分子棕榈酰 CoA 产生 108 分子 ATP。对于氨基酸氧化产生的 ATP 产量也可以进行类似的计算。有氧氧化途径导致电子转移到 O_2 并伴有氧化磷酸化。因此，可以通过调节氧化磷酸化，以产生 ATP 用来满足细胞需求。能够影响 NADH、$FADH_2$ 的产生、影响呼吸链和 ATP 合酶功能的因素都会影响氧化磷酸化和 ATP 的生成。

一、细胞能量需求对氧化磷酸化的影响

细胞根据能量需求调节氧化磷酸化。电子传递氧化和 ADP 的磷酸化是氧化磷酸化的根本。通常线粒体中氧的消耗量取决于 ADP 的含量。因此，ADP 是影响氧化磷酸化的主要因素。ATP 消耗增加，导致 ATP/ADP 的比值降低、ADP 的浓度增加；ADP 迅速用于氧化磷酸化，加速 ATP 的合成，直到 ATP/ADP 的比值回到正常水平。另外，ATP/ADP 的比值也参与调节糖酵解、三羧酸循环途径，影响 NADH 和 $FADH_2$ 的生成。当 ATP 的浓度较高时，会降低氧化磷酸化速率，以别构调节的方式抑制糖酵解、三羧酸循环。

二、氧化磷酸化的抑制剂

抑制剂通过阻断电子传递链，或者抑制 ADP 的磷酸化过程，导致 ATP 的合成降低，影响细胞的各种生命活动。

（一）呼吸链抑制剂

此类抑制剂能阻断线粒体呼吸链中的电子传递，以阻断 ATP 的产生。

（1）复合体 Ⅰ 抑制剂包括有鱼藤酮、粉蝶霉素 A 及异戊巴比妥，可阻断电子从铁硫中心到泛醌的传递；

（2）复合体 Ⅱ 抑制剂包括有萎锈灵；

（3）复合体 Ⅲ 抑制剂包括有抗霉素 A，可阻断电子从 Cyt b 到 Q_N 的传递；

（4）复合体 Ⅳ 抑制剂包括有 CN^-、N_3^-、CO 等，CN^- 和可阻断电子从 Cyt a 到 Cu_B—$Cyt\ a_3$ 的传递；CO 与还原型 $Cyt\ a_3$ 结合，阻断电子传递给 O_2。在火灾事故中生成大量的 CO、CN^-，使细胞的呼吸作用停止，威胁生命。

（二）解偶联剂

解偶联剂（uncoupler）可使氧化与磷酸化的偶联分离。电子可正常进行呼吸链传递，但建立的质子电化学梯度被破坏，无法驱动 ATP 合酶合成 ATP。（见图 4-5）

二硝基苯酚（dinitrophenol，DNP）为脂溶性物质，在线粒体内膜中可自由移动并携带 H^+ 进入线粒体基质侧，从而破坏了 H^+ 的电化学梯度。

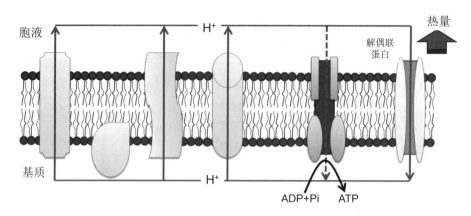

图 4-5 解偶联作用

棕色脂肪组织细胞中存在有解偶联蛋白 1（uncouplingproteinl，UCP1），H^+ 使的电化学梯度被破坏，ATP 无法正常合成，质子梯度储存的能量以热能形式释放。因此，棕色脂肪组织是产热御寒组织。新生儿如缺乏棕色脂肪组织，则体温无法维持，导致皮下脂肪凝固，称之为新生儿硬肿症。

（三）ATP 合酶抑制剂

ATP 合酶的抑制剂包括有寡霉素、二环己基碳二亚胺（DCCD）等，可抑制电子传递及 ADP 磷酸化。此类抑制剂可结合 F_0，阻断 H^+ 从 F_0 质子通道回流。H^+ 积累能够影响质子泵功能，因而抑制了电子的传递过程。

三、甲状腺激素的影响

甲状腺激素促进细胞膜上 Na^+、K^+-ATP 酶的表达，加速 ATP 分解，使 ADP 浓度增加，从而促进氧化磷酸化。甲状腺激素也可诱导解偶联蛋白的基因表达，增加氧化释能和产热比率，所以，甲状腺功能亢进症病人基础代谢率增高。

四、氧化磷酸化相关代谢物的转运

（一）细胞质中的 NADH 进入线粒体

NADH 不能自由穿过线粒体，因此，糖酵解等途径生成的 NADH 需通过穿梭机制进入线粒体，才能进行氧化磷酸化。

1. α-磷酸甘油穿梭

脑和骨骼肌组织中，位于细胞质的 NADH 主要通过此穿梭机制进入线粒体。在磷酸甘油脱氢酶催化下，细胞质中的 $NADH+H^+$ 将 2H 传递给磷酸二羟丙酮，将其还原成 α-磷酸甘油。α-磷酸甘油从线粒体外进入到膜间隙后，在磷酸甘油脱氢酶的同工酶（含 FAD 辅基）催化下，将 2H 传递出去并生成 $FADH_2$，进入氧化呼吸链。因此 1 分子的 NADH 经此穿梭产生 1.5 分子 ATP。（见图 4-6）

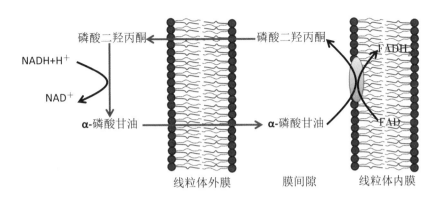

图4-6 α-磷酸甘油穿梭

2. 苹果酸-天冬氨酸穿梭

肝、肾及心肌组织中，位于细胞质的NADH主要通过此穿梭机制进入线粒体。该穿梭需2种内膜转运蛋白质和2种酶。细胞质中，NADH+H⁺将草酰乙酸还原生成苹果酸，苹果酸被苹果酸-α-酮戊二酸转运蛋白转运进入线粒体基质后重新生成草酰乙酸，释放NADH+H⁺。线粒体基质中的草酰乙酸转变为天冬氨酸后，通过天冬氨酸-谷氨酸转运蛋白回到细胞质。因此1分子的NADH经此穿梭产生2.5分子ATP。（见图4-7）

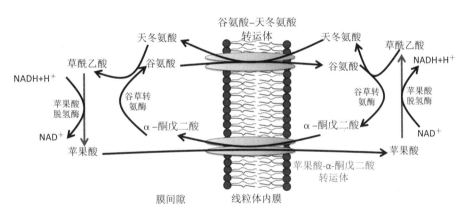

图4-7 苹果酸-天冬氨酸穿梭

（二）ATP和ADP出入线粒体

线粒体内膜富含腺苷酸转运蛋白，也称ATP-ADP转位酶（ATP-ADP translocase），占内膜蛋白质总量的14%。ATP-ADP转位酶由2个亚基组成二聚体，形成跨膜蛋白通道，将膜间隙的ADP^{3-}转运至线粒体基质中，同时从基质转运出ATP^{4-}。每分子ATP^{4-}和ADP^{3-}反向转运时，向膜间隙净转移1个负电荷，而膜间隙的高正电性有利于ATP的泵出。

第四节　其他氧化与抗氧化体系

细胞内除了线粒体氧化体系外，也存在其他的氧化体系参与生物氧化。另外，线粒体呼吸链在电子传递过程若发生电子泄漏，直接传递给氧而生成活性氧，会引起细胞氧化损伤。细胞有一系列机制避免这种氧化损伤。

一、微粒体细胞色素 P450 单加氧酶催化底物分子羟基化

微粒体是产生类固醇激素的生物合成反应场所，包括性激素、糖皮质激素、矿物质皮质激素和维生素 D 激素。这些化合物是由胆固醇或相关的甾醇合成的，由细胞色素 P450 家族的酶催化的一系列羟基化反应，所有这些酶都有一个临界血红素基团（其在450 nm的吸收使这个家族得名）。在羟基化反应中，一分子氧原子被结合到底物中，第二个原子被还原为水，使细胞色素 P450 酶产生单加氧酶：

$$RH + NADPH + H^+ + O_2 \rightarrow ROH + NADP^+ + H_2O$$

在这个反应中，有两个物质被氧化：NADPH 和 RH。人体中的几十种 P450 酶都位于线粒体膜内，它们的催化位点暴露在基质中。黄素蛋白和铁硫蛋白将电子从 NADPH 运送到 P450 血红素。所有的 P450 酶都有一个与 O_2 相互作用的血红素和一个赋予特异性的底物结合位点。

有学者在肝细胞的内质网中发现了另一个 P450 酶的大家族。这些酶催化的反应类似于 P450 反应，但它们的底物包括各种各样的疏水化合物，其中许多是外源化合物——不存在于自然界中，由工业上合成的化合物。内质网中的 P450 酶具有非常广泛和重叠的底物特异性。疏水性化合物的羟基化使它们更易溶于水，然后它们可以被肾脏清除并在尿液中排泄。在这些 P450 加氧酶的底物中有许多常用的处方药。P450 酶的代谢限制了药物在血液中的寿命，从而限制了其治疗效果。

二、线粒体呼吸链可产生活性氧

线粒体氧还原途径中的几个步骤有可能产生高氧化活性的自由基，从而损伤细胞。电子传递从复合体 I 和 II 到 QH_2，从 QH_2 到复合体 III，以自由基 $QH·$ 作为中间体。$QH·$ 自由基可以将电子传递到反应中的 O_2 产生的超氧自由基。这个概率很低，但确实在发生。生成的超氧自由基具有很高氧化活性，并能产生更高氧化活性的羟基自由基·OH。这些未被完全还原的含氧分子，其氧化性远超 O_2，称为反应活性氧类（reactive oxygen species，ROS）。除呼吸链外，黄嘌呤氧化酶、CytP450 氧化还原酶等酶所催化的反应，均需要氧为底物，也可产生少量 ROS。ROS 主要源于线粒体呼吸链。

活性氧可以造成严重破坏，与酶、膜脂和核酸发生反应，并对它们进行破坏。在呼吸链中，0.2% 到高达 2% 的 O_2 用于生成超氧自由基，如自由基不能被迅速清除，会产生致

命的影响。少量的 ROS 能够促进细胞增殖，但 ROS 的大量累积会损伤细胞功能，甚至会导致细胞死亡。例如，顺乌头酸酶的 Fe-S 中心易被超氧自由基氧化而丧失功能，直接影响三羧酸循环的功能。超氧自由基可迅速氧化一氧化氮（NO）产生过氧亚硝酸盐（$ONOO^-$），使脂质氧化、蛋白质硝基化，从而使细胞膜和膜蛋白发生损伤。

三、抗氧化体系

机体发展了一套有效的抗氧化体系以清除 ROS，防止 ROS 的累积产生有害影响。抗氧化体系包括有抗氧化物和抗氧化酶。

体内抗氧化物包括有维生素 C、维生素 E、β-胡萝卜素、GSH 等。

体内抗氧化酶包括有超氧化物歧化酶（Superoxide Dismutase，SOD）、过氧化氢（H_2O_2）、谷胱甘肽过氧化物酶、谷胱甘肽还原酶等。

哺乳动物细胞有 3 种 SOD 同工酶。位于细胞质中的 SOD，其活性中心含 Cu/Zn 离子，因此称之为 Cu/Zn-SOD；位于线粒体中的 SOD 活性中心含 Mn^{2+}，因此称之为称 Mn-SOD。SOD 是人体防御超氧离子损伤的最为重要的酶。SOD 基因缺陷可引起肌萎缩性侧索硬化症等疾病。

H_2O_2 可被过氧化氢酶（CAT）分解为 H_2O 和 O_2。过氧化氢酶存在于过氧化酶体、细胞质及微粒体中。CAT 含有 4 个血红素辅基，每秒钟可催化超过 40000 个底物分子转变为产物。其催化反应如下：

$$2H_2O_2 \rightarrow 2H_2O + O_2$$

谷胱甘肽过氧化物酶（glutathione peroxidase，GPx）可去除 H_2O_2 和其他过氧化物类（ROOH）。在细胞胞质、线粒体及 D 过氧化酶体中将 H_2O_2 还原为 H_2O，将 ROOH 转变为醇，同时产生氧化型的谷胱甘肽 GSSG。催化的反应如下：

$$H_2O_2 + 2GSH \rightarrow 2H_2O + GSSG$$
$$2GSH + ROOH \rightarrow GSSG + H_2O + ROH$$

谷胱甘肽还原酶催化氧化型 GSSG 转变为还原型的 GSH，由 $NADPH + H^+$ 提供还原力。

当处理 ROS 的能力不足时，无论是由于影响其中一种保护蛋白的基因突变，还是在 ROS 生成率非常高的条件下，线粒体功能都会受到损害。线粒体损伤被认为与衰老、心力衰竭、某些罕见的糖尿病病例以及影响神经系统的几种母系遗传性疾病有关。

小　结

（1）生物氧化是化学物质在生物体内的氧化分解过程。营养物质氧化分解生成 CO_2 和 H_2O 的过程中释放能量，驱动 ADP 磷酸化生成 ATP。生物氧化是在什么地方发生？与物质的燃烧有什么区别？

（2）ATP 在能量代谢中处于中心地位，是能量的主要储存形式，被直接利用于体内各种代谢反应。ATP 的生成方式有哪几种？ATP 可以用于进行哪些生理活动？

（3）生物氧化的过程主要依靠呼吸链完成，在营养物质氧化分解的同时，生成的 NADH 和 $FADH_2$ 通过呼吸链将电子传递给氧，生成水和 ATP。在这个过程中，生物氧化是如何一步步释放能量的？氧化呼吸链的蛋白质复合体是怎么排列的？

（4）生物氧化的过程中，有一些复合体具有质子泵功能，将质子转移到膜间隙中，从而形成了质子浓度梯度。哪些复合体具有质子泵功能？每对电子经 NADH 氧化呼吸链，可泵出几个质子，产生几分子 ATP？经 $FADH_2$ 氧化呼吸链传递，可泵出几个质子，产生几分子 ATP？

（5）磷酸化过程是质子顺着浓度梯度返回基质时释放势能，驱动 ATP 合酶将 ADP 磷酸化生成 ATP。这个过程受到哪些因素的影响？

（6）呼吸链是体内 ROS 的最主要来源，过多的 ROS 会对机体产生危害。ROS 能产生哪些伤害？体内主要的抗氧化剂和抗氧化酶有哪些？

测试题

1. 哪种梯度对通过氧化磷酸化形成 ATP 至关重要？（   ）

   A. 钠离子　　　　　B. 氯离子　　　　　C. 质子　　　　　D. 钾离子

   E. 以上都不是

2. 当葡萄糖被完全氧化为 CO_2 和 H_2O 时，相对于最大产量，氧化磷酸化可产生多少个 ATP 分子？（   ）

   A. 12　　　　　　　B. 28　　　　　　　C. 32　　　　　　　D. 38

   E. 以上都不是

3. 寡霉素对有氧代谢有什么化学作用？（   ）

   A. 电子从 NADH 到 CoQ 的流动被阻止

   B. 阻止了从 Cyt aa_3 到氧气的电子流

   C. 寡霉素阻止质子通过 ATP 合酶的 F_o 转移，因此阻止 ADP 的磷酸化以形成 ATP

   D. ATP 离开和 ADP 进入线粒体的运输受阻

   E. 氧化磷酸化与电子传输解偶联，所有能量都以热能的形式损失

4. 选择一对电子沿电子传输链向下传播时所采取的正确路径是（   ）。

   A. NADH→复合物Ⅰ→CoQ→复合物Ⅲ→Cyt c→复合物Ⅳ→O_2

   B. $FADH_2$→复合物Ⅰ→CoQ→复合物Ⅲ→Cyt c→复合物Ⅳ→O_2

   C. NADH→复合物Ⅰ→复合物Ⅱ→复合物Ⅲ→Cyt c→复合物Ⅳ→O_2

   D. $FADH_2$→复合物Ⅱ→CoQ→复合物Ⅲ→Cyt c→复合物Ⅳ→O_2

   E. A 和 D

5. 以下哪项不参与电子传输链，也不属于该电子传输链？（   ）

   A. 辅酶 A　　　　　　　　　　　　　B. 非血红素铁硫蛋白

   C. 辅酶 Q　　　　　　　　　　　　　D. 细胞色素 c_1

   E. NADH

6. 呼吸链中流动的电子导致（   ）。
A. 质子跨过线粒体内膜从基质内部转移到膜间质
B. 质子从膜间空间跨过线粒体内膜进入基质
C. GTP 的偶联合成
D. 跨线粒体膜的 K^+ 离子存在危险的不平衡
E. 以上都不是。

7. 辅酶 Q 也称为（   ）。
A. NADH   B. 氧化还原酶   C. 泛醌   D. 以上都是
E. 以上都不是

8. 以下哪项不泵送质子？（   ）
A. 复合物Ⅰ   B. 复合物Ⅱ   C. 复合物Ⅲ   D. 复合物Ⅳ
E. 以上都是

9. 什么是细胞色素？（   ）
A. 传递电子的蛋白质，含有血红素
B. 传递电子的叶绿体蛋白，含有一个铁硫基
C. 参与 ATP 合成的蛋白质，含有铁
D. 以上都是
E. 以上都不是

10. ATP 合酶的反应是什么？（   ）
A. $AMP^{3-} + 2\,HPO_4^{2-} + H^+ \rightarrow ATP^{4-} + H_2O$
B. $ADP^{3-} + HPO_4^{2-} + H^+ \rightarrow ATP^{4-} + H_2O$
C. $ADP^{3-} + HPO_4^{2-} + 2H^+ \rightarrow ATP^{4-} + H_2O$
D. $AMP^{3-} + 2\,HPO_4^{2-} + 2H^+ \rightarrow ATP^{4-} + H_2O$
E. 以上都不是

（杜冠魁　陈瑾歆）

第五章 脂质代谢

脂质（lipids）是脂肪（fat）和类脂（lipoid）的总称。脂质具有共同的物理性质，即不溶于水溶于有机溶剂。脂肪即甘油三酯（triglyceride，TG），也称为三脂酰甘油（triacylglycerol，TAG）。类脂包括磷脂、糖脂、胆固醇和胆固醇酯等。

第一节 脂质的构成与功能

一、脂质是种类繁多、结构复杂的一类大分子物质

（一）甘油三酯是甘油的脂肪酸酯

甘油三酯是由一分子甘油的三个羟基分别与脂肪酸脱水形成的酯，脂肪酸可以相同，也可以不同。甘油和一分子或两分子脂肪酸所形成的酯分别称为甘油一酯（monoacylglycerol，MAG）和甘油二酯（diacylglycerol，DAG），它们既可以作为合成甘油三酯的原料，也是食物或体内甘油三酯消化的中间产物。

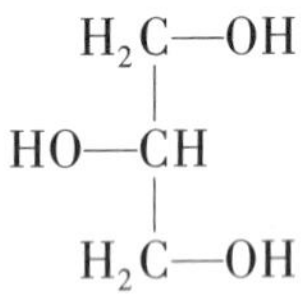

甘油 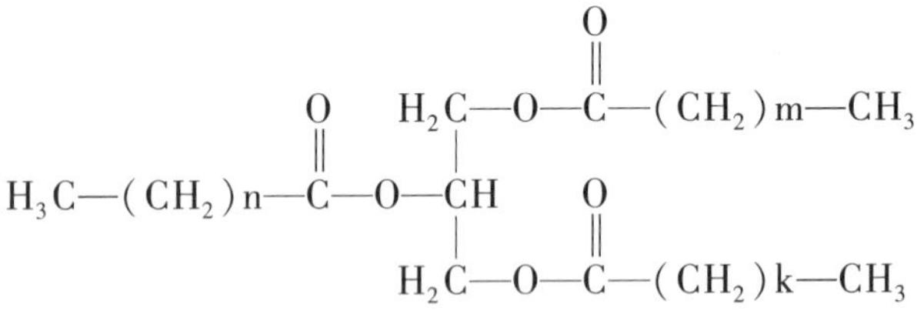　　　　　　　　　　甘油三酯

生物体内甘油三酯的主要功能是储能供能、保温、保护内脏和促进脂溶性维生素的吸收等。

（二）脂肪酸

脂肪酸（fatty acid）的结构通式为 $CH_3(CH_2)_nCOOH$。高等动植物脂肪酸碳链长度一般为 14～20，为偶数碳。不含双键的脂肪酸为饱和脂肪酸（saturated fatty acid），含有一个或一个以上双键的为不饱和脂肪酸（unsaturated fatty acid），后者又包括单不饱和脂肪酸和多不饱和脂肪酸。

（三）磷脂

磷脂（phospholipids）是由甘油或鞘氨醇、脂肪酸、磷酸和含氮化合物组成的。含有甘油的磷脂称为甘油磷脂（glycerophosplipids），结构通式如下。

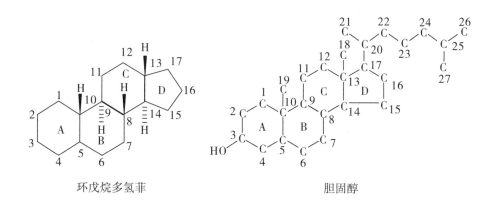

含鞘氨醇（sphingosine）或二氢鞘氨醇的脂类称为鞘脂（sphingolipids）。鞘脂又可分为鞘磷脂（sphingophospholipid）和鞘糖脂（glycosphingolipid）。

（四）胆固醇

胆固醇（cholesterol）属类固醇（steroid）化合物，由环戊烷多氢菲结构衍生形成。

环戊烷多氢菲　　　　　胆固醇

二、脂质具有多种复杂的生物学功能

（一）甘油三酯是机体重要的能源物质

甘油三酯是机体重要供能和储能物质。每克甘油三酯彻底氧化可产生 38 kJ 的能量，而每克蛋白质或每克碳水化合物只产生 17 kJ 的能量。甘油三酯是机体最重要的能量储备物资，机体有专门的储存组织——脂肪组织。此外，甘油二酯也是体内重要的细胞信号分子。

（二）脂肪酸具有多种重要的生理功能

（1）脂肪酸是甘油三酯、胆固醇酯和磷脂的重要组成成分。

（2）提供人体必需脂肪酸。高等哺乳动物和人可以自身合成饱和脂肪酸和某些单不饱和脂肪酸。但是，大多数多不饱和脂肪酸，虽然机体需要，可人体自身不能合成、必须由食物提供的脂肪酸称为必需脂肪酸（essential fatty acid），包括 α-亚麻酸、亚油酸、花生四烯酸等。

（3）合成不饱和脂肪酸衍生物，如前列腺素（prostaglandin，PG）、血栓噁烷（thromboxane A_2，TXA_2）、白三烯（leukotriene，LT）等。

（三）磷脂是重要的结构成分和信号分子

磷脂分子具有亲水端和疏水端，在水溶液中可聚集成脂质双分子层，是生物膜的基础结构。

磷脂酰肌醇（phosphatidylinositol）是第二信使的前体，磷脂酰肌醇磷酸化生成磷脂酰肌醇-4，5-二磷酸（phosphatidylinositol 4，5-bisphosphate，PIP_2）。PIP_2是细胞膜磷脂的重要组成成分，主要存在于细胞膜的内层，在激素等刺激下可分解为甘油二酯（diacylglycerol，DAG）和肌醇三磷酸（inositol triphosphate，IP_3）。DAG和IP_3都是细胞内重要的第二信使，均能在细胞内传递细胞信号。

（四）胆固醇是生物膜的重要成分和固醇类物质的前体

胆固醇是生物膜的基本机构成分，是决定细胞膜性质的重要成分。胆固醇在体内可以转化为一些具有重要功能的固醇化合物，如类固醇激素、胆汁酸和维生素D_3等。

第二节 脂质的消化与吸收

一、脂质的消化

食物中的脂质主要是甘油三酯，占90%以上，除此以外还有少量的磷脂、胆固醇及胆固醇酯等。脂质不溶于水，必须经胆汁中胆汁酸盐的作用，乳化成细小的微团（micelle）后，才能被消化酶消化。小肠上段是脂质消化的主要场所，胰液及胆汁均分泌入十二指肠。胆汁酸盐是较强的乳化剂，能降低油相与水相之间的界面张力，使脂质乳化成细小微团，增加消化酶对脂质的接触面积，有利于脂类的消化及吸收。胰液中消化脂质的酶有胰脂酶、磷脂酶A_2、胆固醇酯酶及辅脂酶。胰脂酶特异催化甘油三酯的第1及第3位酯键的水解，生成2-甘油一酯和2分子脂肪酸。胰磷脂酶A_2催化磷脂第2位酯键的水解，生成脂肪酸及溶血磷脂；胆固醇酯酶促进胆固醇酯水解生成游离胆固醇及脂肪酸。

二、脂质的吸收

脂肪及类脂的消化产物包括甘油一酯、脂肪酸、胆固醇及溶血磷脂等，可与胆汁酸盐乳化成更小的混合微团（mixed micelle）。这种微团极性更大、体积更小，易穿过小肠黏膜细胞表面的水屏障，进而为肠黏膜细胞吸收。

脂质的消化产物主要在十二指肠下段及空肠上段吸收。短链脂酸（2C～4C）和中链脂酸（6C～10C）构成的甘油三酯，在小肠经胆汁酸盐乳化后即可被吸收。吸收后在肠黏膜细胞内脂肪酶的作用下，进一步水解生成为脂肪酸及甘油，通过门静脉进入血循环。长链脂酸（12C～26C）和2-甘油一酯吸收进入肠黏膜细胞之后，在滑面内质网脂酰CoA转移酶的催化下，再重新合成甘油三酯。后者再与粗面内质网合成的载脂蛋白B48、C、AⅠ、AⅣ等，以及与磷脂、胆固醇结合成乳糜微粒，经淋巴进入血循环。

第三节 甘油三酯代谢

甘油三酯是由 1 分子甘油和 3 分子脂肪酸脱水缩合后形成的酯，在正常情况下脂肪的合成与分解处于动态平衡。

一、甘油三酯的分解代谢

（一）脂肪动员

储存在脂肪组织中的脂肪，在脂肪酶包括脂肪包被蛋白 - 1（perilipin-1）、脂肪组织甘油三酯脂肪酶（adipose triacylglycerol lipase，ATGL）、激素敏感脂肪酶（hormone-sensitive lipase，HSL）和甘油一酯脂肪酶（monoacylglycerol lipase，MGL）的依次催化下，逐步水解为脂肪酸和甘油释放入血，供全身各组织利用，此过程称为脂肪动员。

当人体处于禁食、饥饿、肌肉锻炼耗能过多或交感神经兴奋时，肾上腺素、去甲肾上腺素、胰高血糖素等分泌增加，与白色脂肪细胞中受体结合，激活腺苷酸环化酶，促进胞内 cAMP 的合成，激活 PKA，PKA 磷酸化 perilipin-1 和 HSL，磷酸化的 perilipin-1 进而激活 ATGL，而磷酸化的 HSL 从胞质转移到脂滴表面。ATGL 催化甘油三酯生成甘油二酯和脂肪酸，而 HSL 催化甘油二酯生成甘油一酯和脂肪酸，最后，MGL 催化甘油一酯生成甘油和脂肪酸。因此，肾上腺素、去甲肾上腺素、胰高血糖素等激素能够促进脂肪动员，称为脂解激素。而胰岛素、前列腺素 E_2（PGE_2）等能拮抗脂解激素、抑制脂肪动员，称为抗脂解激素。

脂肪动员产生的游离脂肪酸不溶于水，须与血浆中白蛋白结合才能在血液中运输。而甘油溶于水，可以直接在血液中运输。

（二）甘油的代谢

脂肪动员所产生的甘油溶于水，经血液直接运输到肝、肾和小肠黏膜等组织细胞。其中，肝细胞的甘油激酶活性很高，催化甘油生成 3 - 磷酸甘油后，再在磷酸甘油脱氢酶的催化下脱氢生成磷酸二羟丙酮，后者可进入糖代谢途径彻底氧化分解并释放能量，也可经糖异生生成葡萄糖和糖原。而肌肉和脂肪组织中甘油磷酸激酶活性很低，故不能很好利用甘油。

（三）脂肪酸的分解代谢

脂肪动员产生的游离脂肪酸不溶于水，与血浆白蛋白结合，随血液循环运输到全身各组织利用。在氧供应充足的条件下，脂肪酸在体内可分解为 CO_2 和 H_2O 并释放大量能量。机体除了脑、神经组织及红细胞等之外，大多数组织都能利用脂肪酸氧化供能，其中，以肝和肌肉最为活跃。脂肪酸在体内的氧化分解是从羧基端 β - 碳原子开始，因此，也称之为 β - 氧化。β - 氧化是在线粒体基质中进行的，大致可以分为活化 - 转移 - 氧化三个阶段。

1. 脂肪酸的活化

脂肪酸氧化前必须先在细胞液中进行活化。在辅酶 A（CoA - SH）和 Mg^{2+} 的参与下，由 ATP 供能，脂肪酸经内质网及线粒体外膜上的脂酰 CoA 合成酶（acyl-CoA synthetase）催化，活化成脂酰 CoA。生成的脂酰 CoA 是一种高能化合物，水溶性强，代谢活性高。脂肪酸的活化过程如下：

$$R—COOH + HS\sim CoA + ATP \xrightarrow[Mg^{2+}]{脂酰 CoA 合成酶} R—CO\sim SCoA + AMP + PPi$$

反应过程中生成的焦磷酸（PP_i）可立即被细胞内的焦磷酸酶水解，阻止了逆向反应的进行，故每活化 1 分子脂肪酸实际上消耗了 2 分子 ATP。

2. 脂酰 CoA 进入线粒体

催化脂肪酸氧化的酶系存在于线粒体基质内，而长链脂酰 CoA 不能直接通过线粒体内膜进入线粒体，需由位于线粒体内膜两侧的肉毒脂酰转移酶Ⅰ和Ⅱ的催化下，穿过线粒体内膜转入线粒体基质中进行氧化分解。脂酰 CoA 进入线粒体的转运过程是脂肪酸氧化的限速步骤，肉毒脂酰转移酶Ⅰ是限速酶。当饥饿、高脂低糖膳食或糖尿病时，体内的糖供应相对不足，需脂肪酸氧化供能时，肉毒脂酰转移酶Ⅰ活性增高，脂肪酸氧化供能增加。相反，高糖低脂膳食时，肉毒脂酰转移酶Ⅰ活性被抑制，脂肪酸氧化供能减少。

3. 脂酰 CoA 的 β-氧化

进入线粒体基质的脂酰 CoA，从脂酰基 β 碳原子开始依次进行脱氢、加水、再脱氢和硫解 4 步连续反应。1 分子脂酰 CoA 每进行一次 β-氧化，就生成 1 分子乙酰 CoA 和 1 分子比原来少 2 个碳原子的脂酰 CoA。每次 β-氧化包括下面 4 个连续的酶促反应：

（1）脱氢脂酰 CoA 在脂酰 CoA 脱氢酶催化下，生成反 Δ^2-烯酰 CoA，脱下的 2H 由 FAD 接受生成 $FADH_2$。

（2）加水反 Δ^2-烯酰 CoA 经水化酶的催化，加水生成 β-羟脂酰 CoA。

（3）再脱氢：β-羟脂酰 CoA 在 β-羟脂酰 CoA 脱氢酶催化下，脱氢生成 β-酮脂酰 CoA，脱下的 2H 由 NAD^+ 接受生成 $NADH + H^+$。

（4）硫解：β-酮脂酰 CoA 在 β-酮脂酰 CoA 硫解酶的催化下生成 1 分子乙酰 CoA 和 1 分子比原来少 2 个碳原子的脂酰 CoA。

经过脱氢、加水、再脱氢、硫解反应等四步连续反应生成的脂酰 CoA 比原来少 2 个碳原子，然后再进行脱氢、加水、再脱氢、硫解反应，如此反复进行，直至脂酰 CoA 完全氧化为乙酰 CoA，完成脂肪酸 β-氧化。脂酰 CoA 的 β-氧化过程见图 5-1。

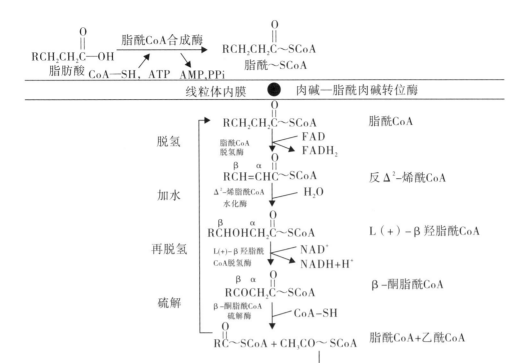

图 5-1 脂酰 CoA 的 β-氧化过程

长链偶数碳原子的脂肪酸经 β-氧化可生成若干分子的乙酰 CoA，同时产生若干分子的 $FADH_2$ 和 $NADH+H^+$。乙酰 CoA 进入三羧酸循环和氧化磷酸化被彻底氧化，并释放能量；$FADH_2$ 和 $NADH+H^+$ 直接进入呼吸链通过氧化磷酸化产生能量。

（四）酮体的代谢

β-氧化是机体脂肪酸氧化的主要途径。心肌、骨骼肌组织脂肪酸经 β-氧化生成的乙酰 CoA，可以直接进入三羧酸循环和氧化磷酸化被彻底氧化。但是，肝组织脂肪酸经 β-氧化生成的乙酰 CoA，其中一部分进入三羧酸循环，提供肝细胞自身需要的能量，还有一部分转化为一类特殊的中间代谢物——酮体（ketone bodies）。酮体包括乙酰乙酸、β-羟丁酸和丙酮。其中 β-羟丁酸约占酮体总量的 70%，乙酰乙酸约占 30%，丙酮含量极少。

1. 酮体的生成

酮体是肝组织中脂肪酸分解代谢特有的中间产物。基本过程如下：2 分子乙酰 CoA 在乙酰乙酰硫解酶催化下缩合成乙酰乙酰 CoA；乙酰 CoA 在羟甲基戊二酸单酰 CoA 合酶的催化下，生成羟甲基戊二酸单酰 CoA（HMGCoA）后者在 HMGCoA 裂解酶催化下裂解，生成乙酰乙酸；大部分乙酰乙酸在线粒体内膜 β-羟丁酸脱氢酶催化下被还原成 β-羟丁酸（此过程为可逆反应），少量乙酰乙酸自动脱羧生成少量丙酮。

肝线粒体内含有各种合成酮体的酶，这些酶活性很高，可以将 β-氧化生成的乙酰

CoA 迅速地生成酮体。但是肝氧化酮体的酶活性很低，肝几乎不能氧化酮体，其产生的酮体可进入血液，运输到肝外组织进一步氧化利用。因此，酮体是肝脏向肝外组织输出的一种能源物质。

酮体的生成反应如图 5-2 所示。

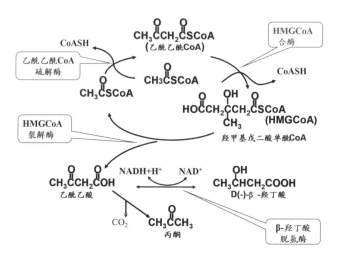

图 5-2 酮体的生成

2. 酮体的利用

肝外许多组织具有活性很强的可以氧化利用酮体的酶，如心、肾、脑及骨骼肌线粒体中有琥珀酰 CoA 转硫酶，在琥珀酰 CoA 存在下，可使乙酰乙酸活化生成乙酰乙酰 CoA，再经在乙酰乙酰 CoA 硫解酶的作用生成乙酰 CoA，后者可进入三羧酸循环被彻底氧化，这是酮体利用的主要途径。

此外，肾、心、脑线粒体中还存在乙酰乙酸硫激酶，可直接活化乙酰乙酸生成乙酰乙酰 CoA，后者经乙酰乙酸硫解酶作用生为乙酰 CoA，进入三羧酸循环彻底氧化。

β-羟丁酸脱氢后转变成乙酰乙酸，再经上述途径氧化。而丙酮可以转变为丙酮酸或乳酸。

3. 酮体生成的生理意义

酮体是肝内脂肪酸 β-氧化生成的正常代谢产物，是肝输出能源的重要形式。在正常情况下，肝生成的酮体能被肝外组织利用，是肌肉尤其是脑组织的重要能源。当长期饥饿和糖供应不足时，酮体可代替葡萄糖成为脑组织的主要能源。

正常人血浆中仅含有少量酮体，约为 0.03～0.5 mmol/L（0.3～5 mg/dL）。在长期饥饿、高脂低糖膳食或严重糖尿病时，脂肪动员增强，酮体生成增加，严重时会导致酮血症、酮尿症和酮症酸中毒（ketoacidosis）。

二、甘油三酯的合成代谢

（一）肝、脂肪组织及小肠黏膜细胞是甘油三酯合成的主要场所

人体合成甘油三酯的主要场所是肝、脂肪组织和小肠黏膜细胞。人体内合成甘油三酯

有两条途径，甘油一酯途径和甘油二酯途径。小肠黏膜细胞主要以甘油一酯途径合成甘油三酯，而肝细胞和脂肪细胞主要以甘油二酯途径合成甘油三酯。

（二）甘油一酯途径

膳食中的脂质在小肠消化产生的中、长链脂肪酸（12C～26C）和甘油一酯被小肠黏膜细胞吸收后，在小肠细胞滑面内质网脂酰辅酶A转移酶的催化下，重新生成甘油三酯，连同磷脂、胆固醇、载脂蛋白（apolipoprotein，Apo）B48、ApoC、ApoAⅠ、ApoAⅡ、ApoAⅣ等形成新生的乳糜微粒，经淋巴进入血液循环。

（三）甘油二酯途径

体内甘油三酯大多数是由碳水化合物转化而来。尤其当碳水化合物摄入过多时，葡萄糖代谢产生的乙酰CoA大量用来合成脂肪酸，与葡萄糖代谢产生的3-磷酸甘油进一步合成甘油三酯。肝细胞和脂肪细胞主要以甘油二酯途径合成甘油三酯。脂肪组织可大量储存甘油三酯。当机体糖供应不足时，脂肪组织中储存的甘油三酯是重要的能量来源。

1. 脂肪酸的合成

脂肪酸合成酶系存在于肝、肾、脑、肺、乳腺及脂肪等组织的胞液中。其中肝是合成脂肪酸最活跃的组织，其合成能力比脂肪组织大8～9倍，是人体脂肪酸合成的主要场所。脂肪酸合成原料是主要来自糖的氧化分解产生的乙酰CoA，同时还需要$NADPH+H^+$供氢和ATP供能，以及CO_2、Mg^{2+}和生物素参与。

（1）软脂酸的合成。

1）乙酰CoA从线粒体转运至细胞质。细胞内的乙酰CoA全部在线粒体中产生，而合成脂肪酸的酶系却存在于细胞浆中。因此，线粒体中的乙酰CoA必须进入细胞浆中才能成为合成脂肪酸的原料。乙酰CoA自身不易透过线粒体内膜，需通过柠檬酸-丙酮酸循环，将其由线粒体转运至细胞质，如图5-3所示。

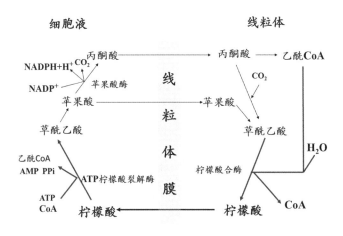

图5-3 柠檬酸-丙酮酸循环

2）乙酰CoA的活化。参与脂肪酸合成的乙酰CoA首先需活化，即在乙酰CoA羧化酶催化下，羧化生成丙二酸单酰CoA。这是脂肪酸的合成的第一步反应，也是限速反应。乙酰 CoA 羧化酶是脂肪酸合成的限速酶，柠檬酸和异柠檬酸是该酶的变构激活剂。此外，长期高糖低脂膳食可促进乙酰 CoA 羧化酶的生物合成，长期高脂低糖膳食则抑制此酶的生物合成。

$$CH_3C\sim SCoA + HCO_3^- + ATP \xrightarrow[\text{生物素 } Mn^{2+}]{\text{乙酰 CoA 羧化酶}} \underset{\underset{COOH}{|}}{CH_2CO\sim SCoA} + ADP + Pi$$

乙酰 CoA　　　　　　　　　　　　　　　丙二酸单酰 CoA

3）软脂酸的合成过程。软脂酸的合成是由 1 分子丙二酸单酰 CoA 与 1 分子乙酰 CoA 在脂肪酸合酶复合体催化下，经过"缩合－加氢－脱水－再加氢"的循环反应过程，使碳链延长 2 个碳原子的脂酰 CoA，连续 7 次循环后，最后生成软脂酰 CoA，经硫酯酶水解释放十六碳的软脂酸。

大肠杆菌中的脂肪酸合酶复合体是由 7 种酶蛋白和酰基载体蛋白（acyl carrier protein，ACP）聚合在一起的多酶复合体。哺乳动物中的脂肪酸合酶是由两个相同亚基形成的二聚体，每个亚基上均有类似于大肠杆菌脂肪酸合成酶复合体的 7 种酶蛋白和酰基载体蛋白的结构域，属多功能酶。

（2）更长碳链脂肪酸的合成。脂肪酸合酶复合体或脂肪酸合酶催化生成软脂酸，更长碳链脂肪酸的合成是通过软脂酸加工、延长实现的。

在线粒体中，脂肪酸延长酶系催化软脂酸和丙二酸单酰 CoA，通过缩合、加氢、脱水、再加氢等反应延长 2 个碳原子。在内质网中，脂肪酸延长酶系催化软脂酸和乙酰 CoA 缩合，经缩合、加氢、脱水、再加氢等反应延长 2 个碳原子。

（3）不饱和脂肪酸的合成。上述脂肪酸合成途径的产物均为饱和脂肪酸。机体可在细胞内质网的去饱和酶催化下合成软油酸和油酸等单不饱和脂肪酸，但无法合成亚油酸、α-亚麻酸、花生四烯酸等多不饱和脂肪酸。人体所需的多不饱和脂肪酸必须从食物中摄取。

2. 甘油三酯的合成

肝、脂肪细胞主要以甘油二酯途径合成甘油三酯。甘油二酯途径是以糖酵解生成的 3-磷酸甘油和脂酰 CoA 为原料，在脂酰 CoA 转移酶催化下，先合成磷脂酸。而磷脂酸在磷脂酸磷酸酶的催化下生成 1，2-甘油二酯，再在脂酰 CoA 转移酶催化下，加上 1 分子脂酰基生成甘油三酯。

合成甘油三酯的三分子脂肪酸可以相同，也可以不同；可以是饱和脂酸，也可以是不饱和脂酸。肝细胞虽能合成大量甘油三酯，但不能储存甘油三酯。而脂肪组织可大量储存甘油三酯。肝、肾等组织中甘油激酶活性很高，可以催化游离的甘油磷酸化生成 3-磷酸甘油。而脂肪细胞缺乏甘油激酶，因此，不能直接利用甘油合成甘油三酯。

第四节 磷脂代谢

磷脂（phospholipids）是一类含有甘油或鞘氨醇、脂肪酸、磷酸的脂质。按照其化学成分不同分为两类：含甘油的磷脂称为甘油磷脂（glycerophospholipids），含鞘氨醇或二氢鞘氨醇的磷脂称为鞘磷脂（sphingophospholipid）。体内甘油磷脂含量最多，分布广泛，而鞘磷脂主要分布在大脑和神经髓鞘中。

一、甘油磷脂代谢

常见的甘油磷脂有磷脂酰胆碱（卵磷脂）、磷脂酰乙醇胺（脑磷脂）、磷脂酰丝氨酸、二磷脂酰甘油（心磷脂）和磷脂酰肌醇等，其中磷脂酰胆碱在体内含量最多，约占磷脂总量的50%。

（一）甘油磷脂的合成

1. 合成部位

全身各组织细胞（成熟红细胞除外）内质网均有合成磷脂的酶系，均能合成甘油磷脂，其中以肝、肾及肠等组织最为活跃。

2. 原料

合成甘油磷脂的原料为甘油二酯、乙醇胺、胆碱、丝氨酸和肌醇等。乙醇胺由丝氨酸脱羧生成，胆碱可从食物中获得，也可在体内由丝氨酸接受S－腺苷蛋氨酸（SAM）的甲基生成。丝氨酸和肌醇主要来自食物。

3. 合成途径

甘油磷脂的合成有两个途径。

（1）甘油二酯合成途径。磷脂酰胆碱及磷脂酰乙醇胺主要通过此途径合成。这两类磷脂在体内含量最多，占组织和血液磷脂的75%以上。甘油二酯是合成过程的重要中间物。胆碱及乙醇胺由活化的CDP－胆碱及CDP－乙醇胺提供。

（2）CDP－甘油二酯合成途径。磷脂酰肌醇、磷脂酰丝氨酸和心磷脂由此途径合成。CDP－甘油二酯是该途径的重要中间产物。

Ⅱ型肺泡上皮细胞可合成由2分子软脂酸构成的特殊磷脂酰胆碱，其第1、2位均为软脂酰基，称二软脂酰胆碱，是较强的乳化剂，能降低肺泡表面张力，有利于肺泡的伸张。如新生儿肺泡上皮细胞合成二软酰胆碱障碍可导致肺不张。

（二）甘油磷脂的分解

生物体内存在可以水解甘油磷脂的磷脂酶类，其中主要的有磷脂酶（phospholipase，PL）A_1、A_2、B、C和D，它们特异地作用于磷脂分子中的各个酯键，形成不同的产物。各种磷脂酶的作用部位见图5－4。

磷脂酶（phospholipase,PLA）

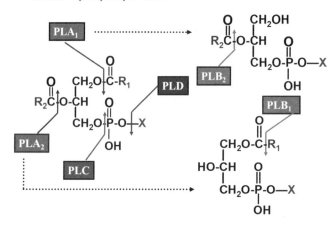

图 5-4　磷脂酶的作用部位

磷脂酶 A_1 催化磷脂酰甘油分子的第 1 位酯键断裂，产物为脂肪酸和溶血磷脂 Ⅱ。磷脂酶 A_2 催化磷脂酰甘油分子中第 2 位酯键水解，产物为溶血磷脂 Ⅰ 及脂肪酸和甘油磷酸胆碱或甘油磷酸乙醇胺等。磷脂酶 C 催化磷脂酰甘油分子中第 3 位磷酸酯键，释放磷酸胆碱或磷酸乙醇胺。磷脂酶 D 催化磷脂分子中磷酸与取代基团（如胆碱等）间的酯键，并释放出取代基团。

溶血磷脂 Ⅰ 具有较强表面活性，能破坏红细胞膜或其他细胞膜导致溶血或细胞坏死。在磷脂酶 B_1 作用下，溶血磷脂 Ⅰ 转化成不含脂肪酸的甘油磷酸胆碱，从而失去了破坏细胞膜的作用。

二、鞘磷脂代谢

（一）鞘磷脂的合成

神经鞘磷脂是体内含量最多的鞘磷脂，由鞘氨醇、脂肪酸、磷酸胆碱构成。人体细胞内广泛存在合成鞘氨醇和鞘磷脂的酶系，以脑组织活性最高。

（二）鞘磷脂的降解

人体脑、肝、脾、肾等组织细胞的溶菌酶中含有神经鞘磷脂酶（sphingomyelinase），属于 PLC 类，能水解磷酸酯键，生成神经酰胺和磷酸胆碱。如果先天性缺乏神经鞘磷脂酶，导致鞘磷脂不能降解并在细胞内蓄积，将引起肝脾肿大、痴呆等鞘磷脂沉积病症。

第五节　胆固醇代谢

胆固醇是具有羟基的固醇类化合物。人体内胆固醇有游离胆固醇和胆固醇酯两种形式。体内的胆固醇含量约为 140 g，广泛分布于各组织中，大约 1/4 分布在脑及神经组织，约占脑组织的 2%，肾上腺、卵巢等胆固醇含量也较高，达 1%～5%。肝、肾、肠等内脏、皮肤、脂肪组织也含较多的胆固醇，其中以肝最多。肌肉组织的胆固醇含量较低。人体中的胆固醇主要由机体各组织合成，也可来源于食物（如肉类、动物内脏、蛋黄、奶油等）的摄取。

一、胆固醇的生物合成

除成年动物脑组织及红细胞外，几乎全身各组织细胞均可合成胆固醇，每天可合成 1 g 左右。肝是胆固醇合成的主要场所，占合成总量的 70%～80%，其次是小肠，合成量约占 10%。

胆固醇的合成原料是乙酰辅酶 A，并需要大量的 $NADPH + H^+$ 和 ATP。合成部位主要在胞质和内质网。胆固醇合成过程复杂，有近 30 步酶促反应，大致分为甲羟戊酸（MVA）的生成、鲨烯的生成和胆固醇的合成 3 个阶段。羟甲基戊二酸单酰 CoA（HMG-CoA）还原酶是胆固醇合成途径的限速酶，其活性受胆固醇的反馈抑制和多种因素调节。胆固醇的生物合成如图 5-5 所示。

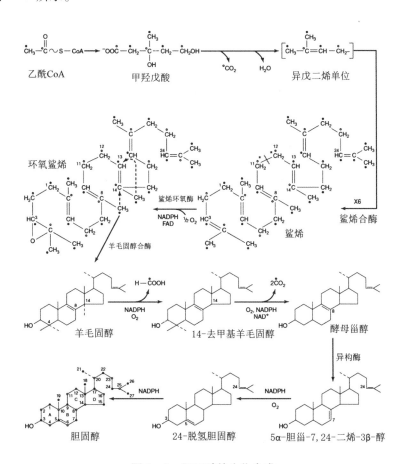

图 5-5　胆固醇的生物合成

各种因素可以调节胆固醇的合成，其中主要是通过影响胆固醇合成的限速酶 HMG-CoA 还原酶的活性和含量实现的。

（1）细胞内 HMG-CoA 还原酶的活性受到变构调节、化学修饰调节和酶的含量调节的影响。如胆固醇、25－羟胆固醇是 HMG-CoA 还原酶的变构抑制剂。HMG-CoA 还原酶受到磷酸化和去磷酸化的调节，其中，磷酸化后 HMG-CoA 还原酶丧失了活性，而去磷酸化之后又能恢复活性。而胞内胆固醇可以抑制 HMG-CoA 还原酶的转录，使得其酶蛋白减少。

（2）饥饿可使肝 HMG-CoA 还原酶合成减少，酶活性降低。相反，摄取高糖、高饱和脂肪饮食后，肝 HMG-CoA 还原酶活性升高，促进胆固醇合成。食物中胆固醇可反馈抑制肝 HMG-CoA 还原酶的活性，抑制肝胆固醇合成，但食物胆固醇并不能抑制小肠黏膜细胞合成胆固醇。相反，降低食物胆固醇量，可解除胆固醇对肝 HMG-CoA 还原酶的抑制作用，促进胆固醇合成。

（3）胰岛素及甲状腺素能诱导肝 HMG-CoA 还原酶的合成，从而增加胆固醇的合成。胰高血糖素及皮质醇激素则能抑制并降低 HMG-CoA 还原酶的活性，因而减少胆固醇的合成。

二、胆固醇酯的生物合成

血浆及细胞内的游离胆固醇均可被酯化成胆固醇酯，胆固醇酯是胆固醇转运的主要形式。在不同的部位催化胆固醇酯化的酶并不相同。在组织细胞内，催化生成胆固醇酯的酶是脂酰辅酶 A 胆固醇脂酰转移酶（ACAT）；而在血浆中，催化生成胆固醇酯的酶是卵磷脂－胆固醇脂酰转移酶（LCAT）。

三、胆固醇在体内的代谢转化与排泄

胆固醇在体内不能被彻底氧化分解成 CO_2 和 H_2O，而是经氧化、还原转变为其他具有重要生理功能的物质发挥作用或排出体外。在肝中转化成胆汁酸是胆固醇在体内代谢的主要去路；胆固醇也可以转化为类固醇激素和维生素 D_3。

人体大部分胆固醇在肝内转变为胆汁酸随胆汁排出，这是胆固醇排泄的主要途径，还有一部分胆固醇也可随胆汁排入肠道。

第六节 血浆脂蛋白及其代谢

一、血脂是血浆所含脂质的统称

血浆中的脂质物质称为血脂，包括甘油三酯、磷脂、胆固醇、胆固醇酯和游离脂肪酸等。血脂有两种来源，从食物摄取的外源性脂质以及由肝、脂肪组织合成后释放入血的内源性脂质。

血脂含量受膳食、年龄、性别、职业及代谢等影响，波动范围较大。正常成人空腹 12～14 h 时，血脂的组成与含量如表 5－1 所示。

表 5-1　正常成人空腹血脂的组成及含量

组　成	血脂含量		主要来源
	mg/dL	mmol/L	
甘油三酯	10～150	0.11～1.69	肝
总胆固醇	100～250	2.59～6.47	肝
胆固醇脂	70～200	1.81～5.17	—
游离胆固醇	40～70	1.03～1.81	—
卵磷脂	50～200	16.1～64.6	肝
脑磷脂	15～35	4.8～13.0	肝
神经磷脂	50～130	16.1～42.0	肝
游离脂肪酸	5～20	0.5～0.7	脂肪组织

二、血浆脂蛋白是血脂的运输及代谢形式

脂质不溶于水，在水中呈乳浊液。但正常人血浆却清澈透明，这是由于血脂在血浆中不是以游离状态存在的，而是与蛋白质结合，以脂蛋白的形式在血浆中运输。因此，血浆中脂质都是以各种脂蛋白的形式存在的。

（一）血浆脂蛋白的分类

由于血浆脂蛋白所含的脂质和蛋白质的各不相同，因此，各种血浆脂蛋白的理化性质（如密度、颗粒大小、表面电荷、电泳速率等）及生物学功能也有所不同。一般根据血浆脂蛋白的电泳性质或密度大小进行分类。

1. 电泳法分类

根据电泳时迁移率的大小不同，按移动的速度由快至慢的次序分别为：α-脂蛋白、前β-脂蛋白、β-脂蛋白和乳糜微粒，如图 5-6 所示。

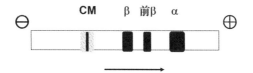

图 5-6　血浆脂蛋白琼脂糖凝胶电泳示意

2. 超速离心法（密度分类法）

利用超速离心法（50000 r/min）分离血浆脂蛋白，根据沉降速度的不同，将血浆脂蛋白分成 4 类，按密度从低到高的次序分别为乳糜微粒（chylomicron, CM）、极低密度脂蛋白（very low density lipoprotein, VLDL）、低密度脂蛋白（low density lipoprotein, LDL）和高密度脂蛋白（high density lipoprotein, HDL）。此外，血浆中还存在 VLDL 的代谢

物——中密度脂蛋白（intermediate density lipoprotein，IDL），其组成和密度介于VLDL与LDL之间。从脂肪动员释放入血的游离脂肪酸在血浆中与白蛋白结合而运输，也不列入血浆脂蛋白。

（二）血浆脂蛋白的性质、组成和主要功能

血浆脂蛋白均由脂质（甘油三酯、磷脂、胆固醇及胆固醇酯）和蛋白质（载脂蛋白）组成。但组成比例有很大差异，其中CM中甘油三酯含量最高，达其化学组成的90%以上。HDL中磷脂含量最高，达40%以上。LDL中的胆固醇及其酯含量最多，几乎占其含量50%。VLDL中以甘油三酯含量为最多，达50%～70%，如表5-2所示。

表5-2 血浆脂蛋白的性质、组成和主要功能

分类	电泳法 超速离心法	CM	VLDL 前β-脂蛋白	LDL β-脂蛋白	HDL α-脂蛋白
性质	密度（g/mL）	< 0.95	0.95～1.006	1.006～1.063	1.063～1.210
	漂浮系数（Sf）	> 400	20～400	0～20	—
	颗粒直径（nm）	80～500	25～80	20～25	7.5～10.0
组成（%）	蛋白质	1～2	5～10	20～25	45～55
	脂质	98～99	90～95	75～80	45～55
	甘油三酯	80～95	50～70	10	5
	磷脂	5～7	15	20	25
	总胆固醇	4～5	15～19	48～50	20～23
	游离胆固醇	1～2	5～7	8	5～6
	胆固醇酯	3	10～12	40～42	15～17
合成部位		小肠	肝	血浆	肝、小肠
主要功能		转运外源性TG	转运内源性TG	转运胆固醇到肝外组织	逆向转运胆固醇到肝

（三）载脂蛋白

血浆脂蛋白中的蛋白质部分称为载脂蛋白（apolipoprotein，APO），目前发现的人载脂蛋白已有20多种，主要有Apo A、Apo B、Apo C、Apo D、Apo E等五大类。各类载脂蛋白又可分为许多亚类，如Apo A有Apo AⅠ、Apo AⅡ、Apo AⅣ、Apo AⅤ；Apo B又可分为ApoB100及ApoB48；Apo C又可分Apo CⅠ、Apo CⅡ、Apo CⅢ等。人血浆中主要载脂蛋白分布、功能及含量如表5-3所示。

表 5-3 人血浆主要载脂蛋白的分布、功能及含量

载脂蛋白	分布	主要功能	血浆含量（mg/dl）
A I	HDL	激活 LCAT，识别 HDL 受体	123.8 ± 4.7
A II	HDL	稳定 HDL 结构，激活 HL	33 ± 5
B100	VLDL，LDL	识别 LDL 受体	87.3 ± 14.3
B48	CM	促进 CM 合成	?
C II	CM，VLDL，HDL	激活 LPL	5.0 ± 1.8
C III	CM，VLDL，HDL	抑制 LPL，抑制肝 apoE 受体	11.8 ± 3.6
E	CM，VLDL，HDL	识别 LDL 受体	3.5 ± 1.2
(a)	LP (a)	抑制纤溶酶活性	0 – 120

三、血浆脂蛋白的代谢

（一）乳糜微粒的代谢

CM 是小肠黏膜细胞合成的，是外源性甘油三酯从小肠运往全身的主要形式。其特点是含有大量脂肪（约占 90%）而蛋白质含量很少。小肠黏膜细胞能将食物中消化吸收的脂质再重新合成脂肪，连同磷脂、胆固醇、Apo B48 及少量的 Apo A I、Apo A II、A IV 等形成新生的 CM。新生的 CM 经淋巴系统进入血液循环后，能是从 HDL 获得 apo C 及 apo E，并将部分 apo A I、apo A II 和 apo A IV 转移给 HDL，形成成熟的 CM。当 CM 随血流通过心肌、骨骼肌及脂肪等组织时，apo C II 能够激活组织毛细血管内皮细胞表面的脂蛋白脂肪酶（lipoprotein lipase，LPL）。在 LPL 的作用下，CM 中的甘油三酯逐渐被降解，形成 CM 残余颗粒，最终被肝细胞摄取利用。正常人 CM 代谢迅速，半衰期仅为 5～15 min，因此空腹 12～14 h，血浆中不含 CM。

（二）极低密度脂蛋白的代谢

极低密度脂蛋白（VLDL）主要由肝细胞合成，肝细胞可以利用葡萄糖为原料合成甘油三酯，也可利用食物中的脂肪酸或脂肪组织动员的脂肪酸合成甘油三酯，然后再合成 VLDL 分泌入血。因此，VLDL 是内源性甘油三酯由肝运至全身的主要形式。肝细胞合成甘油三酯，并与磷脂和胆固醇及 apo B100 等合成 VLDL。进入血液循环后 VLDL 的代谢与 CM 非常相似，激活 LPL，在 LPL 的作用下，VLDL 中的甘油三酯逐渐被降解，将 apo C 转移给 HDL，而 apo B100 和 apo E 含量的相对增加，VLDL 转变为 IDL。一部分 IDL 与肝细胞膜上的 apoE 受体结合后被肝细胞摄取利用，另一部分 IDL 转变为 LDL。正常人血浆中 VLDL 的半衰期为 6～12h。

（三）低密度脂蛋白的代谢

低密度脂蛋白（LDL）是由 VLDL 在血浆中转变而来的，是转运肝合成的内源性胆固醇的主要形式，正常人空腹血浆脂蛋白主要是 LDL，可占到血浆脂蛋白总量的 2/3。LDL

在体内的代谢有两条途径：一条是 LDL 受体途径，如图 5-7 所示；另一条是由清除细胞即单核吞噬细胞系的巨噬细胞清除，其中以 LDL 受体途径为主，大约 2/3 的 LDL 由 LDL 受体途径降解，1/3 的 LDL 由清除细胞清除。正常人血浆中 LDL 半衰期为 2～4 d。

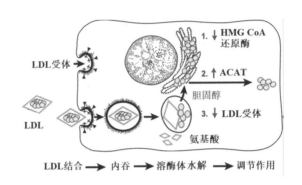

图 5-7　LDL 受体代谢途径

（四）高密度脂蛋白的代谢

高密度脂蛋白（HDL）主要由肝细胞合成，也可由小肠合成。HDL 根据密度可分为 HDL_1、HDL_2、HDL_3，正常人外周血中主要含有 HDL_2 和 HDL_3。HDL 可将胆固醇从外周组织转运到肝脏进行代谢，这一过程称为胆固醇的逆向转运（reverse cholesterol transport，RCT），亦即 HDL 是逆向转运胆固醇的主要形式。胆固醇的逆向转运可以分为以下几个阶段。

（1）胆固醇从外周组织（包括动物平滑肌细胞、巨噬细胞等）移出至 HDL。肝细胞利用载脂蛋白、磷脂及少量胆固醇合成圆盘状的新生 HDL 后分泌入血，这种新生 HDL 移动至细胞间液中，成为外周组织移出的胆固醇不可缺失的接受体。在这一过程中，各外周细胞的胞膜上的 ATP 结合盒转运蛋白 A1（ATP-binding cassette transporter A1，ABCA1），也称为胆固醇流出调节蛋白（cholesterol-efflux regulatory protein，CERP），介导外周细胞内胆固醇和磷脂的外移，在 RCT 过程中发挥着重要的作用。

（2）新生 HDL 接受外周细胞的游离胆固醇（free cholesterol，FC）。开始时 FC 分布在新生 HDL 表面，在血浆卵磷脂胆固醇脂酰转移酶（lecithin cholesterol acyl transferase，LCAT）的催化下，HDL 表面卵磷脂的第 2 位脂酰基转移至胆固醇第 3 位羟基生成溶血磷脂及胆固醇酯（cholesterol ester，CE）。即表面的 FC 在 LCAT 的催化下生成 CE，CE 随即进入新生 HDL 内核，表面可以继续接受外周细胞移出的 FC。这个过程反复进行，新生 HDL 内核中 CE 不断增加，并伴随 apoC 和 apo E 的转移，新生的 HDL 转变为成熟的 HDL，形状也由原来的圆盘形逐渐变成单脂层的球状 HDL。首先形成密度较大、颗粒较小的成熟 HDL——HDL_3。随后，进一步形成密度更小、颗粒更大的成熟 HDL——HDL_2。在高胆固醇膳食后，HDL_2 还可以进一步转变成 HDL_1。

（3）成熟的 HDL 携带胆固醇被肝细胞膜上的 HDL 受体识别后被肝细胞摄取，胆固醇可用于合成胆汁酸或直接通过胆汁排出体外。

机体通过胆固醇的逆向转运将外周组织中衰老细胞膜中的胆固醇转运至肝，帮助清除血管壁在内的外周组织中多余的胆固醇，最终在肝脏将胆固醇转化为胆汁酸后排出体外。这对防止因胆固醇积聚导致的动脉粥样硬化有重要作用。正常人血浆中 HDL 半衰期为 3～5 d。

第七节 脂质代谢紊乱

脂质代谢紊乱是指先天性或获得性因素造成的血液及其他组织器官中脂质及其代谢产物质和量的异常。脂质代谢受遗传、神经体液、激素、酶及肝脏等组织器官的调节。当这些因素出现异常时，可造成脂质代谢紊乱和有关器官的病理生理变化，如高脂蛋白血症、低脂蛋白血症、脂质贮积病、肥胖症、酮症酸中毒、脂肪肝和新生儿硬肿症等。

一、高脂血症

正常时，血浆脂质水平处于动态平衡，能保持在一个稳定的范围。如在空腹时血浆中的脂质有一类或几类浓度高于正常参考值上限的现象，则称为高脂血症（hyperlipidemia）。因血脂是以脂蛋白的形式存在，所以也称为高脂蛋白血症。正常人上限标准因地区、膳食、年龄、劳动状况、职业及测定方法不同而有差异。一般以成人空腹 12～14 h 血甘油三酯超过 2.26 mmol/L（200 mg/dL），血总胆固醇超过 6.21 mmol/L（240 mg/dL），儿童血总胆固醇超过 4.14 mmol/L（160 mg/dl），为高脂血症标准。传统上高脂血症分为六型，各型高脂血症中血浆脂蛋白及脂质含量变化如表 5-4 所示。

表 5-4 高脂蛋白血症分型

分 型	病 名	流行度	血脂变化	病 因
Ⅰ	家族性高 CM 血症	极罕见	CM↑ TG↑↑↑ Ch↑	LPL 或 ApoCⅡ遗传缺陷
Ⅱa	家族性高胆固醇血症	常见	LDL↑Ch↑↑	ApoB100、E 受体功能缺陷
Ⅱb		常见	LDL VLDL↑Ch↑↑ TG↑↑	VLD 及 ApoB100、E 合成↑
Ⅲ	家族性异常β脂蛋白血症	不常见	LDL↑ Ch↑↑ TG↑↑	ApoE 异常，干扰 CM
Ⅳ	高前β脂蛋白血症	很常见	VLDL↑ TG↑↑	VLDL 合成↑或降解↓
Ⅴ	混合性高 TG 血症	少见	CM VLDL↑TG↑↑↑ Ch↑	LPL 或 ApoCⅡ缺陷

按发病原因高脂蛋白血症可分为原发性高脂蛋白血症和继发性高脂蛋白血症。原发性高脂蛋白血症是原因不明的高脂血症，已证明有些是遗传性缺陷所致。如 LDL 受体的先天缺陷是家族型高胆固醇血症的主要原因，因为 LDL 不能被正常代谢，血中胆固醇浓度随之升高。而继发性高脂蛋白血症是继发于控制不良的糖尿病、甲状腺功能减退症，以及肝、

肾病变引起的脂蛋白代谢紊乱，也多见于肥胖、酗酒等。

研究表明，动脉粥样硬化（AS）的发生发展过程与血浆脂蛋白代谢密切相关。血浆中 LDL 水平升高往往与动脉粥样硬化的发病率呈正相关。而血浆中 HDL 的浓度与动脉粥样硬化的发生呈负相关。

二、低脂蛋白血症

低脂蛋白血症（hypolipidemia）是指血浆中脂蛋白浓度低于正常值。目前对于低脂蛋白血症时血脂水平还没有一个统一明确的标准，临床上一般认为血总胆固醇低于 3.10 mmol/L（120 mg/dL），为低脂血症。

按发病原因低脂蛋白血症可分为原发性低脂蛋白血症和继发性低脂蛋白血症。原发性低脂蛋白血症主要是遗传性缺陷所致。继发性低脂蛋白血症影响因素很多，其主要发生机制如下：

（1）脂质摄入不足。多见于饥饿、疾病等引起的长期慢性营养不良；不正确节食、长时期素食等导致的脂质消化与吸收不良等。

（2）脂质代谢增强。多见于贫血、甲状腺功能亢进、恶性肿瘤等。

（3）脂质合成减少。多见于严重的肝病。

（4）脂蛋白相关基因缺陷。常见的有 ABCA1 基因、apo B 基因和 PCAK9 基因突变等。

三、脂质贮积病

脂质贮积病（lipid storage diseases）是由于脂质代谢的某些先天性障碍，脂质（包括糖脂）在血和组织中不正常堆积，临床种类甚多，表现各异，常累及神经系统，而表现为脱髓鞘疾病，也称脂质沉积病。多为常染色体隐性遗传。

四、肥胖症

肥胖症（obesity）分单纯性和继发性两类。单纯性肥胖指无明显内分泌代谢疾病的肥胖。继发性肥胖主要为神经内分泌疾病所致。神经内分泌对代谢有重要调节作用：①下丘脑有调节食欲的中枢，中枢神经系统炎症后遗症、创伤、肿瘤等均可引起下丘脑功能异常，使食欲旺盛而造成肥胖。②胰岛素分泌增多，如早期非胰岛素依赖型糖尿病患者注射过多胰岛素，致高胰岛素血症；胰岛 β 细胞瘤分泌过多的胰岛素，这都使脂肪合成增加，引起肥胖。③垂体功能低下、减退，特别是促性腺激素及促甲状腺激素减少引起性腺及甲状腺功能低下时，可发生肥胖症。④经产妇或口服女性避孕药者易发生肥胖，这提示雌激素有促进脂肪合成的作用。⑤皮质醇增多症常伴有向心性肥胖。⑥甲状腺功能减退。这里由于代谢率低下、脂肪堆积，且伴黏液水肿。⑦性腺低下也可肥胖，如肥胖性生殖无能症（脑性肥胖症，弗洛利克氏综合征，外伤、脑炎、垂体瘤、颅咽管瘤等损伤下丘脑所致，表现为向心性肥胖、伴尿崩症及性发育迟缓）。

五、酮症酸中毒

乙酰乙酸、β-羟丁酸和丙酮总称酮体。肝外组织氧化酮体的速度很快，能及时除去血中的酮体。但在患糖尿病时，由于胰岛素绝对或相对缺乏，胰高血糖素及血中其他抗胰岛素作用物质——儿茶酚胺、皮质醇、生长激素等水平升高，脂肪分解剧增，肝脏形成大量酮体，肝外组织清除酮体能力下降，则可发生酮症，甚至发生酸中毒。饥饿可引起饥饿性酮症，这是由于较多的脂肪分解所致。

六、脂肪肝

肝脏在脂质代谢中起着特别重要的作用，它能合成脂蛋白，有利于脂质运输，也是脂肪酸氧化和酮体形成的主要场所。正常时肝含脂质量不多，约为4%，其中主要是磷脂。若肝脏不能及时将脂肪运出，脂肪在肝细胞中堆积，即形成脂肪肝。长期在肝脏堆积的脂肪，可影响肝细胞功能、破坏肝细胞，使结缔组织增生，造成肝硬化。

七、新生儿硬肿症

新生儿硬肿症（neonatal scleroderma）是指新生儿缺乏使饱和脂肪酸变成不饱和脂肪酸的酶，故其皮下脂肪组织中饱和脂肪酸含量较成人多。饱和脂肪酸熔点较高，在温度低时容易凝固。新生儿尤其是早产、窒息并感染的新生儿，在体温过低（31～35 ℃，尤其在寒冷季节）时可出现皮下组织变硬，伴水肿，并见哭声低弱、吸奶差、全身冰冷、脉弱、呼吸困难。

小　　结

（1）脂质的共同特点是不溶于水。脂质分为脂肪（甘油三酯）、磷脂、糖脂、胆固醇及胆固醇酯等。它们各自的生理功能是什么？明确这些脂质在组织细胞内的分布有助于我们的理解和记忆。

（2）食物中的脂质主要在小肠消化和吸收。但是，消化产物可以通过不同的途径重新合成甘油三酯。请问有哪些途径？分别发生在哪些细胞之中？

（3）脂肪动员是指储存在脂肪组织的甘油三酯逐步水解为脂肪酸和甘油的过程。请问哪些酶参与其中？这些酶促反应分别发生在哪些亚细胞部位呢？

（4）酮体包括乙酰乙酸、β-羟丁酸和丙酮。肝合成酮体的生理意义是什么？

（5）人体脂肪酸主要在肝合成。合成16碳的软脂酸的关键酶是什么？更长碳链脂肪酸以及单不饱和脂肪酸的合成是通过对软脂酸加工、延长完成的。人体不能合成多不饱和脂肪酸，只能从食物摄取。请问哪些脂肪酸是营养必需脂肪酸？

（6）胆固醇合成的限速酶是什么？在体内胆固醇可转化成哪些活性物质？

（7）血浆脂蛋白是血液中脂质的运输方式。采用超速离心法可将血浆脂蛋白分为哪些血浆脂蛋白？它们的主要生理功能是什么？

（8）脂质代谢受遗传、神经体液、激素、酶以及肝脏等组织器官的调节。常见的与脂质代谢紊乱相关的疾病有哪些？

测试题

1. 在血液中，脂肪酸与下列哪种物质结合运输？（　　）
 A. 载脂蛋白　　　　B. 清蛋白　　　　C. 球蛋白　　　　D. 脂蛋白　E. 磷脂
2. 在下列血浆脂蛋白中，密度最高的是（　　）。
 A. α-脂蛋白　　　B. β-脂蛋白　　　C. 前β-脂蛋白　　D. 乳糜微粒　E. IDL
3. 在下列血浆脂蛋白中，密度最低的是（　　）。
 A. HDL　　　　　B. IDL　　　　　　C. LDL　　　　　D. VLDL
 E. CM
4. 在下列血浆脂蛋白中，能将肝外胆固醇向肝内运输的脂蛋白是（　　）。
 A. CM　　　　　　　　　　　　　B. VLDL（前β-脂蛋白）
 C. IDL　　　　　　　　　　　　　D. LDL（β-脂蛋白）
 E. HDL（α-脂蛋白）
5. 在下列血浆脂蛋白中，胆固醇含量最高的脂蛋白是（　　）。
 A. 乳糜微粒　　　B. 低密度脂蛋白　　C. 高密度脂蛋白　　D. 极低密度脂蛋白
 E. 中间密度脂蛋白
6. 在下列血浆脂蛋白中，血浆脂蛋白中主要负责运输内源性甘油三酯的是（　　）。
 A. CM　　　　　B. VLDL　　　　C. IDL　　　　　D. LDL
 E. HDL
7. 在人体内，催化储存的甘油三酯水解的脂肪酶是（　　）。
 A. 激素敏感性脂肪酶　　　　　　　B. 脂蛋白脂肪酶
 C. 肝脂酶　　　　　　　　　　　　D. 胰脂酶
 E. 组织脂肪酶
8. 在下列脂肪酸中，属鱼营养必需脂肪酸的是（　　）。
 A. 软油酸　　　B. 油酸　　　　C. 亚油酸　　　　D. 硬脂酸　E. 软脂酸
9. 机体内，合成酮体的关键酶是（　　）。
 A. HMG 合成酶　　B. HMG 裂解酶　　C. HMG CoA 合成酶　　D. HMG CoA 裂解酶
 E. HMG CoA 还原酶
10. 机体内，合成胆固醇的限速酶是（　　）。
 A. HMGCoA 合成酶　B. HMGCoA 裂解酶　C. HMGCoA 还原酶　D. 肉碱脂酰转移酶 I
 E. 乙酰 CoA 羧化酶
11. 下列化合物中，不属于胆固醇转化产物的是（　　）。
 A. 胆红素　　　　B. 胆汁酸　　　C. 醛固酮　　　　D. $VitD_3$
 E. 雌激素

（王青松　江朝娜）

第六章 氨基酸代谢

蛋白质是一切生命的物质基础，是机体细胞的重要组成部分，是人体组织更新和修补的主要原料。蛋白质在体内主要参与以下功能：①合成人体组织蛋白质。如胶原蛋白构成皮肤、骨骼等的支架；角质蛋白构成头发。②构成机体多种重要生理作用的物质，参与调节机体的各种生理功能。如酶参与体内各种物质的代谢；激素调节物质的代谢和外界信号的传递；抗体参与机体免疫作用；载体蛋白参与体内物质的运输和交换。③供给能量。正常情况下，人体每日消耗的能量约有12%～18%来源于蛋白质，该功能可以被糖或者脂类所代替。

蛋白质代谢包括合成代谢和分解代谢两方面，本章重点论述分解代谢。蛋白质在体内分解成氨基酸而后再进一步代谢。氨基酸是蛋白质的基本组成单位，与脂肪和碳水化合物不同，氨基酸不被人体储存。其主要的生理功能是用于合成机体所需的蛋白质。对于正常成年人，体内的蛋白质处于不断合成与分解的动态平衡。因此，任何超过细胞生物合成需要的氨基酸都是迅速分解氧化供能。在动物体内，氨基酸在三种不同的环境中发生氧化降解：①在机体内蛋白质的正常降解过程中会释放一些氨基酸，这些氨基酸并不能完全被利用合成蛋白质，其不能利用部分就氧化分解。②当饮食中富含蛋白质并且摄入的氨基酸超过机体对蛋白质合成的需要，多余的被分解代谢。③在饥饿或不受控制的糖尿病中，当碳水化合物不可用或未正确利用，细胞蛋白质被分解成氨基酸。

第一节　蛋白质营养价值评价

一、蛋白质营养价值评价

对于食物蛋白质营养价值的评价是以机体需要为根本的，满足机体需要的食物用量减少，这种食物的营养价值就高，反之就低。蛋白质的营养价值主要由下列指标来评价：

（一）蛋白质的含量

一种食物中蛋白质的含量越高，相对的其营养价值就越高。虽然含量不完全等同于质量，但没有一定的含量，再好的营养价值也有限。不同的食物中蛋白质的含量也不同。动物性食物蛋白质含量高于植物性的食物。粮谷类食物高于蔬菜类食物。常见蛋白质的含量如表6-1所示。

表6-1　常见蛋白质的含量

食物	蛋白质（%）
全鸡蛋	11.8
全牛奶	3.5
鱼	19.0
牛肉	18.0
瘦猪肉	17.0

(续表6-1)

食物	蛋白质（%）
鸡肉	20.0
大豆	35.0
全麦	12.0
大米	8.0
土豆	2.0

食物中的蛋白质的含量，可以采用凯氏定氮法来测量。大多数的蛋白质，含氮量约为16%，因此，食物蛋白含量＝食物含氮量×6.25。

（二）蛋白质的消化率

蛋白质的消化率是指吸收入血液循环中的氨基酸占摄入的蛋白质的比例，比例越高食物的营养价值越高，反之越低。蛋白质的消化率受人体和食物等多种因素的影响，前者如全身状态、消化功能、精神情绪、饮食习惯和对该食物感官状态是否适应等；后者如蛋白质在食物中存在形式、结构、食物纤维素含量、烹调加工方式、共同进食的其他食物的影响等。动物性蛋白质的消化率比植物性的高。如鸡蛋和牛奶蛋白质的消化率分别为99%和97%，而小麦和绿叶蔬菜蛋白质的消化率分别为91%和85%。这是因为植物蛋白质被纤维素包围不易被消化酶作用。经过加工烹调后，包裹植物蛋白质的纤维素可被去除、破坏或软化，可以提高其蛋白质的消化率。如食用整粒大豆时，其蛋白质消化率仅约60%，若将其加工成豆腐，则可提高到90%。表6-2列出部分常见食物的消化率。

表6-2　部分常见食物的消化率

食物	消化率（%）
全鸡蛋	99
全牛奶	97
鱼	98
大豆	60
豆腐	90
花生	87
绿叶菜	85
全玉米	90
土豆	89
精大米	98

（三）必需氨基酸

组成人体蛋白质的氨基酸有20多种，氨基酸从营养价值上来说可以分为两类：必需氨基酸（essential amino acid）和非必需氨基酸（non-essential amino acid）。必需氨基酸是指人体不能合成或合成速度远不能适应机体需要，必须由食物蛋白质供给的氨基酸。对成人而言，必需氨基酸有9种，即赖氨酸、色氨酸、苯丙氨酸、甲硫氨酸、苏氨酸、异亮氨酸、亮氨酸、缬氨酸和组氨酸。通常认为，含有必需氨基酸种类和含量、比例越接近人体蛋白质的食物，其营养价值越高。不同食物蛋白质通过混合食用，必需氨基酸可以相互补充而增加营养价值，称为食物蛋白质的互补作用。如肉类和大豆蛋白可弥补米面蛋白质中赖氨酸的不足，米面蛋白可弥补豆类食品中甲硫氨酸的不足。

（四）蛋白质消化率校正氨基酸评分

蛋白质消化率校正氨基酸评分（protein digestibility corrected amino acid score，PDCAAS）是一种蛋白质质量的评价指标，通过衡量蛋白质的消化率以及其是否能够满足人体氨基酸需求而对不同的蛋白质进行评分。1993年，美国食品与药品管理局、联合国粮农组织及世界卫生组织开始将PDCAAS作为首选的蛋白质质量评价标准。表6-3列出几种食物蛋白质的PDCAAS。在计算PDCAAS时，任何高于1.0的记分均计为1.0。因为过多的氨基酸不能被身体作为氨基酸来利用，所以其在营养上没有绝对益处。PDCAAS高于1.0的蛋白质都是能满足人体必需氨基酸需要量的高质量蛋白质。PDCAAS低于1.0的低质量蛋白质的氨基酸组分不能满足2~5岁儿童对氨基酸的需要量，其消化率也较低。

表6-3 几种食物蛋白质的 PDCAAS

食物蛋白	PDCAAS
酪蛋白	1.00
鸡肉蛋白	1.00
大豆分离蛋白	0.99
牛肉	0.92
燕麦粉	0.57
花生粉	0.52
全麦	0.40

二、氮平衡

氮平衡（nitrogen balance）是研究蛋白质代谢的一个重要指标。该指标反映机体摄入氮和排出氮之间的关系，用于衡量蛋白质在体内的代谢情况和人体的生长营养情况。摄入氮是指机体摄入食物的含氮量，而排出氮包含尿氮、粪氮和皮肤排出氮。氮平衡有以下三种情况：

（一）氮总平衡

摄入氮=排出氮，体内的蛋白质的合成等于分解，反映正常成年人的代谢状况。

（二）氮正平衡

摄入氮>排出氮，摄入的蛋白质多于排出的蛋白质，体内的蛋白质合成增加，反映儿童、孕妇等人群的代谢状况。

（三）氮负平衡

摄入氮＜排出氮，摄入的蛋白质少于排出的蛋白质，体内的蛋白质有部分被分解，反映营养不良、慢性结肠炎、肿瘤等人群的代谢状况。

三、蛋白质的需要量

人体对蛋白质的需要量和性别、年龄、体重、职业等有关。根据氮平衡实验计算，在不进食蛋白质时，体重为 60 kg 的成人蛋白质每日最低分解量约为 20 g。由于食物蛋白质和人体蛋白质组成的差异，食物蛋白质不能全部被利用，成人每日蛋白质最低生理需要量为 30～50 g。要长期保持氮量总平衡，我国营养学会根据我国实际，提出成人每日蛋白质供给量为 80 g。

第二节　蛋白质的消化、吸收与腐败作用

一、蛋白质的消化

各种生物体具有其特异的蛋白质，必须经过消化过程，水解成氨基酸及小肽，消除种属特异性才能被利用。蛋白质消化过程实质是一系列酶促过程，由于唾液中不含水解蛋白质的酶，所以食物蛋白质的消化从胃开始，但主要在小肠。

（一）胃的消化

胃内消化蛋白质的酶是胃蛋白酶（pepsin）。胃蛋白酶是由胃黏膜主细胞合成并分泌的胃蛋白酶原（pepsinogen）经胃酸激活而生成的；胃蛋白酶也能自身激活胃蛋白酶原生成新的胃蛋白酶。胃蛋白酶是胃内最重要的消化酶，也是人胃液中仅有的蛋白水解酶，其最适宜作用的 pH 为 1.5～2.5，胃蛋白酶消化的最重要的特点是能够消化胶原蛋白，胶原是肉类食物细胞间连接的主要成分，是一种不易被其他消化酶所影响的纤维蛋白。胃蛋白酶的专一性较差，除不能水解黏液蛋白外，能将各种水溶性蛋白质都水解成多肽。它主要水解由苯丙氨酸、酪氨酸及亮氨酸残基组成的肽键，从而生成大小不等、分子量较小的多肽。食物中的蛋白质只有 10%～20% 在胃中被转化成胨间质、蛋白胨和少量多肽。胃蛋白酶对乳中的酪蛋白（casein）有凝乳作用，这对婴儿较为重要，因为乳液凝成乳块后在胃中停留时间延长，有利于充分消化。

（二）小肠中的消化

小肠是蛋白质消化的主要部位。食物蛋白质在胃内消化不完全，停留的时间也短，消化产物及未被消化的蛋白质在小肠内经胰液和小肠黏膜细胞分泌的多种蛋白酶的共同作用，进一步水解。小肠内发挥作用的蛋白酶基本上分为两大类，即内肽酶（endopeptidase）和外肽酶（exopeptidase）。内肽酶可以特异地水解蛋白质内部的一些肽键，而外肽酶则特异地水解蛋白质或多肽末端的肽键。内肽酶包括胰蛋白酶、糜蛋白酶和弹性蛋白

物质与能量代谢

酶,这些酶对不同氨基酸残基组成的肽键有一定的专一性(见表6-4)。

表6-4 不同酶作用肽键的偏好

酶		其作用肽键的 R 基团的偏好
胃蛋白酶		芳香族氨基酸、甲硫氨酸和亮氨酸(NH_2和COOH端)
内肽酶	胰蛋白酶	赖氨酸和精氨酸的碱性氨基酸(COOH端)
	糜蛋白酶	芳香族氨基酸和疏水氨基酸(COOH端)
	弹性蛋白酶	丙氨酸、甘氨酸、丝氨酸等脂肪族氨基酸(COOH端)
外肽酶	羧肽酶 A	芳香族、中性脂肪族氨基酸
	羧肽酶 B	碱性氨基酸
	氨肽酶	具有严格的底物特异性的氨肽酶,水解大部分氨基酸,按照其最适底物命名。如脯氨酸氨肽酶、亮氨酸氨肽酶

胰蛋白酶和糜蛋白酶能将蛋白质分子裂解为小的多肽,羧肽酶能将多肽羧基末端的单个氨基酸水解,而弹性蛋白酶可消化肉类食物中的弹性纤维。在这个阶段仅有很小的一部分蛋白质能被水解成单个氨基酸,部分被消化成二肽、三肽甚至更大的肽。蛋白消化的最后阶段是在小肠肠腔内由分布在肠绒毛的肠上皮细胞完成。小肠上皮细胞的纹状缘有成千上万的微绒毛突向肠腔,每个微绒毛的表面都含有多种肽酶,以氨肽酶和几种二肽酶最为重要。它们能将较大的多肽裂解为三肽、二肽甚至单个氨基酸,从而使之更容易被转运进入微绒毛的肠上皮细胞内。这些酶在胰腺细胞中以酶原的形式存在,分泌到肠道后受到肠激酶的作用被迅速激活(见图6-1)。由于胰液中各种蛋白酶均以酶原的形式存在,同时胰液中又存在胰蛋白酶抑制剂,可以保护胰腺组织免受蛋白酶的自身消化。如果胰蛋白酶原被异常因素激活,进而激活其他消化酶,就会引起急性胰腺炎,其中有5%~20%会转变成急性重症胰腺炎。

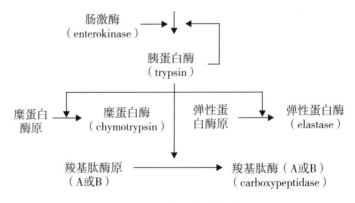

图6-1 肠道中酶原的激活

二、蛋白质消化产物的吸收

（一）氨基酸的吸收

小肠黏膜细胞膜上存在转运氨基酸的载体蛋白（carrier protein），能与氨基酸及 Na^+ 形成三联体，将氨基酸和 Na^+ 转运入细胞，之后 Na^+ 借助钠泵被排出细胞外，此过程需要消耗 ATP。由于氨基酸结构的差异，转运氨基酸的载体蛋白也不相同。目前已知体内至少有 5 种载体蛋白参与氨基酸转运。这些载体蛋白又被称为转运蛋白（transporter），包括中性氨基酸转运蛋白、酸性氨基酸转运蛋白、碱性氨基酸转运蛋白、亚氨基酸转运蛋白、β-氨基酸转运蛋白。氨基酸通过转运蛋白的吸收过程不仅存在于小肠上皮黏膜细胞，也存在于肾小管细胞和肌细胞等细胞膜上。

（二）寡肽的吸收

寡肽通过转运载体的转运被吸收。寡肽转运载体 POT 家族包含 PepT1、PepT2、PHT1 和 PHT2 四个成员，负责大多数二肽、三肽及其类似药物的转运。其中 PepT1 主要在消化道表达，PepT2 在很多器官中都有表达，包括肾脏、大脑、眼睛、乳腺等。首先，小肠上皮细胞基底膜 Na^+/K^+-ATPase 通过 Na^+/K^+ 交换，向细胞外泵出 Na^+；进而产生细胞内外的 Na^+ 浓度梯度；然后，细胞内低 Na^+ 浓度驱动位于细胞顶膜侧的 Na^+/H^+ 交换转运蛋白并将 H^+ 转运至细胞外；随着细胞外的 H^+ 浓度上升，进而细胞内外产生 H^+ 浓度差和负的膜电位，由此 PepT1 转运体即利用 H^+ 浓度差和负的膜电位提供的能量将二肽、三肽或药物转运至细胞内（见图 6-2）。食物蛋白质经过胃和小肠的消化吸收后，消化终产物 99% 都是氨基酸，只有极少部分是寡肽（见图 6-3）。

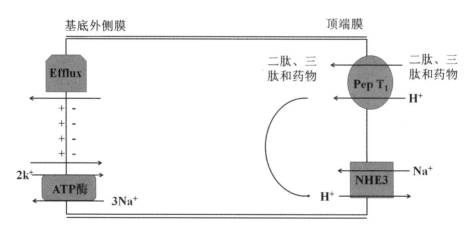

图 6-2　PepT1 转运机制

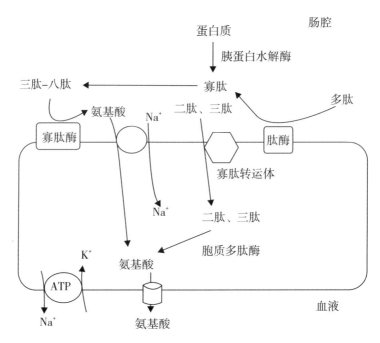

图 6-3 蛋白质消化吸收过程

三、未消化吸收的蛋白质在结肠下段发生腐败作用

食物中的蛋白质大部分被消化并吸收，未被消化的蛋白质及未被吸收的消化产物在结肠下部受到肠道细菌的分解，称为蛋白质的腐败作用（putrefaction）。腐败作用以无氧分解为主，包括水解、氧化、还原、脱羧、脱氨、脱硫基等。实际上，腐败作用是肠道细菌本身的代谢过程，腐败作用的某些产物对人体具有一定的营养作用，如维生素及脂肪酸等。但大多数产物对人体是有害的，例如胺类（amine）、氨（ammonia）、酚类（phenol）、吲哚（indole）及硫化氢等，生成的腐败产物主要随粪便排出体外，也有少量经门静脉吸收进入体内，大多在肝部经过生物转化作用后排出体外。

（一）肠道细菌通过脱羧基作用产生胺类

未被消化的蛋白质经肠道细菌蛋白酶的作用可水解生成氨基酸，然后在细菌氨基酸脱羧酶的作用下，氨基酸脱去羧基生成胺类物质。如组氨酸、赖氨酸、色氨酸、酪氨酸及苯丙氨酸通过脱羧基产生组胺、尸胺、5-羟色胺、酪胺和苯乙胺。这些腐败产物大多具有毒性。这些毒性物质如果经门静脉进入体内，通常经肝单胺氧化酶排出体外。但在肝功能受损时，酪胺和苯乙胺不能在肝内及时转化，极易进入脑组织，分别转化为 β-羟酪胺和苯乙醇胺。因其结构类似于正常神经递质——去甲肾上腺素和多巴胺，又不能正常地传递冲动，故被称为假神经递质（false neurotransmitter）。β-羟酪胺和苯乙醇胺增多，能被神经末梢所摄取和储存，但其被释放后的生理效用弱于去甲肾上腺素和多巴胺，使得上行激动系统的神经冲动传递发生障碍，大脑皮质兴奋冲动受阻，大脑功能发生抑制，出现意识障碍甚至昏迷。此外，因黑质-纹状体中抑制性递质多巴胺被假神经递质取代，使乙酰胆

碱的作用占优势，从而出现扑翼样震颤。这可能是肝性脑病发生的原因之一（假神经递质学说）。（见图6-4）

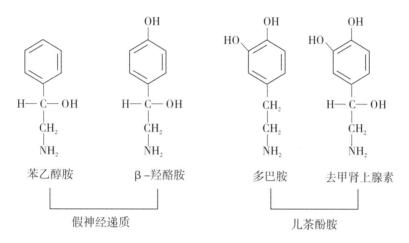

图6-4 假神经递质和神经递质的结构

（二）肠道细菌通过脱氨基作用产生氨

未被吸收的氨基酸在肠道细菌的作用下，通过脱氨基作用可以生成氨，这是肠道氨的重要来源之一。另一来源是血液中的尿素渗入肠道，经肠菌尿素酶的水解而生成氨。这些氨均可被吸收进入血液，最终在肝中合成尿素。对肝硬化病人进行灌肠时使用弱酸性溶液能降低肠道的pH，酸化肠道内容物，可减少氨的吸收。对肝性脑病患者使用抗生素，抑制肠道产尿素酶的细菌，达到降低血氨目的。（见图6-5）

$$R-CH(NH_2)-COOH \xrightarrow[+2H]{\text{肠菌}} R-CH_2-COOH + NH_3$$

$$H_2N-CO-NH_2 \xrightarrow[+H_2O]{\text{肠菌}} CO_2 + 2NH_3$$

图6-5 肠道细菌的产氨

（三）腐败作用产生其他有害物质

除了胺类和氨以外，蛋白质通过脱氨基还可产生其他有害物质，如苯酚、吲哚、硫化氢等。正常情况下，上述有害物质大部分随粪便排出，只有小部分被吸收，并经肝的代谢转变消除毒性，故不会发生中毒现象。

第三节 组织蛋白质的降解

成人体内的蛋白质每天有1%~2%被降解，其中主要是骨骼肌中的蛋白质。蛋白质降解所产生的氨基酸有 70%～80% 又被重新利用合成新的蛋白质。

一、蛋白质以不同的速率进行降解

不同蛋白质的降解速率不同。蛋白质的降解速率是随生理需要而不断变化的，若以较高的平均速率降解，标志着该组织正在进行主要结构的重建，如严重饥饿造成的骨骼肌蛋白质的降解速率增加。蛋白质降解的速率用半寿期（half-life，$t_{1/2}$）表示，半寿期是指将其浓度减少到开始值 50% 所需要的时间。肝中大部分蛋白质的 $t_{1/2}$ 为 1～8 d。人血浆蛋白质的 $t_{1/2}$ 约为 10 d，结缔组织中一些蛋白质的 $t_{1/2}$ 可达 180 d 以上，体内许多关键酶的 $t_{1/2}$ 都很短，如胆固醇合成关键酶 HMG-CoA 还原酶的 $t_{1/2}$ 为 0.5～2 h，鸟氨酸脱羧酶的 $t_{1/2}$ 约为 11 min。为了满足生理需要，关键酶的降解既可加速亦可滞后，从而通过改变酶的含量，进一步改变代谢产物的流量和浓度。

二、真核细胞内蛋白质的降解有两条重要途径

细胞内蛋白质的降解也是通过一系列蛋白酶和肽酶催化完成的。目前，蛋白质的降解主要通过两种途径：不依赖 ATP 的溶酶体降解途径和依赖 ATP 的泛素介导的蛋白酶体降解途径。

（一）不依赖 ATP 的溶酶体途径

溶酶体单层膜包被，内有 60 余种酸性水解酶，包括蛋白酶、核酸酶、磷酸酶、糖苷酶、脂肪酶、磷酸酯酶及硫酸脂酶等。溶酶体内的 pH 为 3.5～5.5，溶酶体内的酸性环境是依靠膜上的特殊转运蛋白（H 泵）来维持的。酶的最适 pH 为酸性，这种情况可以抵制偶然的溶酶体渗漏，从而保护了细胞。使用溶酶体阻断剂曾模拟证明上述过程的存在，如抗疟药物——氯代奎宁。这是一种弱碱，可以以不带电荷的形式随意穿透溶酶体，在溶酶体中累积增高了溶酶体内部的 pH，并进一步阻碍了溶酶体的供能。溶酶体对蛋白质的选择性较差，主要降解细胞外来的蛋白质、膜蛋白和胞内长寿蛋白质。蛋白质通过此途径降解，不需要消耗 ATP。许多正常的和病理的活动经常伴随溶酶体活性的升高。糖尿病会刺激溶酶体的蛋白质分解；肌肉损毁也可引起溶酶体活性升高。创伤如产后子宫萎缩，此时子宫这个肌肉器官的重量在 9 d 内由 2 kg 降到 50 g。

（二）依赖 ATP 的泛素 - 蛋白酶体途径

缺少溶酶体的网织红细胞可以选择性地降解非正常蛋白质，揭示出第二条途径的存在。实验观察到在无氧条件下蛋白质的分解受到阻断，从而发现了这里有 ATP - 依赖的蛋白质水解体系的存在。

蛋白质首先被泛素分子识别，与泛素特异结合。泛素（ubiquitin，Ub）是一种热稳定性蛋白，含有 76 个氨基酸，相对分子质量为 8.5 kDa，一级结构高度保守。人和酵母细胞中泛素分子序列比对，我们可以看到，只有 5 个氨基酸的差别（见图 6-6）。泛素分子其 N 端为蛋氨酸残基，C 端为甘氨酸残基，链中有多个赖氨酸残基（位于 6、11、27、29、33、48 和 63 位）。泛素分子中的 C 端甘氨酸残基和第 48 位的赖氨酸残基与泛素的活化、转运、靶蛋白泛素化和多聚泛素化密切相关（见图 6-7）。

人类泛素：
MQIFVKTLTGKTITLEVEPNDTIENVKAKIQDKEGIPPDQQRLIFAGKQ
LEDGRTLADYNIQKESTLHLVLRLRGG
酵母泛素：
MQIFVKTLTGKTITLEVESSDTISNVKSKIQDKEGIPPDQQRLIFAGKQ
LEDGRTLSDYNIQKESTLHLVLRLRGG

图6-6　人类和酵母的泛素分子序列对比

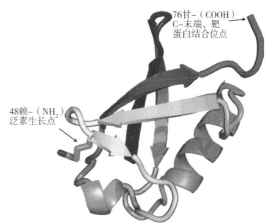

图6-7　泛素分子上的功能基团

蛋白质一旦接有泛素，称为发生泛素化（uhiquitylation）。泛素在ATP的参与下被3种酶依序催化，形成蛋白质与一条泛素聚合链相结合的复合结构，进入蛋白酶体，然后降解为肽段。具体机制如图6-8所示。

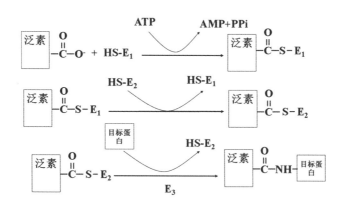

E_1：泛素激活酶　　E_2：泛素结合酶　　E_3：泛素蛋白连接酶

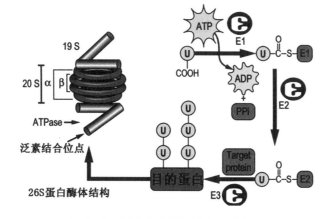

图6-8　蛋白质降解的泛素化反应

泛素活化酶（E1）催化泛素 C 端的甘氨酸（Gly）形成泛素 - 腺苷酸中间产物，然后激活的泛素 C 末端被转移到 E1 酶内的 Cys 残基的—SH 键上，形成高能硫酯键；含有高能硫酯键的泛素通过转酰基的作用使其进一步转移到泛素载体蛋白 E2 特异的 Cys 残基上，形成 E2 - 泛素巯基键；E2 - 泛素巯基键提供泛素分子，使泛素 C 端甘氨酸与底物蛋白的 Lys 残基形成共价键，由第一个泛素单体与底物蛋白内部的 Lys 残基上的氨基结合；泛素可直接从 E2 转移给底物蛋白形成泛素蛋白复合体，这些蛋白一般都是碱性蛋白（如组蛋白），而大多数情况下，底物蛋白首先与泛素连接酶 E3 特异性结合，E3 可使 E2 和底物蛋白相接近，继而蛋白底物与 E2 链接的泛素相结合，完成底物蛋白的泛素化。这一步依赖于 E3 与底物蛋白的特异性结合。靶蛋白结合一个泛素分子称为单泛素化，单泛素化只能调节靶蛋白的功能而不能使之降解。靶蛋白的降解需要进行聚泛素化。在 E3 的协助下，新活化的泛素转移到已连接在靶蛋白的泛素分子的第 48 位赖氨酸残基的 ε - 氨基上，形成聚泛素化，随即聚泛素化蛋白质复合体被 26 S 蛋白酶体降解，释放泛素单体。自 20 世纪七八十年代发现以来，泛素化修饰已经被证实是介导真核细胞内蛋白质降解的最主要的途径，它在调控蛋白质稳定性、活性及亚细胞定位等方面具有非常重要的作用。从低等到高等生物，这一修饰体系均广泛存在，其中很多酶类保守存在，在进化中具有重要的生物学功能，现在已经了解到细胞内的诸多生命活动过程都离不开泛素化修饰的精细调控，如细胞周期调控、细胞凋亡、细胞信号转导等，在机体各组织器官的稳态调节中，泛素化修饰都发挥着不可替代的功能。2004 年，诺贝尔化学奖授予了泛素化降解的 3 位发现者，就是学术界对这一修饰类型重要性的最好的认可。泛素化修饰降解的异常与肿瘤、神经退行性疾病、自身免疫病、骨质疏松症等人类疾病的发生发展密切相关。

第四节　氨基酸的一般代谢

一、外源性氨基酸与内源性氨基酸组成氨基酸代谢库

食物蛋白质经过消化吸收后，以氨基酸的形式通过血液循环运到全身的各组织。这种来源的氨基酸称为外源性氨基酸。机体各组织的蛋白质在组织酶的作用下，也不断地分解成为氨基酸，机体还能合成部分氨基酸（非必需氨基酸），这两种来源的氨基酸称为内源性氨基酸。外源性氨基酸和内源性氨基酸彼此之间没有区别，共同构成了机体的氨基酸代谢库（metabolic pool）。氨基酸代谢库通常以游离氨基酸总量计算，机体没有专一的组织器官储存氨基酸，氨基酸代谢库实际上包括细胞内液、细胞间液和血液中的氨基酸。但由于氨基酸不能自由通过细胞膜，所以氨基酸代谢库在体内的分布是不均一的。肌肉中氨基酸代谢库占了 50% 以上，血浆只有 1%～6%。肝脏蛋白质的更新速度比较快，氨基酸代谢活跃，大部分氨基酸在肝脏进行分解代谢，同时氨的解毒过程主要也在肝脏进行。支链氨基酸的分解代谢则主要在肌肉组织中进行。体内氨基酸代谢概况如图 6 - 9 示：①合成蛋白质或转变成其他的非必需氨基酸，70%～80% 的氨基酸重新用于合成蛋白质，这是最主要的去路；②合成其他的含氮化合物；③进入氨基酸的脱氨基作用，生成 α - 酮酸后进

一步转变成糖、脂类、氧化供能，脱下来的氨转变成尿素排出体外或者进入氨基酸的脱羧基作用转变成胺类化合物。

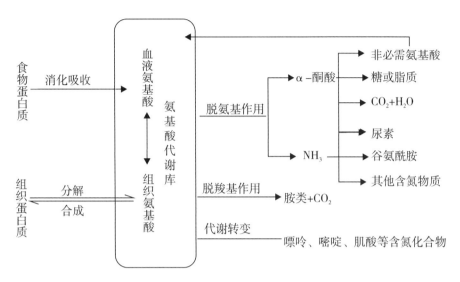

图6-9 氨基酸代谢概况

二、氨基酸脱氨基作用

脱氨基作用是指氨基酸在酶的催化下脱去氨基生成α-酮酸的过程。这是氨基酸在体内分解的主要方式。参与人体蛋白质合成的氨基酸结构不同，脱氨基的方式也不同，主要有转氨基、氧化脱氨基、联合脱氨基和非氧化脱氨基等，以联合脱氨基最为重要。

（一）转氨基作用

转氨基作用（transamination）指在转氨酶催化下将α-氨基酸的氨基转给另一个α-酮酸，生成相应的α-酮酸和一种新的α-氨基酸的过程。（见图6-10）

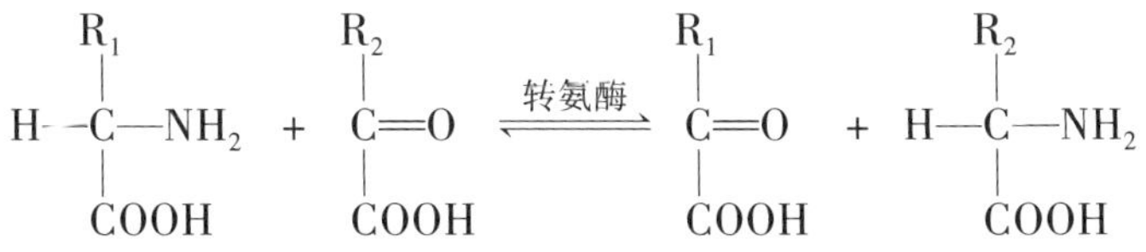

$$\text{H}-\underset{\underset{\text{COOH}}{|}}{\overset{\overset{R_1}{|}}{C}}-NH_2 + \underset{\underset{\text{COOH}}{|}}{\overset{\overset{R_2}{|}}{C}}=O \xrightleftharpoons{\text{转氨酶}} \underset{\underset{\text{COOH}}{|}}{\overset{\overset{R_1}{|}}{C}}=O + \text{H}-\underset{\underset{\text{COOH}}{|}}{\overset{\overset{R_2}{|}}{C}}-NH_2$$

图6-10 氨基酸的转氨基作用

体内绝大多数氨基酸通过转氨基作用脱氨。用 N^{15} 标记的同位素示踪实验证明，参与蛋白质合成的20种α-氨基酸中，除甘氨酸、赖氨酸、苏氨酸和脯氨酸不参加转氨基作用外，其余均可由特异的转氨酶催化参加转氨基作用。转氨基作用最重要的氨基受体是α-酮戊二酸，从其他氨基酸得到氨基转变成谷氨酸，随后将谷氨酸中的氨基转给草酰乙酸，生成α-酮戊二酸和天冬氨酸或转给丙酮酸生成α-酮戊二酸和丙氨酸，通过第二次转氨基反应，再生出α-酮戊二酸。体内有活性较强的天冬氨酸氨基转移酶（aspartate aminotransferase，AST），又称谷草转氨酸（glutamic oxaloacetic trans aminase，GOT），以及丙氨酸氨基转移酶（alanine aminotransferase，ALT），又称谷丙转氨酸（glutamic pyruvic transaminase，GPT）。

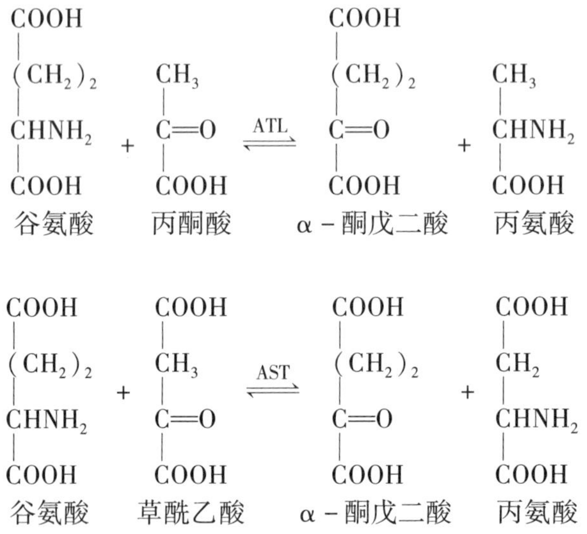

$$\underset{\text{谷氨酸}}{\begin{array}{c}\text{COOH}\\|\\(\text{CH}_2)_2\\|\\\text{CHNH}_2\\|\\\text{COOH}\end{array}} + \underset{\text{丙酮酸}}{\begin{array}{c}\text{CH}_3\\|\\\text{C=O}\\|\\\text{COOH}\end{array}} \underset{}{\overset{\text{ATL}}{\rightleftharpoons}} \underset{\alpha-\text{酮戊二酸}}{\begin{array}{c}\text{COOH}\\|\\(\text{CH}_2)_2\\|\\\text{C=O}\\|\\\text{COOH}\end{array}} + \underset{\text{丙氨酸}}{\begin{array}{c}\text{CH}_3\\|\\\text{CHNH}_2\\|\\\text{COOH}\end{array}}$$

$$\underset{\text{谷氨酸}}{\begin{array}{c}\text{COOH}\\|\\(\text{CH}_2)_2\\|\\\text{CHNH}_2\\|\\\text{COOH}\end{array}} + \underset{\text{草酰乙酸}}{\begin{array}{c}\text{COOH}\\|\\\text{CH}_3\\|\\\text{C=O}\\|\\\text{COOH}\end{array}} \underset{}{\overset{\text{AST}}{\rightleftharpoons}} \underset{\alpha-\text{酮戊二酸}}{\begin{array}{c}\text{COOH}\\|\\(\text{CH}_2)_2\\|\\\text{C=O}\\|\\\text{COOH}\end{array}} + \underset{\text{丙氨酸}}{\begin{array}{c}\text{COOH}\\|\\\text{CH}_2\\|\\\text{CHNH}_2\\|\\\text{COOH}\end{array}}$$

图 6-11　ALT 和 AST 的转氨基作用

转氨基作用是可逆的，该反应中 $\triangle G° \approx 0$，所以平衡常数约为 1。反应的方向取决于四种反应物的相对浓度。因此，转氨基作用也是体内某些氨基酸（非必需氨基酸）合成的重要途径。转氨基作用过程可分为两个阶段：

（1）一个氨基酸的氨基转到酶分子上，产生相应的 α-酮酸和氨基化酶。

（2）氨基转给另一种酮酸，（如 α 酮戊二酸）生成氨基酸，并释放出酶分子。

为传递氨基，转氨酶需其含醛基的辅酶——磷酸吡哆醛（pyridoxal phosphate，PLP）的参与。在转氨基过程中，辅酶 PLP 转变为磷酸吡哆胺（pyridoxamine phosphate，PMP）。PLP 通过其醛基与酶分子中赖氨酸 ε-氨基缩合形成 Schiff 碱而共价结合于酶分子中。转氨基反应中，辅酶在 PLP 和 PMP 间转换，在反应中起着氨基载体的作用，氨基在 α-酮酸和 α-氨基酸之间转移。可见在转氨基反应中并无净 NH_3 的生成（见图 6-12）。

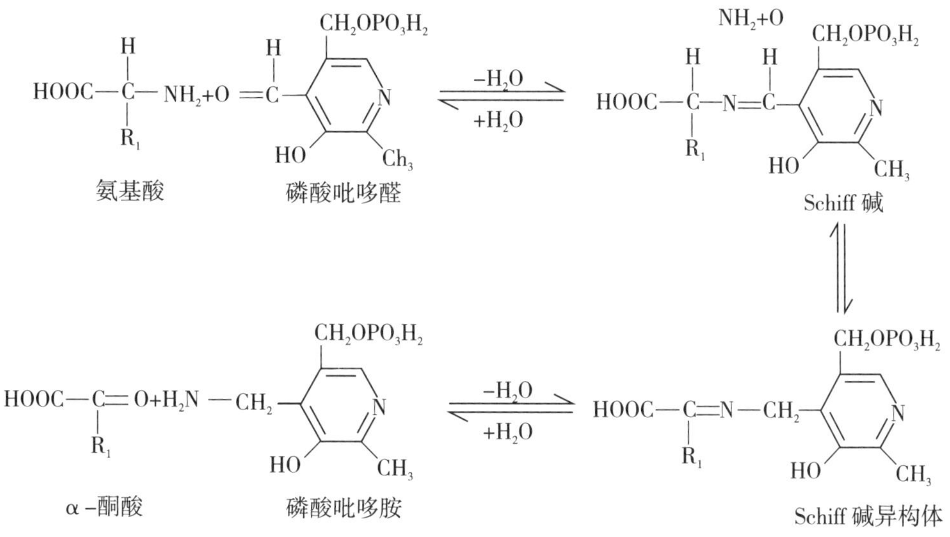

图 6-12 转氨基过程

体内的转氨基反应起着十分重要的作用。通过转氨作用可以调节体内非必需氨基酸的种类和数量，以满足体内蛋白质合成时对非必需氨基酸的需求。转氨基作用还是联合脱氨基作用的重要组成部分，从而加速了体内氨的转变和运输，沟通了机体的糖代谢、脂代谢和氨基酸代谢的互相联系。人体内各组织中转氨酶的活性差别很大（见表6-5）。转氨酶主要存在于细胞内，分布于线粒体基质中，血清中的活性很低。肝组织中 ALT 的活性最高，心肌组织中 AST 的活性最高。当某种原因使细胞膜通透性增高或细胞破裂时，转氨酶可大量释放入血，使血清中转氨酶活性明显升高。如急性肝炎病人血清 ALT 活性显著升高；心肌梗死病人血清 AST 明显上升。临床上可以此作为疾病诊断和预后的参考指标之一。

表 6-5 正常人各组织中 ALT 及 AST 活性（U/g）

组织	ALT	AST	组织	ALT	AST
肝	44000	142000	骨骼肌	4800	99000
肾	19000	91000	胰腺	2000	28000
心	7100	156000	脾	1200	14000
血清	16	20	肺	700	10000

（二）氧化脱氨基作用

氧化脱氨基作用是指在酶的催化下氨基酸在氧化脱氢的同时脱去氨基的过程。

1. L-谷氨酸脱氢酶催化 L-谷氨酸氧化脱氨基

谷氨酸在线粒体中由谷氨酸脱氢酶（glutamate dehydrogenase）催化氧化脱氨。谷氨酸脱氢酶是不需氧脱氢酶，以 NAD^+ 或 $NADP^+$ 作为辅酶。氧化反应通过谷氨酸 α-碳脱氢转给 NAD（P）⁺形成 α－亚氨基戊二酸，再水解生成 α－酮戊二酸和氨（见图 6－13）。

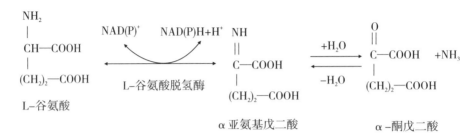

图 6－13　L－谷氨酸脱氢酶催化反应

谷氨酸脱氢酶为变构酶。GDP 和 ADP 为变构激活剂，ATP 和 GTP 为变构抑制剂。在体内，谷氨酸脱氢酶催化可逆反应。一般情况下偏向于谷氨酸的合成（$\triangle G° \approx 30$ kJ·molL），因为高浓度氨对机体有害，此反应平衡点有助于保持较低的氨浓度。但当谷氨酸浓度高而 NH_3 浓度低时，则有利于脱氨和 α－酮戊二酸的生成。

2. 氨基酸通过氨基酸氧化酶催化脱去氨基

在肝、肾组织中还存在一种 L－氨基酸氧化酶（L-amino acid oxidase），属黄素蛋白酶类，其辅基是 FMN 或 FAD。它对丝氨酸、苏氨酸及二羧基氨基酸等无作用，对其他氨基酸虽然有作用，但作用速度很慢。黄素蛋白将氨基酸氧化为 α－亚氨基酸，然后再加水分解成相应的 α－酮酸，并释放 NH_4^+。分子氧可进一步直接氧化还原型黄素蛋白形成过氧化氢（H_2O_2），H_2O_2 被过氧化氢酶裂解成氧和 H_2O。过氧化氢酶存在于大多数组织中，尤其是肝（见图 6－14）。

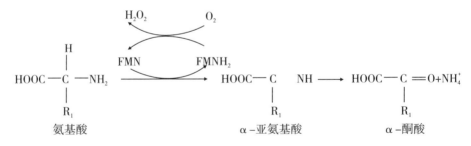

图 6－14　L－氨基酸氧化酶催化反应

（三）联合脱氨基作用

转氨酶催化的转氨基作用，只是将氨基酸分子中的氨基转移给 α－酮戊二酸（或丙酮酸及草酰乙酸），并没有真正脱氨。体内真正意义上的脱氨基主要是通过联合脱氨基作用完成。联合脱氨基作用是体内主要的脱氨基方式。由 L－谷氨酸脱氢酶和转氨酶联合催化的联合脱氨基作用，先在转氨酶催化下，将某种氨基酸的 α－氨基转移到 α－酮戊二酸上生成谷氨酸，然后，在 L－谷氨酸脱氢酶作用下将谷氨酸氧化脱氨基生成 α－酮戊二酸，而 α－酮戊二酸再继续参加转氨基作用。L－谷氨酸脱氢酶主要分布于肝、肾、脑等组织中，而 α-酮戊二酸参加的转氨基作用普遍存在于各组织中，所以此种联合脱氨基作用主要在肝、肾、脑等组织中进行（见图 6-15）。

图 6-15 L-谷氨酸脱氢酶和转氨酶的联合脱氨基作用

（四）其他脱氨基作用

某些氨基酸还可以通过非氧化脱氨基作用将氨基脱掉。

1. 脱水脱氨基

如丝氨酸可在丝氨酸脱水酶的催化下生成氨和丙酮酸。苏氨酸在苏氨酸脱水酶的作用下，生成 α-酮丁酸，再经丙酰辅酶 A，琥珀酰辅酶 A 参加代谢，这是苏氨酸在体内分解的途径之一。

2. 脱硫化氢脱氨基

半胱氨酸可在脱硫化氢酶的催化下生成丙酮酸和氨。

3. 直接脱氨基

天冬氨酸可在天冬氨酸酶作用下直接脱氨生成延胡索酸和氨。

三、α-酮酸的代谢

氨基酸脱氨基后生成的 α-酮酸可以进一步代谢，主要有以下三种的代谢途径。

（一）生成非必需氨基酸

α-酮酸经联合加氨反应可生成相应的氨基酸。9 种必需氨基酸中，除赖氨酸和苏氨酸外，其余 6 种亦可由相应的 α-酮酸加氨生成。但和必需氨基酸相对应的 α-酮酸不能在体内合成，所以必需氨基酸仅依赖于食物供应。

（二）氧化生成 CO_2 和水

这是 α-酮酸的重要去路之一。由图 6-16 可以看出，α-酮酸通过一定的反应途径先转变成丙酮酸、乙酰 CoA 或三羧酸循环的中间产物，再经过三羧酸循环彻底氧化分解。三羧酸循环将氨基酸代谢与糖代谢、脂肪代谢紧密联系起来。

（三）转变生成糖和酮体

使用四氧嘧啶（alloxan）破坏犬的胰岛 β-细胞，建立人工糖尿病犬的模型。待其体内糖原和脂肪耗尽后，用某种氨基酸饲养，并检查犬尿中糖与酮体的含量。若是某种氨基酸饲养后尿中排出葡萄糖增多，称此氨基酸为生糖氨基酸（glucogenic amino acid）。若尿中酮体含量增多，则称为生酮氨基酸（ketogenic amino acid）。尿中二者都增多者称为生糖兼生酮氨基酸（glucogenic and ketogenic amino acid）。氨基酸生糖、生酮或两者兼生的分类见表 6-6。

表6-6　氨基酸生糖、生酮或两者兼生的分类

类别	氨基酸
生糖氨基酸	甘氨酸、丝氨酸、缬氨酸、组氨酸、精氨酸、半胱氨酸、脯氨酸、丙氨酸、谷氨酸、谷氨酰胺、天冬氨酸、天冬酰胺、甲硫氨酸
生酮氨基酸	亮氨酸、赖氨酸
生糖兼生酮氨基酸	异亮氨酸、苯丙氨酸、酪氨酸、苏氨酸、色氨酸

上述三类氨基酸脱氨基后产生的α-酮酸结构差异很大，其代谢途径也不同。从图6-16中可以看出，凡能生成丙酮酸或三羧酸循环的中间产物的氨基酸均为生糖氨基酸；凡能生成乙酰CoA或乙酰乙酸的氨基酸均为生酮氨基酸；凡能生成丙酮酸或三羧酸循环中间产物同时能生成乙酰CoA或乙酰乙酸者为生糖兼生酮氨基酸。

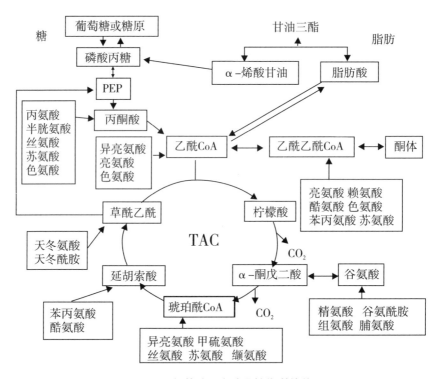

图6-16　氨基酸、脂肪及糖代谢的关系

糖在体内可以生成脂肪。糖代谢的某些中间产物能参与合成营养非必需氨基酸；但氨基仍来自蛋白质的分解，而9种营养必需氨基酸也需要由食物提供，因此糖不能转变为完整的蛋白质。脂肪分解时仅生成的甘油可作为糖异生的原料转变为糖。脂肪酸不能转变为糖，脂肪酸也不能转变成蛋白质。蛋白质在体内的主要功能是作为细胞的基本组成成分、补充组织蛋白质的消耗、更新组织蛋白质。剩余部分可转变为糖或脂肪在体内储存也可氧化分解供能，但这部分作用可由糖、脂肪替代。

四、氨的代谢

氨基酸经过脱氨基作用产生游离的氨是一种剧毒物质,大脑组织对氨尤其敏感。正常情况下,血氨浓度处于较低的水平,一般不超过 65μmol/L,因为体内血氨的来源和去路维持着动态平衡。

(一) 血氨有三个重要来源

1. 氨基酸脱氨基作用和胺类分解均可产生氨

组织中的氨基酸经过联合脱氨作用脱氨或经其他方式脱氨,这是组织中氨的主要来源。组织中氨基酸经脱羧基反应生成胺,再经单胺氧化酶或二胺氧化酶作用生成游离氨和相应的醛,这是组织中氨的次要来源,如多巴胺、去甲肾上腺素等化合物在胺氧化酶的作用下产氨。另外,如果膳食中蛋白质过多时,氨的生成量也增多。

2. 肾脏来源的氨

血液中的谷氨酰胺流经肾脏时,可被肾小管上皮细胞中的谷氨酰胺酶 (glutaminase) 分解生成谷氨酸和 NH_3。这一部分 NH_3 约占肾脏产氨量的60%。其他各种氨基酸在肾小管上皮细胞中进行分解也会产生氨,约占肾脏产氨量的40%。肾小管上皮细胞中的氨有两条去路:排入原尿中,随尿液排出体外;或者被重吸收入血成为血氨。氨容易透过生物膜,而 NH_4^+ 不易透过生物膜。所以,肾脏产氨的去路决定于血液与原尿的相对 pH。血液的 pH 是恒定的,因此实际上决定于原尿的 pH。原尿 pH 偏酸性时,排入原尿中的 NH_3 与 H^+ 结合成为 NH_4^+,随尿排出体外。若原尿的 pH 较高,则 NH_3 易被重吸收入血。临床上血氨增高的病人使用利尿剂时,应注意这一点。

3. 肠道来源的氨

肠道来源的氨主要为:①蛋白质腐败作用产生的氨;②渗入肠道的尿素经肠道细菌尿素酶水解的氨。肠道产氨成人每日约为4 g。肠道中的氨可被吸收入血,其中3/4的吸收部位在结肠,其余部分在空肠和回肠。氨入血后可经门脉入肝,重新合成尿素。这个过程称为尿素的肠肝循环 (entero hepatin circulation of urea)。肠道中 NH_3 重吸收入血的程度决定于肠道内容物的 pH,肠道内 pH 低于6时,肠道内氨生成 NH_4^+,随粪便排出体外;肠道内 pH 高于6时,肠道内氨吸收入血。临床上给高血氨病人作灌肠治疗时,禁忌使用肥皂水等碱性溶液,以免加重病情。

(二) 氨的转运

氨的毒性很强,各组织产生的有毒氨是以无毒的形式经血液运输到肝脏合成尿素,或转运到肾脏以铵盐的形式排出体外。血液中的氨主要以下列两种方式转运:

1. 氨通过丙氨酸-葡萄糖循环从骨骼肌运往肝

肌肉组织中以丙酮酸作为转移的氨基受体,生成丙氨酸经血液运输到肝脏。在肝脏中,经转氨基作用生成丙酮酸,丙酮酸可经糖异生作用生成葡萄糖,葡萄糖由血液运输到肌肉组织中,分解代谢再产生丙酮酸,后者再接受氨基生成丙氨酸。这一循环途径称为丙氨酸-葡萄糖循环 (alanine-glucose cycle) (见图6-17)。通过此途径,肌肉氨基酸的氨运输到肝脏合成尿素。丙氨酸-葡萄糖循环的意义在于:①肌肉组织中氨基酸分解生成的氨及葡萄糖的不完全分解产物丙酮酸,以无毒性的丙氨酸形式转运到肝脏作为糖异生的原料;②肌肉中的氨转运到肝脏合成尿素排出体外。

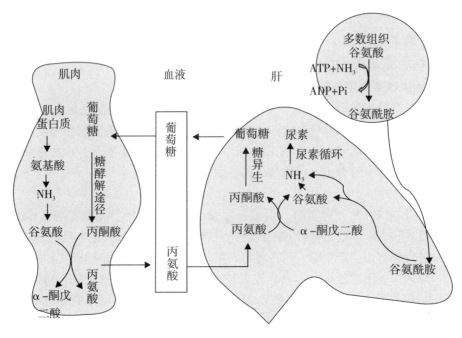

图 6-17 丙氨酸-葡萄糖循环

2. 氨通过谷氨酰胺从脑和肌肉等组织运往肝或肾

氨与谷氨酸在谷氨酰胺合成酶（glutamine synthetase）的催化下生成谷氨酰胺（glutamine），并由血液运输至肝或肾,再经谷氨酰胺酶（glutaminase）水解成谷氨酸和氨。谷氨酰胺主要从脑、肌肉等组织向肝或肾运氨。谷氨酰胺的合成与分解是由不同组织的两种不同的酶催化的不可逆反应,其合成需要消耗 ATP。（见图 6-18）

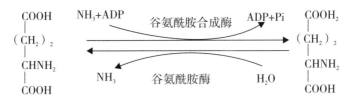

图 6-18 谷氨酰胺的合成与分解

谷氨酰胺转运氨的生理意义在于:①解除氨毒,以无毒的谷氨酰胺的形式运输氨。②谷氨酰胺是体内储氨和供氨的形式,在脑中固定和转运氨的过程中起着重要作用。临床上对氨中毒的患者可服用或输入谷氨酸盐,以降低氨的浓度。③在肾脏中,谷氨酰胺分解的氨,可以中和肾小管的 H^+,以铵盐的形式从尿中排出,起到调节酸碱平衡的作用。

此外,机体在合成蛋白质的过程中所需的天冬酰胺由谷氨酰胺提供的酰胺基转变而来。正常细胞能合成足量的天冬酰胺，但白血病细胞却不能或很少能合成天冬酰胺，必须依靠血液从其他器官运输而来。因此临床上应用天冬酰胺酶（asparaginase）来减少血液中的天酰胺浓度，达到治疗白血病的目的。

（三）氨的去路

根据动物实验，动物在切除肝脏后，其血液及尿液中尿素的含量极低，如果喂食其氨基酸，该动物会因血氨含量过高而中毒死亡。人们很早就确定了肝脏是尿素合成的主要器官，肾脏是尿素排泄的主要器官。1932 年，Krebs 等人利用大鼠肝切片做体外实验，将大鼠肝切片和多种可能有关的代谢物及 NH_4^+ 盐共同保温，发现在供能的条件下，可由 CO_2 和氨合成尿素。若在反应体系中加入少量的精氨酸、鸟氨酸或瓜氨酸可加速尿素的合成，而这种氨基酸的含量并不减少。为此，Krebs 等人提出了鸟氨酸循环（ornithine cyclc）合成尿素的学说（见图 6-19），亦称为尿素循环（urea cycle）。其后由 Ratner 和 Cohen 详细论述了其各步反应。鸟氨酸循环的实验依据主要有下列几点：①将大鼠肝切片置于有氧条件下和铵盐混合，保温数小时后，铵盐的含量减少，尿素生成增多。②若在反应体系中多种可能有关的化合物中加入少量的精氨酸、鸟氨酸或瓜氨酸，可加速尿素的合成。③大鼠肝切片置于有氧条件下和铵盐和鸟氨酸混合保温，观察到瓜氨酸的富集。④从这三种氨基酸的结构分析，鸟氨酸是瓜氨酸的前体，瓜氨酸是精氨酸的前体。⑤相关学者的实验研究表明，在哺乳动物中，肝中才含有精氨酸酶（arginase），精氨酸酶水解精氨酸生成尿素和鸟氨酸。⑥进一步分析发现，尿素的生成量和铵盐的减少量相等，而加入的鸟氨酸、瓜氨酸和精氨酸的含量并没有明显变化，只起到催化剂的作用。

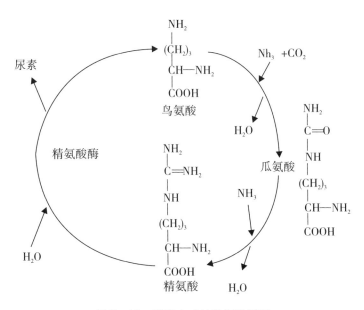

图 6-19 尿素合成的鸟氨酸循环

尿素合成的具体步骤如下。

1. 氨、二氧化碳（CO_2）、ATP 缩合生成氨基甲酰磷酸

在 Mg^{2+}、ATP 及 N-乙酰谷氨酸（N-acetyl glutamic acid，AGA）存在时，氨与二氧化碳可由氨基甲酰磷酸合成酶-Ⅰ（CPS-I）催化生成氨基甲酰磷酸（carbamoyl phosphate）。

$$CO_2 + NH_3 + H_2O + 2ATP \xrightarrow[\text{（N-乙酰谷氨酸，}Mg^{2+}\text{）}]{\text{氨基甲酰磷酸合成酶-I（CPS-I）}} H_2N-\underset{\underset{O}{\|}}{C}-O\sim PO_3^{2-} + 2ADP + Pi$$

氨基甲酰磷酸

N-乙酰谷氨酸（AGA）：$CH_3-\underset{\underset{O}{\|}}{C}-NH-\underset{\underset{(CH_2)_2}{|}}{\underset{|}{CH}}-COOH$，$(CH_2)_2$，COOH

此反应消耗两分子 ATP，CPS-Ⅰ为鸟氨酸循环启动的限速酶，此反应不可逆。AGA 的确切作用不太清楚，可能是使酶的构象改变，暴露酶分子中的某些巯基，从而增加了酶和 ATP 的亲和力。CPS-Ⅰ和 AGA 都存在肝线粒体中，该反应生成的氨基甲酰磷酸是高能化合物，性质活泼，容易和鸟氨酸反应生成瓜氨酸。膳食中的蛋白质含量升高，会导致 CPS-Ⅰ的活性和 AGA 含量均增加。

2. 氨基甲酰磷酸与鸟氨酸反应生成瓜氨酸

在鸟氨酸氨基甲酰转移酶（OCT）催化下，氨基甲酰磷酸上的氨基甲酰部分转移到鸟氨酸上，生成瓜氨酸和磷酸。

鸟氨酸 + 氨基甲酰磷酸 $\xrightarrow[H_3PO_4]{\text{鸟氨酸氨基甲酰转移酶 OCT}}$ 瓜氨酸

此反应不可逆，OCT 也存在于肝细胞的线粒体中。

3. 精氨酸的合成

瓜氨酸在线粒体合成后，即被转运到线粒体外，在胞液中经精氨酸代琥珀酸合成酶（argininosuccinate synthetase，ASS）催化，与天冬氨酸反应生成精氨酸代琥珀酸，此反应需 ATP 供能。天冬氨酸提供尿素分子的第二个氮原子。精氨酸代琥珀酸合成酶的活性最低，是尿素合成启动以后的限速酶，可调节尿素的合成速度。精氨酸代琥珀酸在精氨酸代

琥珀酸裂解酶的催化下裂解成精氨酸与延胡索酸。反应产物精氨酸分子中保留了来自游离氨和天冬氨酸分子的氮。

$$\text{瓜氨酸} + \text{天冬氨酸} \xrightarrow[\text{ATP} \quad H_2O \quad \text{AMP+PPi}]{\text{精氨酸代琥珀酸合成酶} \atop Mg^{2+}} \text{精氨酸代琥珀酸} \xrightarrow{\text{精氨酸代琥珀酸裂解酶}} \text{精氨酸} + \text{延胡索酸}$$

在上述反应中，天冬氨酸起到提供氨基的作用。天冬氨酸又可以由草酰乙酸和谷氨酸经转氨酶作用生成，而谷氨酸的氨基又可以来源于体内多种氨基酸，因此，天冬氨酸上的氨基其实来源于多种氨基酸（见图6-20）。由图6-20还可看出，精氨酸代琥珀酸在精氨酸代琥珀酸裂解酶的催化下产生的延胡索酸可通过三羧酸循环转变成草酰乙酸，后者又可与谷氨酸作用，重新生成天冬氨酸。通过这个途径将鸟氨酸循环和三羧酸循环联系在一起。

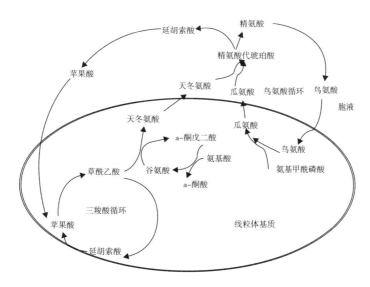

图6-20 鸟氨酸循环和三羧酸循环的联系

4. 精氨酸水解释放尿素并再生成鸟氨酸

在胞液中，精氨酸由精氨酸酶催化，水解成尿素和鸟氨酸。鸟氨酸通过线粒体内膜上的载体的转运再进入线粒体，参与瓜氨酸的合成，如此反复，完成鸟氨酸循环。

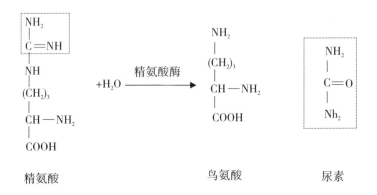

鸟氨酸循环中每一种酶的先天性缺陷所产生的疾病，都会导致氨在体内积聚，产生氨中毒。如氨基甲酰磷酸合成酶或鸟氨酸氨基甲酰转移酶的缺陷引起的先天性高血氨症，可导致新生儿呕吐、昏睡及惊厥等氨中毒症状；精氨酸代琥珀酸合成酶缺陷引起的瓜氨酸血症，精氨酸代琥珀酸裂解酶缺陷引起的精氨酸代琥珀酸血症，以及精氨酸酶缺陷引起的高精氨酸血症，除了相应的氨基酸在血液中的变化外，都可出现氨中毒症状，严重时会导致昏迷甚至至新生儿死亡。病人血中往往同时出现谷氨酸及谷氨酰胺升高的情况，这可能是氨过多而导致 α-酮戊二酸氨基化加强，产生了过多的谷氨酸及谷氨酰胺所致。

尿素合成过程及细胞定位总结见图6-21。

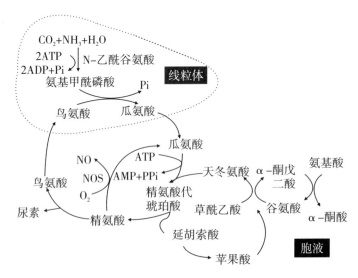

图 6-21　尿素合成过程及 NO 支路

（四）鸟氨酸循环的一氧化氮（NO）支路

少量的精氨酸可以在一氧化氮合酶（nitric oxide synthase，NOS）作用下，在鸟氨酸循环中合成瓜氨酸和NO。NO中的氮原子来源于天冬氨酸的氨基氮原子，该反应称为"鸟氨酸循环的NO支路"（见图6-21）。NO是一种重要的信号分子，对心血管、消化道等的平滑肌松弛、感觉传入及学习记忆有重要作用。

（五）尿素合成的调节

（1）食物蛋白质的尿素合成受食物蛋白质的影响。进食高蛋白质膳食时，尿素合成速度加快，尿素可占排出氮的90%；反之，摄取低蛋白质膳食时，尿素合成速度减慢，尿素低于排出氮的60%。

（2）AGA激活CPS-Ⅰ合成氨基甲酰磷酸是尿素合成的启动过程，CPS-Ⅰ是鸟氨酸循环启动的关键酶。如前所述，AGA是CPS-Ⅰ的别构激活剂，它由乙酰CoA与谷氨酸通过AGA合酶催化生成的。精氨酸是AGA合酶的激活剂，精氨酸浓度增加，尿素合成增加。因此，临床上用精氨酸治疗高血氨症。

（3）精氨酸代琥珀酸合成酶促进尿素合成。参与尿素合成的各种酶相对活性相差很大，其中精氨酸代琥珀酸合成酶的活性最低，是尿素合成启动以后的关键酶，可调节尿素的合成速度（见表6-7）。

表6-7 正常人尿素合成酶的相对活性

酶	相对活性
氨基甲酰磷酸合成酶	4.5
鸟氨酸氨基甲酰转移酶	163.0
精氨酸代琥珀酸合成酶	1.0
精氨酸代琥珀酸裂解酶	3.3
精氨酸酶	149.0

（六）高血氨症和氨中毒

在正常生理情况下，血氨的来源与去路保持动态平衡，而氨在肝中合成尿素是维持这种平衡的关键。如果肝功能严重损伤或尿素合成相关酶有遗传性缺陷时，尿素合成发生障碍，血氨浓度升高，称为高血氨症（hyperammonemia）。常见的临床表现为中枢神经系统的紊乱症状，如呕吐、厌食、间歇性共济失调、嗜睡甚至昏迷等。高血氨症的生化机制可能是血氨升高引起脑组织中氨的浓度升高，可与脑中的α-酮戊二酸结合生成谷氨酸，氨还可与脑中的谷氨酸进一步结合生成谷氨酰胺。高血氨症发作时，脑中氨的增加可使脑细胞中的α-酮戊二酸减少，导致三羧酸循环受到抑制，ATP生成减少，引起大脑功能障碍，严重时可发生昏迷（称为肝性脑病）。另一种可能机制是谷氨酸和谷氨酰胺浓度增大导致渗透压增大，从而引起脑水肿。

第五节　个别氨基酸的代谢

前面论述了氨基酸代谢的一般过程。氨基酸因其侧链不同，有些氨基酸还存在特殊的代谢途径，并具有重要的生理意义。本节仅对几种重要的氨基酸代谢途径进行描述。

一、氨基酸的脱羧基作用

在酸性培养基上发育的细菌中发现，有些酶能催化脱去某种氨基酸的羧基，生成对应的胺。氨基酸脱羧酶（amino acid decarboxylase）的辅酶是磷酸吡哆醛。

$$\text{HOOC}-\underset{R}{\overset{H}{\underset{|}{\overset{|}{C}}}}-NH_2 \xrightarrow[\text{脱羧酶}]{-CO_2} R-CH_2-NH_2 \xrightarrow[\text{单胺氧化酶}]{\underset{H_2O\ NH_3}{O_2\ H_2O_2}} RCHO \xrightarrow{+1/2\ O_2} RCOOH$$

氨基酸　　　　　　　　　　　　胺　　　　　　　　醛　　　　　羧酸

氨基酸脱羧酶在动植物中也有发现。在动物组织中对谷氨酸（γ-氨基丁酸）、酪氨酸（酪胺）、组氨酸（组胺）、半胱氨酸（牛磺酸）、色氨酸（5-羟色胺）各有专一作用的酶。由氨基酸脱羧生成的胺类在动物体内有许多是在生理上、药理上起重要作用的，在细菌中有着中和酸性培养基的作用。一般来说，胺中有许多是有毒的物质。细胞内广泛存在的胺氧化酶（amine oxidase）能将胺氧化成相应的醛，再进一步氧化成羧酸。羧酸再氧化成 CO_2 和 H_2O 或随尿排出，从而避免胺类的蓄积。胺氧化酶属于黄素蛋白，在肝中活性最高。

1. γ-氨基丁酸

谷氨酸由 L 谷氨酸脱羧酶催化脱去羧基生成 γ-氨基丁酸（γ-aminobutyric acid，GABA）。该酶在脑及肾组织中活性很高，因而 GABA 在脑组织中的浓度较高。GABA 是抑制性神经递质，对中枢神经有抑制作用。婴幼儿惊厥可口服维生素 B_6 予以改善。

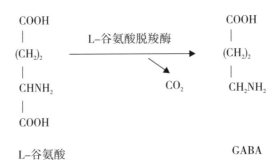

2. 组胺

组胺（histamine）是由组氨酸在组氨酸脱羧酶催化下脱羧基产生。组胺在体内分布广泛，乳腺、肺、肝、肌组织及胃黏膜含量较高。组胺主要存在肥大细胞中。组胺具有强烈的扩张血管功能，能增加血管通透性，使血压下降；也是胃液分泌刺激剂。组胺作为其内源性配体与组胺受体结合而发挥作用，目前有四种已知的组胺受体：H1 受体、H2 受体、H3 受体、H4 受体。组胺本身无治疗价值，但其 H1 受体、H2 受体阻断药广泛应用于临床。常用的 H1 受体拮抗剂有扑尔敏、苯海拉明、息斯敏、氯雷他定等；H2 拮抗剂有甲氰咪胍、甲硫咪胺、法莫替丁等。前者主要用于抗过敏，后者主要用于抗溃疡。

$$\text{L-组氨酸} \xrightarrow[\text{组氨酸脱羧酶}]{-CO_2} \text{组胺}$$

3. 5-羟色胺

色氨酸经过色氨酸羟化酶和脱羧酶的作用转变成 5-羟色胺。主要存在脑组织、胃肠壁中，血液中含量较少。其关键酶为色氨酸羟化酶。

$$\text{色氨酸} \xrightarrow{\text{色氨酸羟化酶}} \text{5-羟色氨酸} \xrightarrow[\text{5-羟色氨酸脱羧酶}]{-CO_2} \text{5-羟色胺}$$

5-羟色胺的生理作用是使微血管收缩、血压升高；亦有作为神经递质，中和肾上腺素和去甲肾上腺素的作用。当色氨酸代谢失调，可引起神经系统的功能障碍。

4. 多胺

鸟氨酸的脱羧基作用产生多胺（Polyamine）。多胺（Polyamine）是一类含两个或两个以上氨基的脂肪族化合物。它包括腐胺（Putrescine 1,4-丁二胺）、精脒（Spermidine，1,4,7-庚三胺）、精胺（Spermine，1,3,7,10-癸四胺，亦称精素）及其衍生物。

$$H_2N-(CH_2)_4-COOHNH_2 \text{（鸟氨酸）} \xrightarrow[\text{鸟氨酸脱羧酶}]{-CO_2} H_2N-(CH_2)_4-NH_2 \text{（腐胺）}$$

$$\text{腺苷-S-}(CH_2)_3-NH_2COOH \text{ (SAM)} \xrightarrow[\text{SAM脱羧酶}]{-CO_2} \text{腺苷-S-}(CH_2)_3-NH_2 \text{ 脱羧基SAM}$$

经丙胺转移酶生成 $H_2N-(CH_2)_4-NH-(CH_2)_3-NH_2$ 精脒（spermidine），再经丙胺转移酶生成 $H_2N-(CH_2)_3-NH-(CH_2)_4-HN-(CH_2)_3-NH_2$ 精胺（spermine），并释出 5′-甲基-硫-腺苷。

在氨基组织中鸟氨酸脱羧酶活性很低，但在手术后、肝再生、心肌肥厚、肿瘤等情况下，该酶的活性显著增强。经过实验证实，该酶的活性增强是通过酶蛋白合成的增加引起的。多胺是调节细胞生长的重要物质。多胺促进细胞增殖的机制可能与多胺具有阳离子性质相关，可通过离子键和带负电的核酸、蛋白质和磷脂结合从而增强蛋白质合成。目前临床上利用肿瘤患者血、尿中多胺含量测定作为观察病情的指标之一。但需要注意的是，肿瘤早期多胺升高不剧烈，而某些正常组织繁殖较快则富含多胺。

二、某些氨基酸在分解代谢中产生一碳单位

（一）一碳单位的概念

一碳单位是指某些氨基酸在分解代谢中产生的含有一个碳原子的基团，称为一碳单位（one carbon unit）。体内的一碳单位有甲基（$-CH_3$）、甲烯基（$=CH_2$）、甲炔基（$-CH=$）、甲酰基（$-CHO$）和亚氨甲基（$-CH=NH$）等。

一碳单位不能游离存在，通常由其载体四氢叶酸（Tetrahydrofolic acid，FH_4）携带而参加代谢反应，与四氢叶酸的 N^5、N^{10} 位结合而转运或参加生物代谢，FH_4 是一碳单位代谢的辅酶。

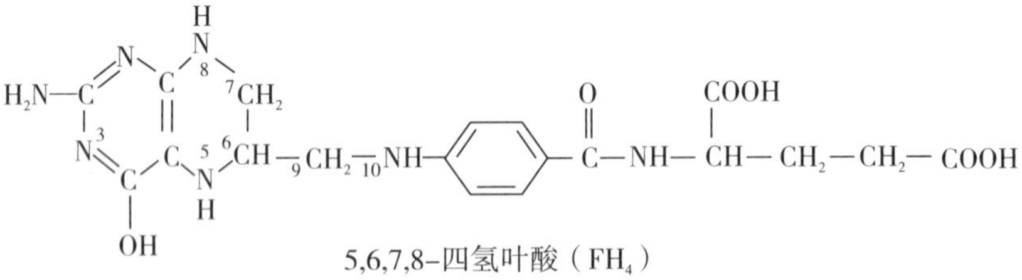

5,6,7,8-四氢叶酸（FH_4）

四氢叶酸由叶酸（folic acid）衍生而来。叶酸需经二次还原方可转变为活性辅酶形式——FH_4（见图6-22）。两次还原均由二氢叶酸还原酶（dihyclrofolate reductase）所催化。四氢叶酸携带一碳单位的形式如图6-23所示。

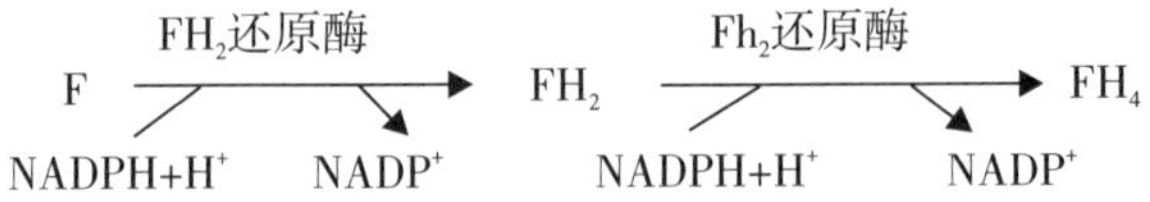

图6-22 四氢叶酸的生成

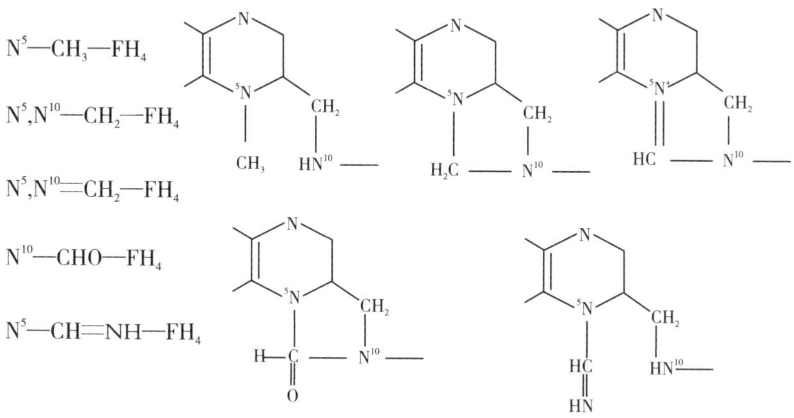

$N^5-CH_3-FH_4$

$N^5,N^{10}-CH_2-FH_4$

$N^5,N^{10}=CH_2-FH_4$

$N^{10}-CHO-FH_4$

$N^5-CH=NH-FH_4$

图6-23 四氢叶酸携带一碳单位的形式

（二）一碳单位的来源和相互转变

一碳单位可分别来自甘氨酸、组氨酸、丝氨酸、色氨酸等。各种不同形式一碳单位中碳原子的氧化状态不同，在适当条件下，他们可以相互转变（图6-24）。需要注意的是，这些反应中，$N^5-CH_3-FH_4$的生成基本是不可逆的。$N^5-CH_3-FH_4$可将甲基转移给同型半胱氨酸生成甲硫氨酸和游离的FH_4。催化此反应的酶是$N^5-CH_3-FH_4$同型半胱氨酸甲基转移酶，辅酶为维生素B_{12}。此反应不可逆，故$N^5-CH_3-FH_4$不能来源于甲硫氨酸生成。甲硫氨酸分子中的甲基也是一碳单位，在ATP的参与下，甲硫氨酸转变生成S-腺苷甲硫氨酸（sadenosylmethionine，SAM）。SAM是活泼的甲基供体，因此，四氢叶酸并不是一碳单位的唯一载体。

（三）一碳单位的生理意义

一碳单位是合成嘌呤和嘧啶的原料，在核酸生物合成中有重要作用。如$N^5,N^{10}-CH=FH_4$直接提供甲基用于脱氧核苷酸dUMP向dTMP的转化。$N^{10}-CHO-FH_4$和$N^5,N^{10}-CH=FH_4$分别参与嘌呤碱中C_2、C_3原子的生成。SAM提供的甲基可参与体内多种物质合成。例如肾上腺素、胆碱、胆酸等。一碳单位代谢将氨基酸代谢与核苷酸及一些重要物质的生物合成联系起来。一碳单位代谢的障碍可造成某些病理情况，如巨幼红细胞贫血等。磺胺药及某些抗癌药（如氨甲蝶呤等）正是分别通过干扰细菌及瘤细胞的叶酸、四氢叶酸合成，进而影响核酸合成而发挥药理作用的。

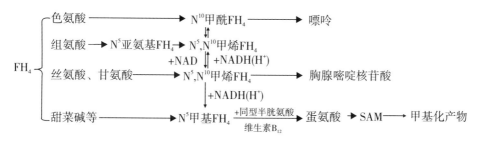

图6-24 一碳单位的来源及相互转变

三、含硫氨基酸的代谢

体内的含硫氨基酸有三种：甲硫氨酸、半胱氨酸和胱氨酸。这三种氨基酸的代谢是相互联系的。甲硫氨酸可以转变成半胱氨酸和胱氨酸。胱氨酸和半胱氨酸也可以相互转变，但不能转变成甲硫氨酸。

（一）甲硫氨酸的代谢

甲硫氨酸分子中含有 S – 甲基，经腺苷转移酶（adenosyl transferase）的催化与 ATP 反应，生成 SAM。SAM 中的甲基由于和四价的硫结合很不稳定，故称为活性甲基，SAM 称为活性甲硫氨酸。SAM 通过各种转甲基作用可生成多种含甲基的生理活性物质，如肾上腺素、肉碱、胆碱及肌酸等。据统计，体内有 50 余种物质需要 SAM 提供甲基，生成相应的甲基化合物。

SAM 在甲基转移酶（methyltransferase）作用下，将甲基转移至另一种物质，使其甲基化（methylation），而 SAM 失去甲基后生成 S – 腺苷同型半胱氨酸，后者进一步脱去腺苷生成同型半胱氨酸（homocysteine）。同型半胱氨酸若再接受 $N^5 – CH_3 – FH_4$ 提供的甲基，则可重新生成甲硫氨酸。由此形成一个循环过程，称为甲硫氨酸循环（methionine cycle）（见图 6 – 25）。

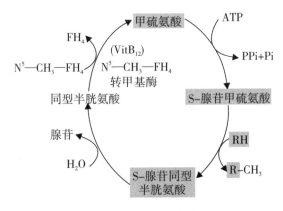

图 6 – 25　甲硫氨酸循环

此循环的生理意义是由 $N^5-CH_3-FH_4$ 提供甲基生成甲硫氨酸，再通过 SAM 提供活性甲基，以进行体内广泛存在的甲基化反应，由此，$N^5-CH_3-FH_4$ 可看成是体内甲基的间接供体。需要注意的是，$N^5-CH_3-FH_4$ 提供甲基使同型半胱氨酸转变成甲硫氨酸的反应是目前唯一已知的能利用 $N^5-CH_3-FH_4$ 的反应。该反应由 N^5-甲基四氢叶酸转甲基酶催化，此酶又称甲硫氨酸合成酶，其辅酶是维生素 B_{12}，参与甲基的 $N^5-CH_3-FH_4$ 转移。当维生素 B_{12} 缺乏时，$N^5-CH_3-FH_4$ 的甲基不能转移给同型半胱氨酸。这不仅不利于甲硫氨酸的合成，也使组织中游离的四氢叶酸含量减少，一碳单位代谢障碍，导致核酸合成障碍，影响细胞分裂。因此，维生素 B_{12} 缺乏时可引起巨幼细胞贫血，这种贫血常发生于胃大部分切除的患者或者肠道维生素吸收障碍及严格的素食主义者。体内同型半胱氨酸主要通过两种代谢途径进行代谢。在甲硫氨酸缺乏时，同型半胱氨酸经甲基化生成甲硫氨酸；甲硫氨酸充足时，经转硫途径，在以磷酸吡哆醛为辅酶的胱硫醚合酶（cystathionine sythase）催化，与丝氨酸合成胱硫醚，后者又水解成半胱氨酸和 α-氨基丁酸；α-氨基丁酸转变成琥珀酸单酰辅酶 A，进入三羧酸循环，可以生成葡萄糖，因此，甲硫氨酸是生糖氨基酸。

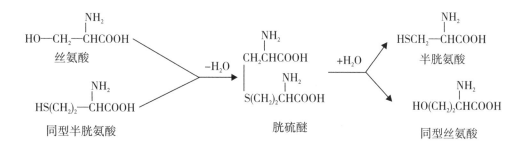

目前认为，同型半胱氨酸在血中浓度升高，可能是导致动脉粥样硬化和冠心病发生的独立危险因素。动物实验证实，同型半胱氨酸在血中蓄积可导致血管损害。甲硫氨酸代谢障碍会导致高同型半胱氨酸血症，引起甲硫氨酸代谢障碍的原因主要有遗传（酶基因缺陷）和环境营养（叶酸、维生素 B_6，或维生素 B_{12} 缺乏）。目前，学者们正试图用通过降低血中同型半胱氨酸浓度，达到预防和治疗心血管疾病等的作用。

（二）半胱氨酸的代谢

1. 半胱氨酸可转变成胱氨酸

$$2 \begin{array}{c} CH_2SH \\ CHNH_2 \\ COOH \end{array} \xrightleftharpoons[+2H]{-2H} \begin{array}{c} CH_2-S-S-CH_2 \\ CHNH_2 \quad\quad CHNH_2 \\ COOH \quad\quad COOH \end{array}$$

蛋白质的二硫键对于维持蛋白质空间构象的稳定及其功能具有重要作用。如牛核糖核酸酶以二硫键连接，若二硫键受到破坏，牛核糖核酸酶即失去其生物活性。人体内有许多重要的酶，如琥珀酸脱氢酶、乳酸脱氢酶等，活性与半胱氨酸的巯基直接有关，故有巯基酶之称。体内存在的还原型谷胱甘肽能保护巯基酶的活性和红细胞的稳定性，因而有重要的生理功能。

2. 半胱氨酸代谢产生硫酸根

含硫氨基酸代谢均产生硫酸根，半胱氨酸是主要来源。半胱氨酸经过双加氧酶的作用或通过脱氨基、脱巯基生成丙酮酸、氨和 H_2S。H_2S 生成 H_2SO_4。体内的硫酸根，一部分以无机盐的形式随尿排出，另一部分由 ATP 活化生成活性硫酸根，即 3-磷酸腺苷-5-磷酸硫酸（3 - phospho - adenosine - 5 - phospho - sulfate，PAPS），反应过程如下：

$$SO_4^{2-} + ATP \longrightarrow AMP-SO_3^- \text{ （腺苷-5'-磷酸硫酸）}$$
$$\downarrow$$
$$3-PO_3H_2-AMP-SO_3^-$$
$$\text{(3'-磷酸腺苷-5'-磷酸硫酸，PAPS)}$$

PAPS 化学性质活泼，参与肝生物转化作用，可提供硫酸根使某些物质生成硫酸酯。如类固醇激素可形成硫酸酯而被灭活，增加溶解性有利于从尿液中排出。此外，PAPS 还可参与蛋白聚糖分子中硫酸化氨基糖的合成。

3. 半胱氨酸脱羧基生成牛磺酸

半胱氨酸首先氧化成磺基丙氨酸，再经磺基丙氨酸脱羧酶催化，脱去羧基生成牛磺酸。牛磺酸在人和动物胆汁中与胆酸结合，以结合形式存在；而在脑、卵巢、心脏、肝、乳汁、松果体、垂体、视网膜、肾上腺等组织中，以游离形式存在，对胎儿、婴儿神经系统的发育有重要作用。其作为一种优越的食品添加剂，广泛应用于婴幼儿乳制品中。

四、芳香族氨基酸的代谢

芳香族氨基酸包括苯丙氨酸、酪氨酸和色氨酸。苯丙氨酸和酪氨酸结构相似，酪氨酸可由苯丙氨酸羟化生成。苯丙氨酸与色氨酸为营养必需氨基酸。

（一）苯丙氨酸的代谢

苯丙氨酸在体内的主要代谢途径是经苯丙氨酸羟化酶（phenylalanine hydroxylase）催化生成酪氨酸，苯丙氨酸羟化酶主要存在于肝中，属于单加氧酶，辅酶是四氢生物蝶呤，催化的反应不可逆，故酪氨酸不能转变为苯丙氨酸。

苯丙氨酸除转变为酪氨酸外，少量可经转氨基作用生成苯丙酮酸。先天性苯丙氨酸羟化酶缺陷的患者，不能将苯丙氨酸羟化为酪氨酸，堆积的苯丙氨酸经转氨基作用生成苯丙酮酸、苯乙酸等产物由尿排出，称为苯丙酮酸尿症（phenylketonuria，PKU）。血液中苯丙酮酸的堆积对中枢神经系统有毒，导致脑发育障碍，患儿智力低下。同时，由于酪氨酸的来源减少，导致甲状腺素、肾上腺素和黑色素的合成不足。患儿通常在 1 岁时症状明显，身体有类似鼠尿的霉臭味。黑色素缺乏导致患儿巩膜和皮肤色素很淡，有明显自理障碍，行为异常。治疗原则是早发现早治疗，并适当控制膳食中苯丙氨酸的含量。但少部分患儿是由于二氢蝶呤还原酶或者合成酶缺乏引起四氢生物蝶呤合成较少导致，对于此类患儿，补充四氢生物蝶呤可以改善临床症状。

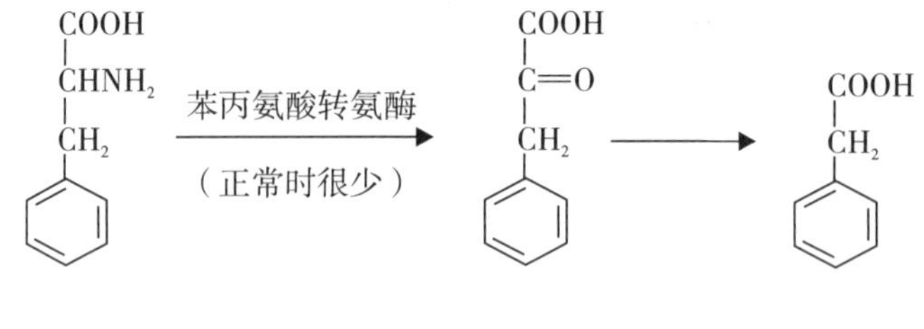

物质与能量代谢

苯丙氨酸 —苯丙氨酸转氨酶→ 苯丙酮酸 → 苯乙酸
（正常时很少）

（二）酪氨酸的代谢

1. 酪氨酸转变为儿茶酚胺

不同组织催化酪氨酸羟化反应的酶不同。在肾上腺髓质和神经组织中，酪氨酸羟化酶是一种不依赖铜离子，并以四氢生物蝶呤为辅酶的单加氧酶。酪氨酸经酪氨酸羟化酶（tyrosine hydroxy-lase）催化生成3，4 二羟苯丙氨酸（3，4 – dihydroxyphenylalanine，DOPA），又称多巴。多巴在多巴脱羧酶的作用下脱去羧基生成多巴胺（dopamine）。多巴胺是一种重要的神经递质。帕金森病（Parkinson disease）患者脑内多巴胺生成减少导致神经功能系统障碍。在肾上腺髓质，多巴胺在多巴β-羟化酶作用下生成去甲肾上腺素（norepinephrine），后者在苯乙醇胺转甲基酶催化生成肾上腺素（epinephrine）。多巴胺、去甲肾上腺素及肾上腺素统称为儿茶酚胺（catecholamine）。酪氨酸羟化酶是合成儿茶酚胺的关键酶，受终产物的反馈调节。

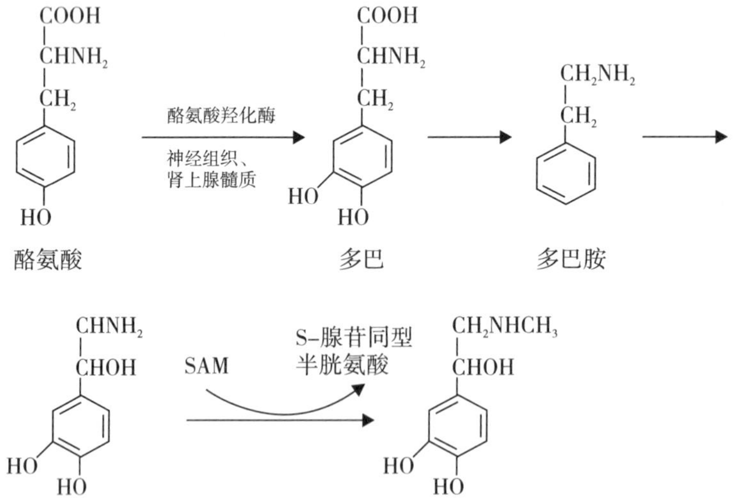

酪氨酸 —酪氨酸羟化酶 神经组织、肾上腺髓质→ 多巴 → 多巴胺 →

去甲肾上腺素 —SAM / S-腺苷同型半胱氨酸→ 肾上腺素

2. 酪氨酸转变成黑色素

在皮肤黑色素细胞中，酪氨酸羟化酶是一种依赖铜离子，并以四氢生物蝶呤为辅酶的单加氧酶，而酪氨酸经酪氨酸羟化酶作用后也是生成多巴，后者经氧化、脱羧等反应转变成吲哚-5,6-醌,最后聚合为黑色素。先天性酪氨酸酶缺乏的病人,因不能合成黑色素,皮肤毛发等发白,称为白化病(albinism)。病人畏光,易患皮肤癌。

3. 酪氨酸氧化分解

酪氨酸还可在转氨酶的催化下,生成对羟苯丙酮酸,经氧化酶作用,生成尿黑酸,最终转变成延胡索酸和乙酰乙酸,然后两者分别沿糖和脂质代谢途径进行代谢。因此,苯丙氨酸和酪氨酸是生糖兼生酮氨基酸。当体内尿黑酸分解代谢的酶先天性缺陷时,尿黑酸的分解受阻,可出现尿黑酸尿症(alkaptonuria)。

4. 酪氨酸参与甲状腺激素的合成

甲状腺激素是酪氨酸的碘化衍生物,他们在物质代谢的调控中起到重要作用。苯丙氨酸和酪氨酸的代谢见图6-26。

物质与能量代谢

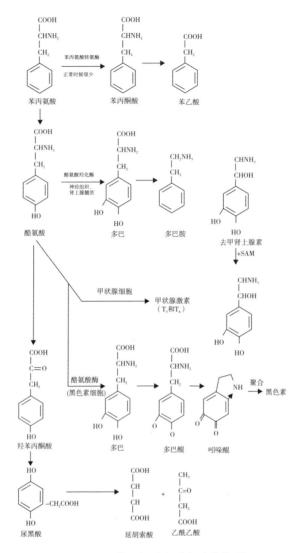

图6-26 苯丙氨酸和酪氨酸的代谢

（三）色氨酸的代谢

色氨酸的代谢见图6-27。

（1）色氨酸经脱羧作用生成5-羟色胺，在松果体中可以转变成褪黑激素。近些年的研究表明，褪黑激素具有增强机体免疫功能和促进睡眠的作用。

（2）色氨酸还可在肝中经色氨酸双加氧酶（tryptophan oxygenase）催化生成甲酸，进一步转变成 N^{10}-甲酰四氢叶酸。

（3）色氨酸经分解可产生丙酮酸和乙酰乙酰CoA，故色氨酸为生糖兼生酮氨基酸。

（4）少部分色氨酸还可转变成维生素PP，但合成量很少，不能满足机体的需要。

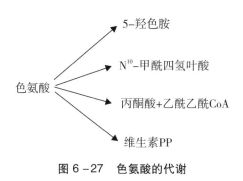

图 6-27 色氨酸的代谢

五、支链氨基酸的代谢

支链氨基酸包括缬氨酸、亮氨酸和异亮氨酸，它们都是营养必需氨基酸，主要在肝外分解。

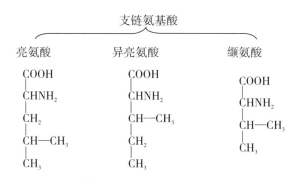

其在体内的分解首先通过转氨基作用生成相应的 α-酮酸；其次通过氧化脱羧生成相应的脂酰 CoA 进入三羧酸循环，其中，缬氨酸分解产生琥珀酰 CoA，亮氨酸产生乙酰 CoA 和乙酰乙酰 CoA，异亮氨酸产生琥珀酰 CoA 和乙酰 CoA。所以，这三种氨基酸分别是生糖氨基酸、生酮氨基酸和生糖兼生酮氨基酸。支链氨基酸的分解代谢主要在骨骼肌、脂肪、肾和脑组织中进行（见图 6-28）。

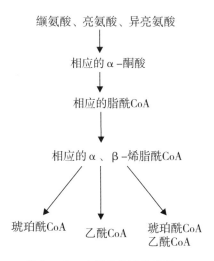

图 6-28 支链氨基酸的代谢

小　结

（1）食物蛋白质有营养价值的区别，评价是以机体需要为根本，满足机体需要的食物用量越少，这种食物的营养价值就越高，反之就越低。本书中对食物蛋白质的营养价值有哪些评价的标准？

（2）氮平衡是研究蛋白质代谢的一个重要指标，该指标反映机体摄入氮和排出氮之间的关系，用于衡量蛋白质在体内的代谢情况和人体的生长营养情况。氮平衡的三种情况有何意义？

（3）蛋白质消化过程实质是一系列酶促过程，由于唾液中不含水解蛋白质的酶，所以食物蛋白质的消化从胃开始，但主要在小肠。食物蛋白质主要经过哪些酶的消化？消化产物经何种方式吸收？未被消化的蛋白质和未被吸收的产物如何代谢？

（4）肝昏迷，又称肝性脑病。是由严重肝功能代偿不全引起、以代谢紊乱为基础的中枢神经系统综合征。其主要临床表现是意识障碍、行为失常和昏迷。请简述肝昏迷的假神经递质学说。

（5）未被吸收的氨基酸在肠道细菌的作用下，通过脱氨基作用可以生成氨。血液中的尿素渗入肠道，经肠菌尿素酶的水解也生成氨。如何理解对肝硬化患者灌肠时使用弱酸性溶液的原因？

（6）真核细胞内蛋白质的降解有哪些重要途径？

（7）脱氨基作用是指氨基酸在酶的催化下脱去氨基生成 α-酮酸的过程。氨基酸脱氨基的方式有哪些？α-酮酸如何代谢？

（8）氨基酸能转变生成糖和酮体，哪些氨基酸是生酮氨基酸？哪些氨基酸是生糖氨基酸？哪些氨基酸是生酮兼生糖氨基酸？

（9）氨是一种剧毒物质，人体内血氨浓度处于较低的水平，一般不超过 65 μmol/L。怎么理解氨的来源、转运、和去路？如何保持动态平衡？如何理解肝昏迷的氨中毒学说？

（10）一碳单位是指某些氨基酸在分解代谢中产生的含有一个碳原子的基团。一碳单位来源于何种氨基酸？有何意义？含硫氨基酸、芳香族氨基酸、支链氨基酸如何代谢？

测试题

1. 氮的总平衡常见于下列哪类人群？（　　）
   A. 正常人　　　　　　　　　　　B. 长期挨饿的人
   C. 孕妇和恢复期患者　　　　　　D. 发育时期青少年
   E. 恶性肿瘤晚期患者

2. 下列属于营养必需氨基酸的是（　　）。
   A. 丙氨酸　　　B. 甲硫氨酸　　　C. 甘氨酸　　　D. 丝氨酸
   E. 天冬氨酸

3. 体内氨的主要去路是（　　）。
   A. 渗入血液　　B. 生成谷氨酰胺　　C. 在肝中合成尿素　　D. 合成胆汁酸
   E. 合成非必需氨基酸

4. 在四氢叶酸中，结合一碳单位的位点除了 N-5 外还有那一个位点？（　　）
   A. N-10　　　B. N-2　　　C. N-3　　　D. C-6
   E. N-8

5. 用亮氨酸喂养实验性糖尿病犬时，从尿中大量排出的物质是（　　）。
   A. 葡萄糖　　　B. 酮体　　　C. 苹果酸　　　D. 苯丙氨酸

E. 乳酸

6. 尿素循环中既是起点又是终点的物质是（　　　）。

A. 天冬氨酸　　　　B. 鸟氨酸　　　　C. 瓜氨酸　　　　D. 氨基甲酰磷酸

E. 精氨酸

7. 临床上对高血氨病人作结肠透析时常用（　　　）。

A. 中性透析液　　B. 强碱性透析液　　C. 弱酸性透析液　　D. 弱碱性肥皂水

E. 以上都不对

8. 尿素中两个氨基来源于（　　　）。

A. 氨基甲酰磷酸和精氨酸　　　　　B. 鸟氨酸和谷氨酰胺

C. 氨基甲酰磷酸和天冬氨酸　　　　D. 氨基甲酰磷酸和天冬酰胺

E. 谷氨酰胺和天冬氨酸

9. 哪种酶先天缺乏可产生尿黑酸尿症（　　　）。

A. 尿黑酸氧化酶　　B. 酪氨酸酶　　C. 苯丙氨酸转氨酶　　D. 酪氨酸羟化酶

E. 苯丙氨酸羟化酶

10. 下列哪一种物质是体内氨的储存及运输形式（　　　）。

A. 谷氨酸　　　　B. 谷氨酰胺　　　　C. 精氨酸　　　　D. 鸟氨酸

E. 天冬氨酸

参考文献

[1] VOET D，VOET J G，PRATT C W. Fundamentals of Biochemistry：Life at the Molecular Level［M］.5th Edition. Hoboken：John Wiley & Sons，2016.

[2] BAYNES J W，DOMINICZAK M H. Medical Biochemistry［M］. 5th ed. Amsterdam：Elsevier Limited，2019.

[3] NESLSON D L，COX M M. Lehninger principles of biochemistry［M］.7th ed. San Francisco：W. H. Freeman and Company，2017.

[4] 周春燕，药立波. 生物化学与分子生物学［M］.9 版. 北京：人民卫生出版社，2018.

[5] 何凤田，李荷. 生物化学与分子生物学（案例版）［M］.北京：科学出版社.2017.

[6] 杨荣武，等. 生物化学原理［M］.3 版. 北京：高等教育出版社，2018.

（蔡苗）

第七章 核苷酸代谢

第一节 核苷酸代谢概述

一、核苷酸具有多种生物学功能

动植物和微生物一般自身可以合成各种嘌呤和嘧啶核苷酸。细胞中有多种游离核苷酸，它们在代谢过程中起着极其重要的作用。它们几乎参与了细胞所有的生化过程，可以总结如下：①核苷酸是核酸（DNA 和 RNA）生物合成的原材料；②ATP 是生物能量代谢中通用的高能化合物；③核苷酸衍生物为许多生物合成的反应提供活化的中间体，如 S - 腺苷甲硫氨酸（SAM）是体内重要的甲基供体，尿苷二磷酸葡萄糖是糖原合成中糖基的供体；④组成辅酶，如腺嘌呤核苷酸参与 NAD^+、$NADP^+$、FAD、FMN 和乙酰辅酶 A 等辅酶的合成；⑤某些核苷酸是代谢的调节物质，如体内某些物质（cAMP 和 cGMP 等）则是细胞的第二信使。一些核苷酸类似物在治疗癌症、病毒感染、自身免疫病及遗传病（如痛风症）等方面都具有独特的作用。

二、核苷酸经核酸酶水解后可被吸收

食物中的核酸多以核蛋白形式存在。核蛋白在胃酸及蛋白酶的作用下分解成核酸和蛋白质。核酸进入小肠，在胰液中核酸酶（RNA 酶、DNA 酶、内切核酸酶和外切核酸酶等）和肠液中多核苷酸激酶（磷酸二酯酶）的作用下，磷酸二酯键断裂并分解为单核苷酸。同时，单核苷酸在肠液中通过核苷酸酶（磷酸单酯酶）的作用分解为核苷和磷酸。核苷可以在核苷水解酶的作用下，水解为含氮的碱基（嘌呤和嘧啶）和戊糖；还可以在核苷磷酸酶的作用下，磷酸解成碱基和戊糖 - 1 - 磷酸（见图 7 - 1）。然后磷酸戊糖被磷酸酶催化分解成戊糖和磷酸。所有降解产物均可被细胞吸收，细胞内含有多种核酸酶，核酸在细胞内的分解过程类似于食物中核酸的消化过程，被吸收的核苷酸及核苷绝大部分在肠黏膜中被进一步分解。降解产物戊糖可参加体内的戊糖代谢，磷酸也可被机体再利用，但绝大部分的嘌呤和嘧啶被分解成尿酸等物质排出体外。因此，食物来源的碱基很少被机体利用，只有戊糖和磷酸可以被机体利用。

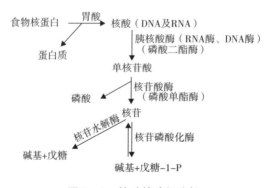

图 7 - 1 核酸的酶促降解

三、核苷酸代谢包括合成和分解代谢

核苷酸代谢包括合成代谢和分解代谢。核苷酸的合成代谢有两条途径：分别是从头合成途径（de novo synthesis pathway）和补救合成途径（salage pathway）。从头合成是指由简单前体分子（磷酸戊糖、氨基酸、一碳单位和 CO_2 等分子）通过一系列酶反应合成核苷酸的过程，这是主要的合成途径，主要在肝脏进行。补救合成途径是一条节能、简单的核苷酸生物合成途径，碱基不需要从头合成，而是回收核酸分解释放出的游离嘌呤和嘧啶碱基，实际上是核苷酸降解产物重新形成核苷酸的过程，脑、骨髓等器官中进行此途径合成核苷酸。这两种途径在细胞代谢中都很重要。

核苷酸的降解主要是嘌呤碱基和嘧啶碱基的降解过程，嘌呤碱基降解生成的是可排泄、有潜在毒性的化合物，而嘧啶碱基降解生成的产物容易代谢。

第二节　嘌呤核苷酸的合成与分解代谢

一、嘌呤核苷酸的合成代谢

（一）嘌呤核苷酸从头合成

1948 年，Buchanan 等给鸽子喂养各种同位素标记的化合物，并测定标记的原子在排出的尿酸中的位置，嘌呤前体是氨基酸（甘氨酸、天冬氨酸和谷氨酰胺）、CO_2 和 1 个碳单位（甲酰 – FH_4）等。同时，嘌呤环的同位素示踪实验表明，N_1 来自天冬氨酸，C_2 来自 N^{10} – 甲酰 – FH_4，N_3 和 N_9 来自谷氨酰胺，C_4、C_5 和 N_7 来自甘氨酸，C_8 来自 N^5，N^{10} – 甲炔 – FH_4（见图 7 – 2）。

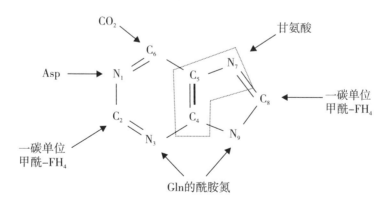

图 7 – 2　嘌呤环合成的原料来源

嘌呤核苷酸从头合成途径是嘌呤核苷酸合成的主要途径，参与嘌呤核苷酸合成的酶位于细胞质中，然而，并不是所有的细胞（如红细胞）都能进行这种代谢。肝脏是嘌呤核苷酸合成的主要器官，其次是小肠黏膜细胞和胸腺细胞。

嘌呤碱基几乎可以在所有生物体内合成，但 Buchanan 和 Greenberg 等人的研究结果表明，不同的生物具有完全相同的嘌呤核苷酸生物合成途径。最初合成的嘌呤衍生物是次黄嘌呤核苷酸（IMP），然后转变成 AMP 或 GMP。因此，嘌呤核苷酸以核糖核苷酸的形式合成，而不是先生成自由碱基。

1. 次黄嘌呤核苷酸的合成

次黄嘌呤核苷酸合成的过程复杂，首先需要 5-磷酸核糖-1-焦磷酸（PRPP）供给核苷酸的磷酸部分，最后在 C-1 位上完成嘌呤环的装配。其反应共有 11 步。

（1）生成 5-磷酸核糖-1-焦磷酸。在磷酸核糖焦磷酸激酶（phosphoribose pyrophosphokinase）的催化下，糖代谢过程中的磷酸戊糖途径生成的 5-磷酸核糖与 ATP 反应生成 5-磷酸核糖-1-焦磷酸（见图 7-3）。PRPP 是磷酸戊糖的活化形式，是嘌呤类核苷酸和嘧啶核苷酸共用的重要前体，也是组氨酸、色氨酸合成的前体，参与生物合成过程。

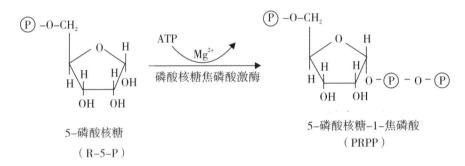

图 7-3　5-磷酸核糖-1-焦磷酸（PRPP）的合成

在 PRPP 的基础上，再经过 10 步反应合成次黄嘌呤核苷酸（见图 7-4）。

（2）获得嘌呤的 N-9 原子。谷氨酰胺在 PRPP 酰胺转移酶（amide transferase）的催化下，提供一个酰胺基团来取代 PRPP 的第 1 位碳的焦磷酸基团生成 5-磷酸核糖胺（PRA）。PRA 非常不稳定，在 pH 7.5 的条件下半衰期只有 30 s。这一步是由焦磷酸盐水解供能，是嘌呤合成的限速步骤，同时，酰胺转移酶是嘌呤合成的关键酶。

（3）获得嘌呤 C-4、C-5 和 N-7 原子。甘氨酸在甘氨酰胺核苷酸合酶（glycinamide ribotide synthetase）催化下，由 ATP 水解供能，甘氨酸与 PRA 加和，生成了甘氨酰胺核苷酸（GAR），从而为嘌呤的合成提供了 C-4、C-5、N-7 位的原子。此步反应是可逆反应，是合成过程中唯一的一步提供多个原子的反应。

（4）获得嘌呤 C-8 原子。GAR 的自由 α-氨基在 GAR 转甲酰基酶（GAR transformylase）的作用下，由 N^5，N^{10}-甲炔-FH_4 提供甲酰基生成甲酰甘氨酰胺核苷酸（FGAR），这为嘌呤环提供了 C-8 的原子。

在体内，N^5，N^{10}-甲炔-FH_4 的甲酰基可以由甲酸供给。甲酸经 ATP 活化后，由酶催化以甲酰基形式转移给四氢叶酸生成 N^5，N^{10}-甲炔-FH_4。

（5）获得嘌呤 N-3 原子。在 FGAR 酰胺转移酶（FGAR transtormylase）的催化下，ATP 水解释能，谷氨酰胺再次提供酰胺基到 FGAR 上，生成甲酰甘氨咪核苷酸（FGAM），这为嘌呤环提供了 N-3 的原子。此反应需要 ATP 供能及 Mg^+ 和 K^+ 参与。

(6) 嘌呤咪唑环的生成。FGAM 在 ATP 水解供能作用下,分子内重排、脱水后,闭环生成嘌呤核苷酸的五元咪唑环,即 5-氨基咪唑核苷酸(AIR),此反应也需要 ATP 供能及 Mg^+ 和 K^+ 参与。

(7) 获得嘌呤 C-6 原子。当嘌呤咪唑环生成后,产生嘌呤结构的第二个环所需的 6 个原子的 3 个就到位了。此时,由水溶液中的 CO_2 提供羧基,AIR 在 AIR 羧化酶(AIR carboxylase)催化下生成 5-氨基咪唑-4-羧酸核苷酸(CAIR),这为嘌呤环提供了 C-6 位的原子,反应需要生物素参与。

(8) 获得 N-1 原子。在 CAIR 合成酶催化下,天冬氨酸与 CAIR 缩合反应,生成 5-氨基咪唑-4-(N-琥珀酸)甲酰胺核苷酸(SAICAR)。天冬氨酸为嘌呤环提供 N-1 位的原子,反应需要 ATP 供能和 Mg^+ 参与。

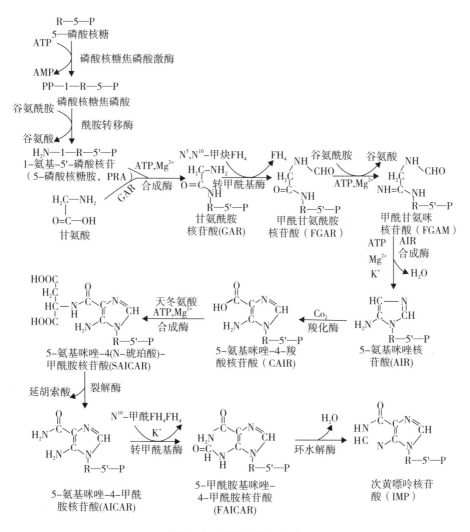

图 7-4 IMP 的生物合成

(9) 去除延胡索酸。在 SAICAR 转甲酰基酶（SAICAR transformylase）催化下，SAICAR 分子中天冬氨酸 N-C 键断裂，生成 5-氨基咪唑-4-甲酰胺核苷酸（AICAR）和延胡索酸。(8) 和 (9) 两步反应与尿素循环中精氨酸生成鸟氨酸的反应相似。

(10) 获得 C-2。AICAR 在 5-氨基咪唑-4-甲酰胺核苷酸甲酰转移酶（AICAR formyltransferase）催化下，由 N^{10}-甲酰-FH_4 提供嘌呤环的最后一个 C 原子 C-2，甲酰化生成 5-甲酰胺基咪唑-4-甲酰胺核苷酸（FAICAR）。

(11) 环化生成 IMP。FAICAR 在环化水解酶（cyclized hydrolases）作用下，脱水环化生成 IMP。此环化反应无须 ATP 供能。

2. AMP 与 GMP 的生物合成

上述反应生成的 IMP 不会堆积在细胞内，而是迅速转化为 AMP 和 GMP。

AMP 与 IMP 的区别仅是第 6 位的酮基被氨基取代（见图 7-5）。IMP 转变成 AMP 是由两步反应完成的。

在腺苷酸代琥珀酸合成酶（adenoid succinic acid synthase）的催化下，天冬氨酸的氨基与 IMP 相连生成腺苷酸代琥珀酸（AMPS），此反应由 GTP 水解供能。

AMPS 在 AMPS 裂解酶（lyase）作用下，裂解成延胡索酸和 AMP。

IMP 转变成 GMP 也由两步反应完成（见图 7-5）。

在次黄嘌呤核苷酸脱氢酶（IMP dehydrogenase）催化下，以 NAD^+ 为氢受体，IMP 氧化生成黄嘌呤核苷酸（xanthosinemonophosphate，XMP）。

在 GMP 合成酶催化下，谷氨酰胺提供酰胺基取代 XMP 中 C-2 上的氧生成 GMP，此反应由 GMP 合成酶催化，由 ATP 水解供能。

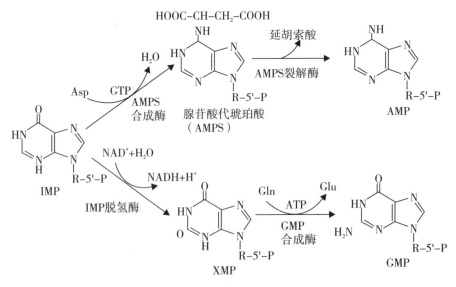

图 7-5 由 IMP 合成 AMP 和 GMP

3. 一磷酸核苷磷酸化生成二磷酸核苷和三磷酸核苷

要参与核酸的合成，一磷酸核苷（NMP）必须先转化为二磷酸核苷（NDP），然后再转化为三磷酸核苷（NTP），这些反应需要 ATP 提供高能磷酸基，还需要相应的酶催化才能发生。二磷酸核苷由碱基特异性的核苷一磷酸激酶（nucleoside monophosphate kinase）催化，由相应一磷酸核苷生成。例如，腺苷激酶催化 AMP 磷酸化生成 ADP。

$$NMP + ATP \xrightarrow{NMP 激酶} NDP + ADP$$

核苷二磷酸激酶（ribonucleoside diphosphate kinase）特异性低，对底物的碱基及戊糖（核糖或脱氧核糖）均无特异性。此酶通过底物 NTP 的"乒乓反应"使酶分子的组氨酶残基磷酸化，进而催化底物 NDP 的磷酸化。△G≈0，反应为可逆反应。

$$N_1DP + N_2TP \xrightarrow{ADP 激酶} N_1TP + N_2DP$$

4. 嘌呤核苷酸从头合成的调节

从头合成是人体内合成嘌呤核苷酸的主要途径。但这个过程要消耗氨基酸和 ATP。机体对合成速度有着精细的调节。嘌呤核苷酸从头合成受其最终产物腺苷酸和鸟苷酸的反馈调节。

嘌呤核苷酸从头合成途径主要在合成的前两个步骤进行调控，即催化 PRPP 和 PRA 的生成。磷酸核糖焦磷酸激酶受 ADP 和 GDP 反馈的抑制。磷酸核糖焦磷酸激酶被 ATP、ADP、AMP 及 GTP、GDP、GMP 抑制。ATP、ADP 和 AMP 与酶的一个抑制位点结合，GTP、GDP 和 GMP 与酶另一个抑制位点结合。因此，IMP 的生成速率是由腺嘌呤和鸟嘌呤核苷酸独立和协同调控的。此外，PRPP 可变构激活酰胺转移酶。

现已证明，并非所有的细胞都有能力从头合成嘌呤核苷酸。合成嘌呤核苷酸的主要器官是肝，其次是小肠黏膜和胸腺。

（二）嘌呤核苷酸的补救合成

嘌呤核苷酸的补救合成是利用现成的碱基或嘌呤核苷合成嘌呤核苷酸，过程简单、耗能少，主要有两条途径。第一条是由 PRPP 提供磷酸核糖，在磷酸核糖转移酶（phosphoribosyltransferase，PRT）的作用下，游离的嘌呤发生磷酸核糖化生成嘌呤核苷酸。第二条途径是嘌呤核苷的 5′-羟基在腺苷激酶催化下，被磷酸化而生成嘌呤核苷酸。

$$腺嘌呤 + PRPP \xrightarrow{腺嘌呤磷酸核糖转移酶（APRT）} AMP + PPi$$
$$次黄嘌呤 + PRPP \xrightarrow{次黄嘌呤/鸟嘌呤磷酸核糖转移酶（HGPRT）} IMP + PPi$$
$$鸟嘌呤 + PRPP \xrightarrow{次黄嘌呤/鸟嘌呤磷酸核糖转移酶（HGPRT）} GMP + PPi$$

腺嘌呤磷酸核糖转移酶（adenine phosphoribosyltransferase，APRT）受 AMP 的反馈抑制，次黄嘌呤/鸟嘌呤磷酸核糖转移酶（hypoxanthine/guanine phosphoribosyltransferase，HGPRT）受 IMP 和 GMP 的反馈抑制。

补救合成的生理意义主要在于：①可以节省从头合成能量和氨基酸的消耗；②体内某些器官缺乏从头合成嘌呤核苷酸的酶，只能进行补救合成嘌呤核苷酸，对这些器官来说，补救合成具有更重要意义。如自毁容貌综合征（Lesch – Nyhan syndrome）就是因为 HGPRT 基因缺陷，表现为生长发育迟缓、自咬嘴唇、手指致残、强迫性痉挛、舞蹈样手足徐动、智力低下，伴发高尿酸盐血症、痛风、尿酸盐肾结石、痛风性关节炎。患者大多在未成年时死于感染和肾功能衰竭。此病为 X 染色体连锁隐性遗传病，发病率 1/30 万，男性常见。

（三）体内嘌呤核苷酸的互变

前已述 IMP 可以转变成 AMP、XMP 和 GMP；其实，AMP 和 GMP 也可转变成 IMP，因此，AMP 和 GMP 之间也可以相互转变。为保持体内嘌呤核苷酸平衡，它们彼此可以互相转变。

（四）脱氧核苷酸的生成

在生物体内，脱氧核糖核苷酸（包括嘧啶核苷酸）是通过相应核糖核苷酸还原的，以 H 原子取代其核糖分子中 C - 2 上的羟基而生成，而非从脱氧核糖从头合成。此还原作用是在二磷酸核苷（NDP）水平上进行的（N 代表 A、G、U、C 等碱基）。

催化脱氧核糖核苷酸生成的酶是核糖核苷酸还原酶（ribonudeotide reductase）。已发现有四种不同的核糖核苷酸还原酶，此反应过程较复杂（见图 7 - 6）。硫氧化还原蛋白是核糖核苷酸还原酶的一种生理还原剂，所含硫基在核糖核苷酸还原酶作用下氧化为二硫键，供氢给 NDP 生成脱氧二磷酸核苷（dNDP）；酶分子中硫氧化还原蛋白的二硫键在硫氧化还原蛋白还原酶的催化下，由 NADPH 供氢重新还原为具还原活性的巯基的酶。脱氧核糖核苷酸被核糖核苷酸还原需要 2 个 H 原子，因此，NADPH 是 NDP 还原为 dNDP 的最终还原剂。核糖核苷酸还原酶是一种变构酶，包括两个亚基，只有两个亚基结合时，才具有酶活性。在 DNA 合成旺盛、分裂速度快的细胞中，核糖核苷酸还原酶系活性较强。

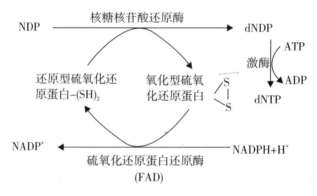

图 7 - 6　脱氧核苷酸的生成

dNDP 在磷酸激酶的催化下，由 ATP 供能生成脱氧三磷酸核苷（dNTP）。四种 dNTP 的合成水平受到反馈调节，细胞正常生长需要保持 dNTP 的适当比例。实际上，缺少任一种 dNTP 都是致命的，而一种 dNTP 过多可导致突变，因为过多的一种 dNTP 可错误掺入

DNA 链中。核糖核苷酸还原酶的活性对脱氧核糖核苷酸的水平起着决定作用。各种 dNTP 通过变构效应调节不同脱氧核糖核苷酸生成。因为，某一种特定 dNDP 经还原酶催化生成 dNDP 时，需要特定 NTP 的促进，同时会受到另一些 NTP 的抑制，通过这样的调节，使合成 DNA 的 4 种 dNTP 保持适当的比例。

（五）嘌呤核苷酸的抗代谢物

抗代谢物是指在化学结构上与正常代谢物相似，并与正常代谢具有竞争性拮抗作用的物质。嘌呤核苷酸的抗代谢物是嘌呤、氨基酸或叶酸等的类似物。它们主要以竞争性抑制或"以假乱真"方式干扰或阻断核苷酸的合成代谢，从而阻止核酸和蛋白质的生物合成，因此，这些嘌呤抗代谢物具有抗肿瘤作用。

嘌呤类似物主要有 6 - 巯基嘌呤（6-MP）、6 - 巯基鸟嘌呤、8 - 氮杂鸟嘌呤等，以6-MP 在临床上应用广泛。6-MP 是次黄嘌呤类似物，次黄嘌呤的 C - 6 上的羟基被巯基取代，形成 6-MP，这是它们结构上唯一的不同。6-MP 还可在体内生成 6 - 巯基嘌呤核苷酸，并以这种形式抑制 IMP 转变成 AMP 和 GMP。6-MP 还能直接通过竞争性抑制 HGPRT，使 PRPP 分子中的磷酸核糖不能向次黄嘌呤及鸟嘌呤转移，从而阻止补救合成。6-MP 通过多种方式作用于多步反应过程，从而阻断嘌呤核苷酸的从头合成和补救合成。

氨基酸类似物有氮杂丝氨酸（azaserine）和 6 - 重氮 - 5 - 氧正亮氨酸等，它们都与谷氨酰胺结构相似，可以干扰谷氨酰胺在嘌呤核苷酸合成中的作用，从而抑制嘌呤核苷酸合成。

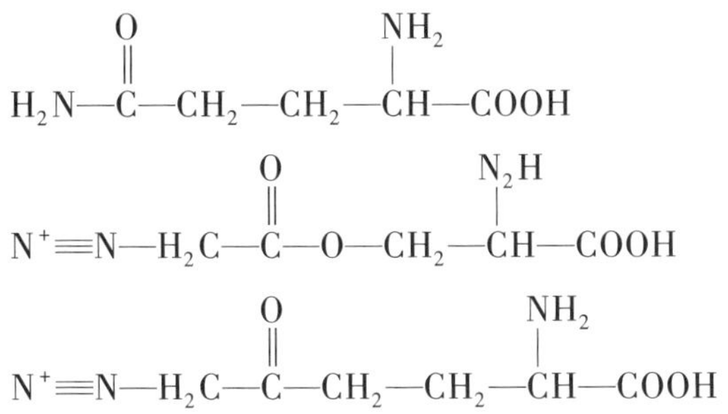

$$H_2N-\overset{O}{\underset{\|}{C}}-CH_2-CH_2-\overset{NH_2}{\underset{|}{CH}}-COOH \quad 谷氨酰胺$$

$$N^+\equiv N-H_2C-\overset{O}{\underset{\|}{C}}-O-CH_2-\overset{N_2H}{\underset{|}{CH}}-COOH \quad 氮杂丝氨酸$$

$$N^+\equiv N-H_2C-\overset{O}{\underset{\|}{C}}-CH_2-CH_2-\overset{NH_2}{\underset{|}{CH}}-COOH \quad 6 - 重氮 - 5 - 氧正亮氨酸$$

叶酸类似物有氨基蝶呤（aminopterin）和氨甲蝶呤（methotrexate，MTX），能竞争性抑制二氢叶酸还原酶，阻止叶酸转变成还原型的二氢叶酸及四氢叶酸。这就使嘌呤合成过程中，来自一碳单位的 C - 8 和 C - 2 均无原料供应，从而抑制嘌呤核苷酸的合成。MTX 在临床上常用于治疗白血病和其他癌症。

嘌呤核苷酸抗代谢物的作用可以归纳为图 7 - 7。嘌呤核苷酸抗代谢物作为药物，缺乏对癌细胞的特异性，对增殖率高的正常组织也具有杀伤作用，故毒副作用较大。

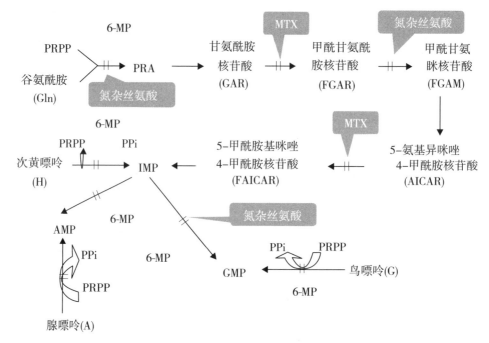

图7-7 嘌呤核苷酸抗代谢物的作用

(‖代表抑制)

二、嘌呤核苷酸的分解代谢

体内核苷酸的分解代谢与食物中核苷酸的分解代谢类似。嘌呤核苷酸可以在核苷酸酶的催化下,脱去磷酸成为嘌呤核苷,嘌呤核苷在嘌呤核苷磷酸化酶(purine nucleoside phosphorylase,PNP)的催化下转变为嘌呤及1-磷酸核糖。1-磷酸核糖可进一步转化成5-磷酸核糖,后者可作为合成PRPP的原料,或者进入磷酸戊糖途径进行氧化分解。嘌呤碱既可经补救合成途径后用于合成新的核苷酸,也可被氧化生成尿酸,并最终随尿排出体外(见图7-8)。

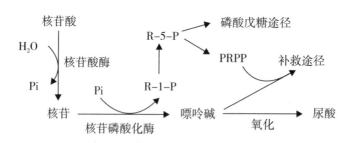

图7-8 嘌呤核苷酸的分解代谢

嘌呤碱基在脱氨酶催化下,腺嘌呤脱去氨基转化成次黄嘌呤,鸟嘌呤脱去氨基转化成黄嘌呤。在黄嘌呤氧化酶催化作用下首先催化次黄嘌呤生成黄嘌呤,然后在黄嘌呤氧化酶(xanthine oxidase)的催化下,黄嘌呤进一步生成尿酸(见图7-9)。肝、小肠、肾是嘌呤核苷酸分解代谢的主要器官。

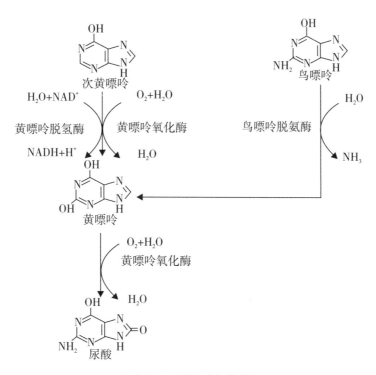

图 7-9 嘌呤分解代谢

在动物组织中，腺嘌呤脱氨酶含量非常少，而腺苷脱氨酶和腺苷酸脱氨酶活性较高，故腺嘌呤的脱氨基主要在核苷和核苷酸水平，鸟嘌呤脱氨酶含量多，所以鸟嘌呤脱氨基主要在碱基水平。

灵长类、鸟类、某些爬行类和昆虫缺乏分解尿酸的能力，因此，嘌呤代谢的最终产物是尿酸。其他类群的动物可以不同程度地分解尿酸。生成尿囊素，大多数鱼类也可生成尿素，而海洋无脊椎动物则可生成氨。

经同位素示踪研究，正常人体内尿酸池平均容量为 1200 mg，每天产生 750 mg，排出 500～1000 mg。在正常情况下，约 2/3 经肾脏排泄，其余 1/3 在肠道分解排出。

嘌呤在人体内的最终产物主要以尿酸及其钠盐的形式存在，两者水溶性很低。当人体的核酸大量分解（如白血病、恶性肿瘤等）或进食高嘌呤的食物（如动物内脏、鱼、花生、大豆、瘦肉等）或尿酸排泄失调的肾脏疾病时，若血尿酸水平超过 0.48 mmol/L，尿酸盐将在关节、软组织、软骨及肾脏等处形成过饱和结晶并沉积，导致关节炎、尿路结石、痛风及肾脏疾病等，痛风症多见于成年男性。治疗原则为：①使用促进尿酸排泄的药物，或抑制尿酸形成的药物。以别嘌呤醇（allopurinol）为例，别嘌呤醇跟次黄嘌呤结构类似，故可抑制黄嘌呤氧化酶；它在体内能被氧化为别黄嘌呤，而别黄嘌呤与黄嘌呤氧化酶结合形成不可逆复合物，因此，别嘌呤醇是黄嘌呤氧化酶的强抑制剂。②患者应多喝水以保持尿量，碱化尿液可减少血尿酸的产生。

第三节 嘧啶核苷酸的合成与分解代谢

一、嘧啶核苷酸的合成代谢

(一) 嘧啶核苷酸的从头合成

嘧啶核苷酸的合成比嘌呤简单,嘧啶核苷酸的从头合成始于嘧啶环的合成。核素实验证明,嘧啶环上 N-1、C-4、C-5 和 C-6 的原子都来源于天冬氨酸,C-2 来自 CO_2,N-3 则来自谷氨酰胺(见图 7-10)。

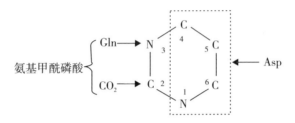

图 7-10 嘧啶环上原子的来源

1. 尿嘧啶核苷酸(UMP)的从头合成

所有的嘧啶核苷酸生物合成的前体都是 UMP。嘧啶核苷酸从头合成也需要 PRPP,但是并不像嘌呤核苷酸那样第一步反应就需要它,而是先合成嘧啶环,然后带嘧啶环的乳清酸再与 PRPP 反应生成嘧啶核苷酸。

整个 UMP 的从头合成途径可分为 6 步反应(见图 7-11)。

(1) 合成氨基甲酰磷酸(ammonia formyl phosphate)。在氨基甲酰磷酸合成酶Ⅱ(carbamyl phosphate synthetaseⅡ,CPS-Ⅱ)催化下,消耗 2 分子 ATP,以谷氨酰胺和 HCO_3^- 为原料合成 1 分子氨基甲酰磷酸,生成了嘧啶环的 C-2 和 N-3。

(2) 合成氨甲酰天冬氨酸(carbamyl aspartate)。在天冬氨酸转氨甲酰酶(aspartate transcarbamylase)催化下,氨基甲酰磷酸的氨基甲酰部分转移到天冬氨酸的氨基上,生成氨甲酰天冬氨酸。天冬氨酸转氨甲酰酶是细菌嘧啶从头合成的关键酶,此酶受产物的反馈抑制。

(3) 生成二氢乳清酸(dihydroorotate)。在二氢乳清酸酶(carbamylaspartic dehydrase)的作用下,氨甲酰天冬氨酸脱水环化生成 L-二氢乳清酸。

(4) 生成乳清酸(orotic acid)。在二氢乳清酸脱氢酶(dihydroorate dehydrogenase)的催化下,L-二氢乳清酸进一步被氧化生成乳清酸(NAD^+作为氢受体)。乳清酸与嘧啶环结构类似,至此,嘧啶环已经形成。

(5) 生成乳清酸核苷酸(orotidine monophosphate,OMP)。在乳清酸磷酸核糖转移酶(orotate phosphoribosyltransferase)催化下,乳清酸与 PRPP 反应生成 OMP。

（6）生成尿嘧啶核苷酸。乳清酸核苷酸脱羧酶（orotate decarboxylase）催化OMP脱羧生成UMP。

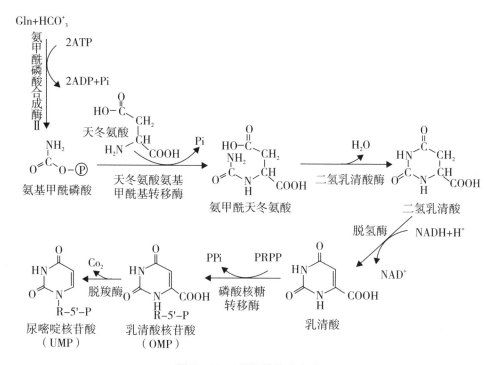

图7-11 UMP的从头合成

UMP的从头合成主要在肝中进行，二氢乳清酸脱氢酶分布在线粒体中，其他酶则分布在细胞液中。

在细菌中，生成UMP的6种酶是独立存在的，但在真核细胞中，嘧啶核苷酸的合成是由多功能酶催化的。现知氨基甲酰磷酸合成酶Ⅱ、天冬氨酸氨基甲酰转移酶及二氢乳清酸酶三者位于同一条分子质量为250 kDa的多肽链上，三者由共价键结合，是一个多功能酶。乳清酸磷酸核糖转移酶和乳清酸核苷酸脱羧酶这两个酶也是位于同一条分子质量为52 kDa的多肽链上。这种多功能酶的结构方式有利于提高合成效率，也便于调节嘧啶核苷酸的合成。

遗传性乳清酸尿症（orotic aciduria）是一种罕见的常染色体隐性遗传疾病，是由于乳清酸磷酸核糖转移酶和乳清酸核苷酸脱羧酶基因缺陷导致的乳清酸积累过多所致，临床表现为生长停滞、严重贫血、尿中乳清酸含量高。

2. 胞嘧啶核苷酸的合成

UMP在尿苷酸激酶和二磷酸核苷激酶的连续催化下，生成尿苷三磷酸（UTP）。UTP再在CTP合成酶的催化下，消耗1分子ATP，从谷氨酰胺接受氨基而生成胞苷三磷酸（CTP）（见图7-12）。

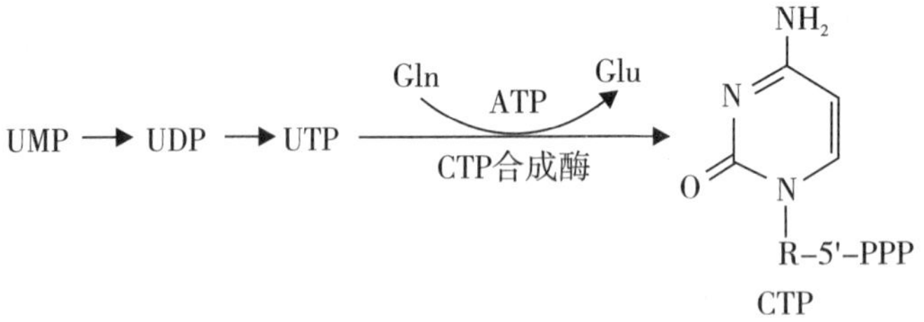

UMP → UDP → UTP $\xrightarrow[\text{CTP合成酶}]{\text{Gln ATP Glu}}$ CTP

图7-12 UTP和CTP的合成

3. 脱氧胸腺嘧啶核苷酸的合成

脱氧胸腺嘧啶核苷酸（dTMP）是脱氧核糖核酸的组成部分，由脱氧尿嘧啶核苷酸（dUMP）甲基化生成。dUMP甲基化生成dTMP是由胸腺嘧啶核苷酸合成酶（thymidylate synthetase，TS）催化，N^5，N^{10}-甲烯-FH_4提供甲基。N^5，N^{10}-甲烯-FH_4提供甲基后生成的FH_2，又可以再经二氢叶酸还原酶的作用，重新生成四氢叶酸。而dUMP主要来自dCMP的脱氨基，另外还可由dUDP水解生成。胸腺嘧啶核苷酸合成酶和二氢叶酸还原酶常可用于癌瘤化疗的靶点。（见图7-13）

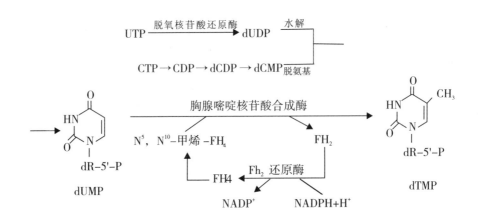

图7-13 脱氧胸腺嘧啶核苷酸的合成

（二）嘧啶核苷酸的补救合成

嘧啶核苷酸的补救合成途径与嘌呤核苷酸类似，在嘧啶磷酸核糖转移酶（pyrimidine phosphoribosyl transferase）的催化下，尿嘧啶、胸腺嘧啶与PRPP合成一磷酸尿嘧啶核苷酸，但目前还未发现胞嘧啶磷酸核糖转移酶，所以不能以胞嘧啶为底物，反应如下：

尿嘧啶 + PRPP $\xrightarrow{\text{尿嘧啶磷酸核糖转移酶}}$ MP + PPi

另外，嘧啶核苷激酶可使相应嘧啶核苷磷酸化成核苷酸，反应如下：

尿嘧啶核苷 + ATP $\xrightarrow{\text{尿苷激酶}}$ UMP + PPi

$$\text{脱氧胸苷} + \text{ATP} \xrightarrow{\text{尿苷激酶}} \text{dTMP} + \text{PPi}$$

(三) 嘧啶核苷酸的抗代谢物

和前述嘌呤核苷酸一样，嘧啶核苷酸的抗代谢物是嘧啶、氨基酸或叶酸等的类似物。它们影响代谢的方式与嘌呤抗代谢物相似，还具有类似嘌呤抗代谢物的抗肿瘤作用。

嘧啶类似物主要有 5 – 氟尿嘧啶（5-fluorouracil, 5-FU），其结构与胸腺嘧啶相似，但其本身无生物学活性，必须先在体内转化成一磷酸脱氧核糖氟尿嘧啶核苷（FdUMP）和三磷酸氟尿嘧啶核苷（FUTP）两种物质后，才能发挥作用。转化成的两种物质结构相似，既能抑制胸腺嘧啶核苷酸合成酶，从而阻断 dTMP 合成。FUTP 还可以 FUMP 形式掺入 RNA 分子，从而破坏 RNA 分子的结构和功能。

氮杂丝氨酸跟谷氨酰胺结构类似，可抑制 UMP、CTP 的合成；氨蝶呤及甲氨蝶呤干扰叶酸代谢，抑制 dUMP 利用一碳单位甲基化生成 dTMP，进而影响 DNA 的合成。另外，阿糖胞苷和环胞苷是改变了核糖结构的核苷类似物，能抑制 CDP 还原成 dCDP，也能影响 DNA 的合成。

嘧啶核苷酸抗代谢物的作用可以归纳为图 7 – 14。

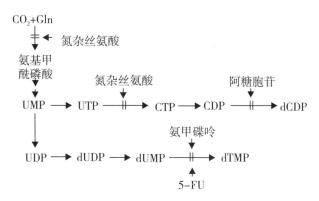

图 7 – 14　嘧啶核苷酸抗代谢物的作用
(‖表示抑制)

二、嘧啶核苷酸的分解代谢

嘧啶核苷酸的分解代谢途径与嘌呤核苷酸相似，通过核苷酸酶及核苷磷酸酶的作用分别将磷酸和核糖除去，产生的嘧啶碱在肝脏中再进一步分解。

嘧啶的分解代谢主要发生在肝脏。分解代谢过程中存在脱氨基、氧化、还原及脱羧基等反应。胞嘧啶脱氨基生成尿嘧啶。尿嘧啶和胸腺嘧啶在二氢嘧啶脱氢酶的催化下，通过 NADPH + H$^+$ 供氢，分别还原成为二氢尿嘧啶和二氢胸腺嘧啶。之后在二氢嘧啶酶催化下，嘧啶开环水解，终产物为 NH$_3$、CO$_2$、β – 丙氨酸及 β – 氨基异丁酸（见图 7 – 14），这些产物均易溶于水，随尿排出体外，这是不同于嘌呤碱的分解代谢之处。（见图 7 – 15）

进食富含 DNA 食物者、经放疗或化疗的患者，以及白血病患者，排出的尿中 β – 氨基异丁酸含量增多。这是细胞及核酸被破坏，嘧啶核苷酸分解增加所致。

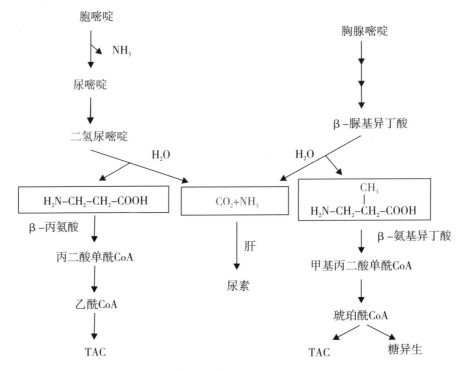

图 7-15 嘧啶的分解代谢

小　结

（1）次黄嘌呤核苷酸（IMP）从头合成是在 5-磷酸核糖的基础上，经过 10 步反应合成，氨基是由哪种物质提供的？AMP 和 GMP 又是怎么生成的？

（2）嘧啶核苷酸（UMP）的从头合成途径可分为 6 步反应，在连接 5-磷酸核糖（PRPP）首先合成的是什么？UMP 通过什么途径生成 UTP？UTP 再如何转换成 CTP？

（3）在补救途径中，PRPP 与嘌呤和嘧啶反应生成了什么物质？核苷酸和它们的成员在不同酶的作用下可以相互转换。

（4）脱氧核糖核苷酸是通过相应核糖核苷酸还原生成，此还原作用是在什么水平上进行的？催化脱氧核糖核苷酸生成的核糖核苷酸还原酶起作用的主要是什么？NDP 还原为 dNDP 的最终还原剂是什么？

（5）核苷酸的抗代谢物是一些碱基、氨基酸或叶酸等的类似物，嘌呤核苷酸和嘧啶核苷酸的抗代谢物主要有哪些？它们主要以什么方式干扰或阻断核苷酸的合成代谢？

（6）胸腺嘧啶核苷酸由脱氧尿嘧啶核苷酸甲基化生成，由什么酶催化？提供甲基的是什么？

（7）不同生物分解嘌呤碱的最终产物是不相同的。人类和灵长类嘌呤代谢的终产物是什么？大多数其他生物可进一步把尿酸降解成哪些物质？

● 测试题 ●

1. 下列不直接参与嘌呤环结构的合成的是？（　　）
A. CO_2　　　　　B. Gly　　　　　C. Asp　　　　　D. Gln
E. Ala

2. 嘌呤环上的第4位和第5位碳原子都来自（　　）。
A. Ala　　　　　B. Gly　　　　　C. Asp　　　　　D. Glu
E. 乙醇

3. 在嘌呤环的生物合成中，只提供一个碳原子给嘌呤环的化合物是（　　）。
A. HCO_3^-　　　B. Asp　　　　　C. 甲酸　　　　　D. Gln
E. Gly

4. 下列物质中，是嘌呤核苷酸生物合成的中间产物的是（　　）。
A. 乳清酸　　　　B. 乳酸　　　　　C. 乳清核苷酸　　D. 次黄嘌呤核苷酸
E. 尿酸

5. 嘧啶环中两个氮原子分别来自（　　）。
A. Gln + NH_3　　B. Gln + Asp　　C. Gln + Glu　　D. NH_3 + Asp
E. Gln 中的两个 N 原子

6. 嘧啶核苷酸从头合成中，关键的中间化合物是（　　）。
A. 乳清酸　　　　B. 乳酸　　　　　C. 尿酸　　　　　D. 尿囊素
E. 尿囊酸

7. 下列既参与了嘌呤核苷酸合成，又参与嘧啶核苷酸合成的物质是（　　）。
A. 谷氨酰胺　　　B. 谷氨酸　　　　C. 甘氨酸　　　　D. 丙氨酸
E. 天冬酰胺

8. 人体内嘌呤核苷酸被分解代谢后，主要的终产物是（　　）。
A. 尿素　　　　　B. 尿酸　　　　　C. 肌酐　　　　　D. 尿苷酸
E. 肌酸

9. 关于脱氧核糖核苷酸生成，错误的是（　　）。
A. 脱氧核糖核苷酸是通过相应核糖核苷酸还原而生成
B. 催化脱氧核糖核苷酸生成的酶是核糖核苷酸还原酶
C. 硫氧化还原蛋白是核糖核苷酸还原酶的一种生理还原剂
D. 由 NADPH 直接供氢给 NDP 生成 dNDP
E. 脱氧核糖核苷酸是在二磷酸核苷酸水平上进行的

10. 下面属于次黄嘌呤类似物抗代谢物的是（　　）。
A. 5 – FU　　　　B. 6 – MP　　　　C. 阿糖胞苷　　　D. 环胞苷
E. 氮杂丝氨酸

参考文献

［1］查锡良．生物化学［M］.7版．北京：人民卫生出版社，2012.

［2］李元明，关统伟．生物化学［M］.北京：科学出版社，2016.

［3］王希成．生物化学［M］.4版．北京：清华大学出版社，2015.

（邱逸敏）

第八章 血液的生物化学

血液（blood）是心血管系统内的液体组织。人体的血液总量约占体重的8%，由血浆（plasma）、血细胞和血小板组成，其中血浆占全血容积的55%～60%。而当血液凝固后析出淡黄色透明液体，称作血清（serum）。

人体血液中的含水量为77%～81%，比重为1.050～1.060，主要取决于血液内的血细胞数和蛋白质的浓度。正常血液的pH为7.40±0.05，血浆渗透压约7.70×10^2 kPa，即300 mOsm/kg·H_2O。

血液中除蛋白质以外的含氮物质，主要是尿素（urea）、尿酸（uric acid）、肌酸（creatine）、肌酐（creatinine）、氨基酸、氨、肽、胆红素（bilirubin）等，这些物质总称为非蛋白含氮化合物（non-protein nitrogenous compounds）。而这些化合物中所含的氮量则称为非蛋白氮（non-protein-nitrogen，NPN）。尿素是非蛋白含氮化合物中含量最多的一种物质，正常人尿素氮（blood-urea-nitrogen，BUN）含量约占血中NPN总量的1/3～1/2，因此，临床上测定血中BUN与测定NPN的意义基本相同。

第一节 血浆蛋白质

一、血浆蛋白质的分类与性质

人体血浆蛋白质总浓度为70～75 g/L，是血浆主要的固体成分。血浆蛋白质种类很多，并且各种蛋白质的含量差异很大。

（一）血浆蛋白质的分类

依据功能可将血浆蛋白质分为：①凝血系统类蛋白质与纤溶系统蛋白质，包括蛋白类凝血因子（除Ca^{2+}外）、纤溶酶原、纤溶酶、激活剂及抑制剂等；②免疫球蛋白和补体系统蛋白质；③血浆蛋白酶抑制剂；④脂蛋白；⑤载体蛋白；⑥其他功能的血浆蛋白质。

电泳是一种常用的分离蛋白质的方法。以pH 8.6的巴比妥溶液作为缓冲液，从阳极到阴极可将血浆蛋白质分成5条区带：白蛋白（albumin，又称清蛋白）、α1球蛋白（globulin）、α2球蛋白、β球蛋白和γ球蛋白。

（二）血浆蛋白质的性质

（1）大多数血浆蛋白质在肝合成，如白蛋白、纤维蛋白原和纤维粘连蛋白等都是在肝合成，而γ球蛋白是由浆细胞合成。

（2）血浆蛋白质的合成场所位于胞内的多聚核糖体上。

（3）除白蛋白外，几乎所有的血浆蛋白质均为糖蛋白。这些糖蛋白含有N-或O-连接的寡糖链，包含了许多生物信息，发挥着重要的生物学作用。

（4）多种血浆蛋白质呈现多态性。蛋白质多态性（protein polymorphism）是指一种蛋白质存在多种不同的变形，这些变形的产生是由于同一基因位点内的突变，产生复等位基因（multiple alleles），导致合成不同类型的蛋白质。人类蛋白质的多态性往往和人种及其地理分布有关，如ABO血型、运铁蛋白、铜蓝蛋白和免疫球蛋白等。

（5）每种血浆蛋白质都有自己特异的半衰期。各种血浆蛋白质具有自己特异的半衰期，如正常成人的白蛋白和结合珠蛋白的半衰期分别约为 20 d 和 5 d。

二、血浆蛋白质的功能

血浆蛋白质种类繁多，功能复杂。

（一）维持血浆胶体渗透压

白蛋白所产生的胶体渗透压占血浆胶体总渗透压的 75%～80%。当血浆白蛋白浓度过低时，血浆胶体渗透压下降，导致水分在组织间隙潴留，出现水肿。

（二）维持血浆正常的 pH

人体正常血浆的 pH 为 7.40±0.05。血浆蛋白盐与相应蛋白质形成缓冲对，参与维持血浆正常的 pH 的稳定。

（三）运输作用

血浆蛋白质能参与多种物质的运输。如血浆白蛋白能与脂肪酸、Ca^{2+}、胆红素、磺胺等多种物质结合。此外，血浆中还有皮质激素传递蛋白、运铁蛋白、铜蓝蛋白等结合运输血浆中某种特定物质。

（四）免疫作用

血浆中的免疫球蛋白，即抗体，包括 IgG、IgA、IgM、IgD 和 IgE，在体液免疫中起着至关重要的作用。补体能够协助抗体完成免疫功能。免疫球蛋白能识别并结合特异性抗原，所形成的抗原抗体复合物激活补体系统产生溶菌和溶细胞现象。

（五）催化作用

血清中有数量众多的酶，根据酶的来源及其在血清中发挥催化功能的情况，分为以下三类：

1. **血浆功能酶**

血浆功能酶由各个组织（尤其是肝）合成后分泌入血，主要在血浆发挥催化功能，如蛋白水解酶、脂蛋白脂肪酶和肾素等。

2. **外分泌酶**

人体外分泌腺分泌的酶包括胃蛋白酶、胰蛋白酶、胰淀粉酶、胰脂肪酶和唾液淀粉酶等。正常条件下，这些酶只有极少量逸入血浆，与血浆的正常生理功能无直接的关系。当这些外分泌腺受损时，逸入血浆的酶含量及酶活性增加，临床上常用于辅助诊断。

3. **细胞酶**

细胞酶存在于组织和细胞内，参与机体的物质代谢，也称为代谢酶。随着细胞的新陈代谢，这些酶可少量或微量释放入血。当这些组织器官出现病变时，血浆内相应的酶含量及酶活性增高，临床上常用于辅助诊断。

（六）营养作用

每个成人共有约 3 L 血浆，其中约有 200 g 蛋白质。体内的某些细胞，如单核 - 吞噬细胞系统，能吞噬血浆蛋白质，然后由细胞内的酶将蛋白质分解为氨基酸参入氨基酸池，用于体内的物质与能量代谢。

（七）凝血、抗凝血和纤溶作用

血浆中存在多种凝血因子、抗溶血及纤溶物质，它们共同发挥生理作用。

（八）血浆蛋白质异常与临床疾病

血浆蛋白质在人体正常代谢中有重要功能，血浆蛋白质异常见于多种临床疾病，如风湿病、肝疾病和多发性骨髓瘤等。

1. 风湿病

风湿病血浆蛋白质的异常包括：①免疫球蛋白升高，尤其是 IgA，并可有 IgG 及 IgM 的升高；②炎症活动期可出现 α_1AG、Hp、C3 成分的升高。

2. 肝疾病

肝硬化患者血浆蛋白质含量呈现特征性改变，包括白蛋白减少、球蛋白增加、白蛋白/球蛋白（A/G）倒置等。

3. 多发性骨髓瘤

多发性骨髓瘤是一种浆细胞恶性增生导致的肿瘤，其蛋白质电泳图谱表现为：①在原 γ 区带之外出现另外一条新的、特征性的 M 蛋白峰；②白蛋白区带下降。

第二节　血红素的合成

血红蛋白（hemoglobin，Hb）是红细胞中最主要的成分，由珠蛋白和血红素（heme）构成。血红素是血红蛋白的辅基，同时也是肌红蛋白、细胞色素、过氧化物酶等蛋白的辅基。参与血红蛋白构成的血红素主要在骨髓的幼红细胞和网织红细胞中合成。

一、血红素的合成过程

合成血红素的基本成分包括甘氨酸、琥珀酰 CoA 和 Fe^{2+} 等。合成的起始和终末阶段在线粒体内进行，而中间阶段在细胞质内进行。血红素的生物合成受多种因素的调节。血红素的生物合成可分为以下四个步骤。

（一）δ-氨基-γ-酮戊酸（ALA）的合成

在细胞的线粒体中，琥珀酰 CoA 与甘氨酸缩合生成 δ-氨基-γ-酮戊酸（δ-aminolevulinic acid，ALA）。催化此反应的酶是 ALA 合酶（ALA synthase），其辅酶是磷酸吡哆醛。ALA 合酶是血红素合成的限速酶，受血红素的反馈调节。

（二）胆色素原的合成

在线粒体生成的 ALA 随后进入胞质，在 ALA 脱水酶（ALA dehydrase）催化下，生成 1 分子胆色素原（porphobilinogen，PBG）。ALA 脱水酶的氨基酸残基含有巯基，铅等重金属可显著抑制其活性。

（三）尿卟啉原与粪卟啉原的合成

在胞质中，尿卟啉原Ⅰ同合酶（UPGⅠ cosynthase，又称胆色素原脱氨酶）和尿卟啉原Ⅲ同合酶（UPG Ⅲ cosynthase）催化胆色素原生成尿卟啉原Ⅲ（UPG Ⅲ）。尿卟啉原Ⅲ脱羧酶进一步催化尿卟啉原Ⅲ生成粪卟啉原Ⅲ（coproporphyrinogen Ⅲ，CPG Ⅲ）。

（四）血红素的生成

胞质中生成的粪卟啉原Ⅲ重新进入线粒体，在粪卟啉原Ⅲ氧化脱羧酶和原卟啉原Ⅸ氧化酶催化下，生成原卟啉Ⅸ（protoporphyrin Ⅸ）。亚铁螯合酶（ferrochelatase，又称血红素合成酶）催化原卟啉Ⅸ和Fe^{2+}结合，生成血红素。铅等重金属可显著抑制亚铁螯合酶的活性。

整个血红素的是生物合成过程如图8-1所示。

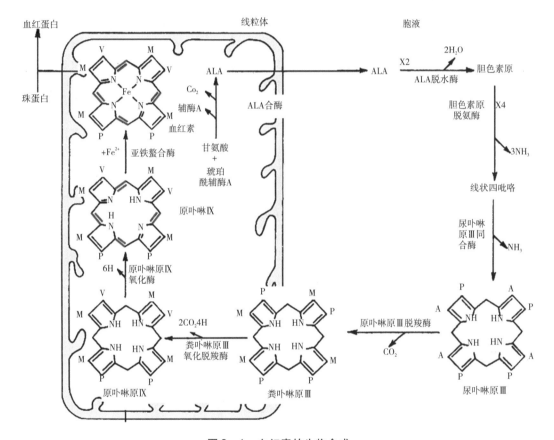

图8-1 血红素的生物合成

二、血红素合成的调节

血红素的合成受到多种因素的调节，其中最主要的调节步骤是ALA的合成。

（一）ALA合酶

血红素合成酶系中，ALA合酶是限速酶，其活性受血红素的负反馈抑制。此外，血红素还可以抑制ALA合酶的合成。由于磷酸吡哆醛是ALA合酶的辅基，维生素B_6的缺乏也影响血红素的合成。正常情况下，血红素在合成后立即迅速与珠蛋白结合生成血红蛋白，一般不会出现过多的血红素堆积；而血红素结合成血红蛋白后，对 ALA 合酶不再有抑制作用。如果血红素的合成速度大于珠蛋白的合成速度，体内过多的血红素被氧化成高铁血红素，后者对 ALA 合酶具有强烈的抑制作用。而某些固醇类激素，如睾酮在肝脏5β-还原酶作用下生成5β-氢睾酮，后者能诱导 ALA 合酶的产生，从而促进血红素的生成。

许多在肝中进行生物转化的物质，如巴比妥、灰黄霉素等药物，以及一些致癌物质、杀虫剂等，均可导致肝 ALA 合酶显著增加，因为这些物质的生物转化作用需要细胞色素 P450，后者的辅基正是铁卟啉化合物。由此，通过肝 ALA 合酶的增加，以适应机体生物转化的需求。

（二）ALA 脱水酶与亚铁螯合酶

ALA 脱水酶虽然也受到血红素的负反馈抑制，但由于 ALA 脱水酶较 ALA 合酶强约80倍，故血红素的抑制基本上是通过 ALA 合酶而起作用。ALA 脱水酶和亚铁螯合酶对重金属的抑制均非常敏感，因此，铅中毒常表现为血红素合成的抑制。此外，亚铁螯合酶还需要还原剂（如谷胱甘肽），如体内出现还原剂的不足也会抑制血红素的合成。

（三）促红细胞生成素

促红细胞生成素（erythropoietin，EPO）主要在肾合成，缺氧时即释放入血，运至骨髓，促使骨髓中有核红细胞的成熟以及血红素和 Hb 的合成。EPO 是人体红细胞生成的主要调节剂。

卟啉症（porphyria）是指在血红素合成中，由于缺乏某种酶或酶活性降低，而引起的一组铁卟啉合成代谢异常疾病，导致卟啉或其中间代谢物排出增多。卟啉症分为先天性和后天性两大类。先天性卟啉症是由某种遗传性血红素合成酶系缺陷所导致的。后天性卟啉症则主要指铅、汞中毒或某些药物中毒引起的铁卟啉合成障碍，如铅、汞等重金属中毒，除了抑制 ALA 脱水酶与亚铁螯合酶外，还能抑制尿卟啉合成酶。

第三节 血细胞物质代谢

血液中存在有多种血细胞，包括红细胞、白细胞和血小板。由于血细胞的结构和功能特点，它们在物质代谢上与其他细胞也有着明显的不同之处。本节重点介绍红细胞和白细胞的主要代谢特点。

一、红细胞的代谢

红细胞（red blood cell，erythrocyte）是血液中数目最多的细胞。它是在骨髓中由造血干细胞向红系造血祖细胞定向分化而成。在红系细胞发育过程中，先后经历了原始红细胞、早幼红细胞、中幼红细胞、晚幼红细胞、网状红细胞、成熟红细胞。在发育过程中，红细胞发生了一系列形态和代谢方面的改变（见表8-1）。

表 8-1 红细胞成熟过程中的代谢变化

代谢能力	有核红细胞	网织红细胞	成熟红细胞
分裂增殖能力	+	-	-
DNA 合成	+	-	-
RNA 合成	+	-	-
RNA 存在	+	+	-
蛋白质合成	+	+	-
血红素合成	+	+	-
脂类合成	+	+	-
三羧酸循环	+	+	-
氧化磷酸化	+	+	-
糖酵解	+	+	+
磷酸戊糖途径	+	+	+

注:"+""-"分别表示该途径有或无。

(一) 成熟红细胞的代谢特点

1. 糖代谢

哺乳动物的成熟红细胞没有细胞核和线粒体等细胞器,其代谢比一般细胞简单。葡萄糖是成熟红细胞的主要能量物质。血液循环中的红细胞每天从血浆摄取大约 30 g 葡萄糖,其中 90%～95% 经糖的无氧氧化和 2,3-二磷酸甘油酸旁路(2,3-bisphoglycerate shunt,2,3-BPG shunt)代谢,5%～10% 通过磷酸戊糖途径进行代谢。

(1) 糖的无氧氧化是红细胞获得能量的唯一途径。红细胞胞内糖的无氧氧化代谢过程与其他细胞相同。1 mol 葡萄糖经无氧氧化生成 2 mol 乳酸的过程中,净生成 2 mol ATP,这是红细胞获得能量的唯一途径。

(2) 2,3-二磷酸甘油酸旁路(2,3-BPG 旁路) 2,3-BPG 旁路是指在糖酵解过程中,一部分 1,3-二磷酸甘油酸(1,3-BPG)在二磷酸甘油酸变位酶的催化下,生成 2,3-二磷酸甘油酸(2,3-BPG);2,3-BPG 在 2,3-二磷酸甘油酸磷酸酶的催化下,又可以水解生成 3-磷酸甘油酸,重新进入糖酵解的代谢过程(见图 8-2)。

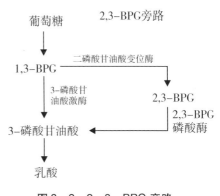

图 8-2 2,3-BPG 旁路

红细胞内 2,3-BPG 主要功能是调节血红蛋白的运氧功能。2,3-BPG 带有 5 个负电荷,能进入脱氧血红蛋白分子 4 个亚基的对称中心的空穴内,并且与空穴侧壁的 2 个 β 亚基上的 5 个正电基团通过离子键紧密结合(见图 8-3),从而使血红蛋白分子的 T 构象更加稳定,降低了脱氧血红蛋白分子和 O_2 的亲和力。当血液流经氧分压较高的肺组织时，2,3-BPG 对于 Hb 和 O_2 的结合影响不大；而当血液流经氧分压较低的外周组织时，2,3-BPG 可以明显促进了红细胞内氧合血红蛋白分子（HbO_2）对于 O_2 的释放。

（3）磷酸戊糖途径。红细胞胞内磷酸戊糖途径的代谢过程与其他细胞相同，主要的生理功能是产生 $NADPH + H^+$。磷酸戊糖途径是红细胞生成 $NADPH + H^+$ 的唯一途径。$NADPH + H^+$ 是红细胞内极其重要的还原当量，能拮抗氧化剂，保护红细胞胞膜蛋白质、胞膜脂质、胞内血红蛋白以及各种含巯基的酶等不被氧化损伤，维持红细胞正常的形态和生理功能。

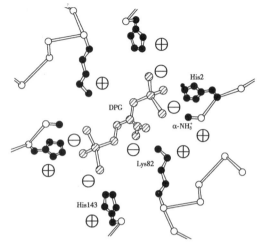

图 8-3　2,3-BPG 与血红蛋白的结合

2. 脂类代谢

成熟红细胞没有线粒体等多种细胞器，因此无法从头合成脂肪酸、甘油三酯、磷脂、胆固醇和胆固醇酯等，也不能利用甘油三酯作为能源。成熟红细胞的脂质几乎都存在于细胞膜上，并通过主动掺入和被动交换等方式不断与血浆进行脂质交换，维持其细胞膜的正常组成、结构和功能。

二、白细胞的代谢

人体白细胞（white blood cell, leukocyte）由粒细胞、淋巴细胞和单核巨噬细胞三大系统组成。白细胞是免疫系统的重要组成，其主要功能是抵抗各种外来病原体。白细胞具有其特有的代谢特点。

（一）糖代谢

粒细胞胞内只有少量的线粒体，因此，糖的无氧氧化是粒细胞主要的糖代谢途径；单核巨噬细胞可以进行糖的无氧氧化和有氧氧化，以前者为主；淋巴细胞较为复杂，不同亚型、不同状态下的淋巴细胞糖代谢特点有所不同，如 T 淋巴细胞激活前主要通过糖的有氧氧化获得能量，激活后则主要通过糖的无氧氧化获能。

（二）脂类代谢

中性粒细胞不能从头合成脂肪酸；中性粒细胞和单核巨噬细胞激活后，可将花生四烯酸转变为白三烯；单核巨噬细胞激活后还能进一步将白三烯转变为血栓素（thromboxane，血栓噁烷）和前列腺素。

（三）氨基酸和蛋白质代谢

成熟粒细胞胞内缺乏内质网，因此蛋白质合成不活跃，但是胞内氨基酸代谢，尤其是组氨酸脱羧生成组胺的反应非常活跃；单核巨噬细胞蛋白质代谢很活跃，能够合成和分泌多种酶、补体和细胞因子。

小　结

（1）血液由有形的红细胞、白细胞和血小板及液态的血浆组成。血浆的主要成分是水，还含有蛋白质、无机盐和有机小分子等成分。蛋白质是血浆中含量最多的可溶性固体成分，请问血浆蛋白质具有哪些重要的生理功能？

（2）红细胞能利用琥珀酰 CoA、甘氨酸和 Fe^{2+} 合成血红素。请问血红素生物合成的关键酶是什么？

（3）成熟红细胞和具有吞噬功能的白细胞能进行哪些胞内代谢呢？回答这个问题，需融合细胞生物学相关知识。

测试题

1. 人体内，血浆蛋白质含量最多的是（　　）。
A. α球蛋白　　　　B. 纤维蛋白原　　　C. 清蛋白　　　　D. β-球蛋白
E. γ-球蛋白

2. 人体内，血红素合成的部位在（　　）。
A. 细胞液　　　　B. 线粒体　　　　C. 微粒体　　　　D. 内质网
E. 线粒体和细胞液

3. 人体内，成熟红细胞的能量主要来源于糖代谢的哪条途径？（　　）
A. 有氧氧化　　　B. 无氧氧化　　　C. 磷酸戊糖旁路　　D. 糖原分解
E. 糖醛酸循环

4. 人体内，血红素合成的关键酶是（　　）。
A. ALA 脱水酶　　B. ALA 合酶　　　C. 血红素合成酶　　D. 尿卟啉原Ⅰ合成酶
E. 尿卟啉原Ⅲ合成酶

5. 人体内，成熟红细胞的 NADPH 主要来源于哪条途径？（　　）
A. 糖的有氧氧化　B. 糖酵解　　　　C. 2,3-BPG 旁路　　D. 磷酸戊糖途径
E. 糖醛酸循环

6. 人体内，成熟红细胞的主要能源物质是（　　）。
A. 脂肪酸　　　　B. 糖原　　　　　C. 葡萄糖　　　　D. 酮体
E. 氨基酸

（王青松　赵虹）

第九章 肝的生物化学

物质与能量代谢

肝是人体最大的实质性器官，也是最大的腺体，在消化、吸收、排泄、生物转化及物质代谢中均起着重要的作用。肝在组织结构和生物化学方面具有以下四大特点：①具有肝动脉和门静脉双重血液供应；②具有肝静脉和胆道系统双重输出通道；③具有丰富的血窦，血窦中血流速率减慢，使得肝细胞有充足的物质交换时间；④肝脏含有丰富的亚细胞结构，如线粒体、内质网、高尔基体、溶酶体和过氧化物酶体等，为机体物质代谢提供了场所。因此，肝被称为"物质代谢的中枢"。

第一节 肝在物质代谢中的作用

一、肝在糖代谢中的作用

肝是调节血糖浓度的主要器官。肝维持血糖浓度的相对恒定是通过糖原合成、糖原分解和糖异生来实现的，从而确保全身各组织特别是大脑和红细胞的能量供应。进食后，血糖浓度升高，肝细胞利用血糖合成糖原，过多的糖可进一步转变为脂肪贮存起来，从而降低血糖，维持血糖浓度的恒定。空腹时，血糖被全身各组织细胞不断摄取利用，此时，肝糖原迅速分解为葡萄糖以补充血糖，使血糖浓度不致过低。长期饥饿条件下，肝通过糖异生作用将甘油、乳酸、生糖氨基酸等非糖物质转化为葡萄糖和糖原。

二、肝在脂类代谢中的作用

肝在脂类的消化、吸收、分解、合成和运输中均起着重要的作用：①将胆固醇转化为胆汁酸，促进脂类物质的消化吸收；②是脂肪酸合成、分解和酮体合成的主要器官；③是胆固醇合成和降解的主要器官；④是合成磷脂和脂蛋白的主要器官。

三、肝在蛋白质代谢中的作用

肝内蛋白质代谢极为活跃。

（一）合成代谢

肝除合成自身所需蛋白质外，还可合成血浆蛋白质。除 γ-球蛋白外，几乎所有的血浆蛋白质均来自肝，如清蛋白、载脂蛋白、纤维蛋白原、凝血酶原等。

（二）分解代谢

肝在血浆蛋白质分解代谢中起着重要的作用。肝细胞通过细胞表面特异性受体识别特定血浆蛋白质，经胞饮作用，被溶酶体降解为氨基酸。肝具有十分丰富的氨基酸代谢的酶类，可进行氨基酸的转氨基、脱氨基、脱羧基等代谢活动。肝对支链氨基酸之外的其他所有氨基酸均具有很强的代谢能力。此外，肝还是解除氨毒的主要器官，各种来源的氨都可在肝脏通过鸟氨酸循环合成尿素，随尿排出体外。

四、肝在维生素代谢中的作用

肝在维生素的吸收、运输、转化、贮存等方面发挥重要作用。肝分泌胆汁酸，可促进脂溶性维生素 A、维生素 D、维生素 E、维生素 K 的吸收；肝是人体内维生素 A、维生素 E、维生素 K、维生素 B_{12} 的主要贮存器官；肝可直接参与多种维生素的代谢转化，例如，将胡萝卜素转变为维生素 A，维生素 B_1 转化成硫胺素焦磷酸酯（TPP），维生素 B_6 转化成磷酸吡哆醛，维生素 PP 转变为辅酶 I（NAD^+）和辅酶 II（$NADP^+$），泛酸转变为辅酶 A（CoA），等等。

五、肝在激素代谢中的作用

许多激素在其发挥调节作用后，主要在肝脏内被分解转化，从而降低或失去活性，称为激素的灭活作用（inactivation of hormone）。激素灭活对于激素作用时间长短和强度起着调控作用。肝是体内类固醇激素、蛋白质激素、儿茶酚胺类激素及许多肽类激素灭活的主要场所。当肝功能严重受损时，肝对激素的灭活功能降低，使体内某些激素水平升高，如醛固酮、抗利尿激素在体内堆积，引起水、钠滞留；雌激素过多可出现男性乳房发育、肝掌、蜘蛛痣等临床症状。

第二节 肝的生物转化作用

一、生物转化概述

在物质代谢过程中机体产生或由外界摄入的一些物质，既不能作为构建组织细胞的成分，又不能提供能量，称为非营养物质。按来源不同，可分为内源性和外源性两类。内源性物质是机体在代谢过程中产生的，包括有毒代谢产物如氨、胆红素等和生物活性物质如激素、神经递质等；外源性物质有药物、毒物、食物添加剂、色素和环境污染物等。机体对非营养性物质进行代谢转变，增加其极性或水溶性，使其易随胆汁或尿液排泄，这种体内转化过程称为生物转化（biotransformation）。肝脏是机体生物转化最重要的器官。

二、生物转化反应的主要类型与特点

生物转化反应可概括为两相反应。第一相反应包括氧化、还原、水解反应；第二相反应为结合反应。一些物质经过第一相反应即可充分代谢，迅速排出体外。但某些物质经过第一相反应后，极性的改变不明显，必须与某些极性更强的物质（如葡萄糖醛酸、硫酸、氨基酸等）结合，即第二相反应，使溶解度增加，才能最终排出体外。

（一）第一相反应——氧化、还原、水解反应

1. 氧化反应

（1）加单氧酶系。加单氧酶系存在于微粒体中，是最重要的氧化酶类。加单氧酶系由细胞色素 P_{450} 和 NADPH - 细胞色素 P_{450} 还原酶组成，该酶系能激活分子氧，使其中一个氧原子加在底物分子中形成羟基，所以称为加单氧酶系，也称为羟化酶；另一个氧原子被 NADPH 还原生成水，由于一个氧分子发挥了两种功能，所以又称之为混合功能氧化酶。其催化的总反应如下：

$$RH + O_2 + HADPH + H^+ \xrightarrow{\text{加单氧酶系}} ROH + NADP^+ + H_2O$$

（2）单胺氧化酶系。单胺氧化酶系存在于肝细胞线粒体中，是一种黄素蛋白。此酶可催化胺类物质氧化脱氨基生成相应的醛，后者可进一步氧化为酸。肠道蛋白质腐败作用产生的各种胺类，如酪胺、尸胺、腐胺等和体内多种生理活性物质如 5-羟色胺、儿茶酚胺类等均可在单胺氧化酶的催化下氧化为醛和氨。其反应式如下：

$$RCH_2NH_2 + O_2 + H_2O \longrightarrow RCHO + NH_3 + H_2O_2$$

（3）脱氢酶系。脱氢酶系分布于肝细胞微粒体和胞液中，包括醇脱氢酶（alcohol dehydrogenase，ADH）、醛脱氢酶（aldehyde dehydrogenase，ALDH），两者均以 NAD^+ 为辅酶，分别催化醇或醛氧化，生成相应的醛或酸类。其反应式如下：

$$RCH_2OH + NAD^+ \xrightarrow{ADH} RCHO + NADH + H^+$$
$$RCHO + NAD^+ + H_2O \xrightarrow{ALDH} RCOOH + NADH + H^+$$

如饮酒时，90% 的乙醇进入肝内进行生物转化，先由乙醇氧化为乙醛，再由乙醛氧化为乙酸。体内过多的乙醛对肝脏具有直接毒性；乙醇的氧化使肝细胞胞液中 $NADH/NAD^+$ 比值升高，过多的 NADH 可使胞液中的丙酮酸还原成乳酸；严重酒精中毒导致乳酸和乙酸堆积，可引起酸中毒和电解质平衡紊乱，并使糖异生受阻从而引起低血糖。

2. 还原反应

肝细胞微粒体中含有硝基还原酶类和偶氮还原酶类等还原酶系。在无氧条件下，此酶以 NADH 或 NADPH 为供氢体，分别催化硝基化合物和偶氮化合物还原生成相应的胺类。硝基化合物多见于食品防腐剂、工业试剂等。偶氮化合物常见于食品色素、化妆品、纺织与印刷工业等。有些可能是前致癌物（见图 9-1）。

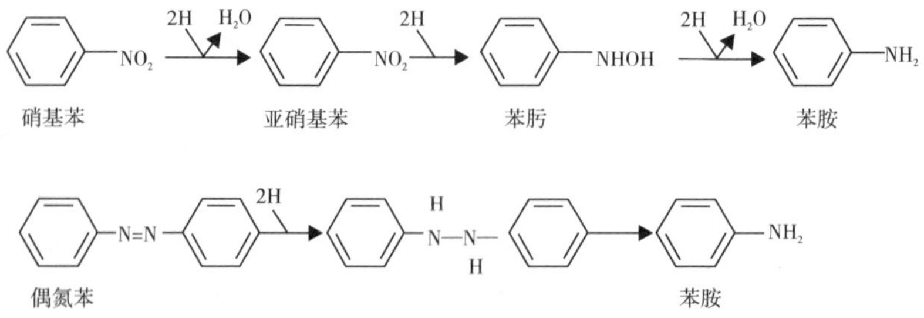

图 9-1 硝基苯的还原反应

3. 水解反应

肝细胞中含有多种水解酶，如酯酶、酰胺酶、糖苷酶等，分别催化脂类、酰胺类及糖苷等化合物的水解。如人肝细胞中水解酯酶可催化乙酰水杨酸生成水杨酸和乙酸（见图9-2）。

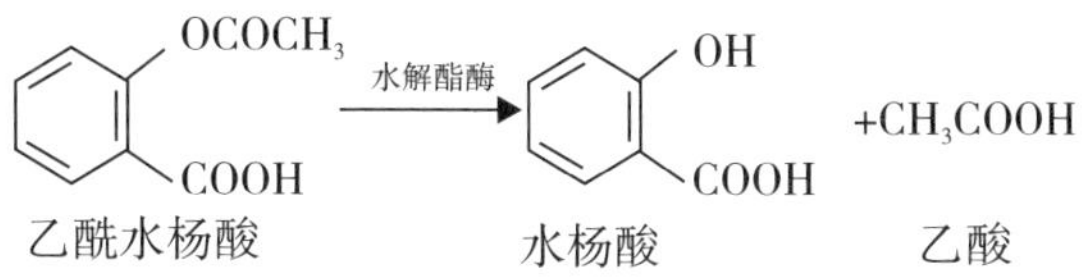

图 9-2 水解反应

（二）第二相反应——结合反应

结合反应是体内最重要的生物转化方式。凡含有羟基、羧基或氨基等功能基团的药物、毒物或激素均可发生结合反应，可供结合的化合物或基团有葡萄糖醛酸、硫酸、乙酰辅酶 A、谷胱甘肽、甘氨酸、甲基等。

1. 葡萄糖醛酸结合反应

葡萄糖醛酸结合是最为重要和普遍的结合方式。尿苷二磷酸葡萄糖醛酸（uridine diphosphate glucuronic acid，UDPGA）为葡萄糖醛酸的活性供体。肝微粒体中含有葡萄糖醛酸基转移酶，可催化葡萄糖醛酸基转移至醇、酚、胺及羧基化合物的—OH、—NH_2 及—COOH 上，生成 β-葡萄糖醛酸苷衍生物。胆红素、类固醇激素、苯巴比妥类药物等均可在肝脏与葡萄糖醛酸结合，进行生物转化（见图 9-3）。

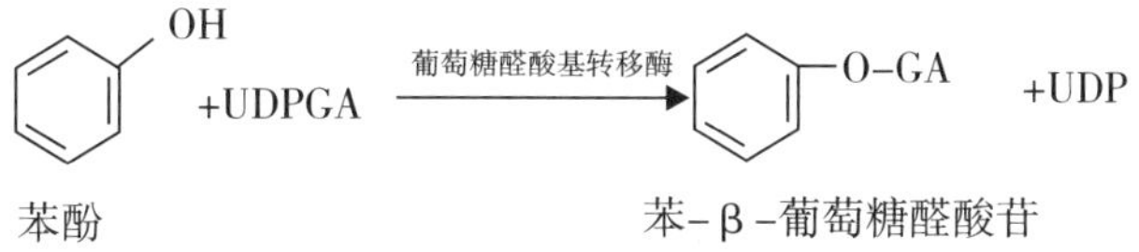

图 9-3 葡萄糖醛酸结合反应

2. 硫酸结合反应

硫酸结合反应也是较常见的结合反应。硫酸的供体是 3′-磷酸腺苷-5′-磷酸硫酸（PAPS）。肝细胞胞液中含有活性很高的硫酸转移酶，能将 PAPS 中的硫酸基转移到醇、酚、芳香胺类等物质的羟基上，生成硫酸酯。如雌酮在肝中与硫酸结合而灭活（见图 9-4）。

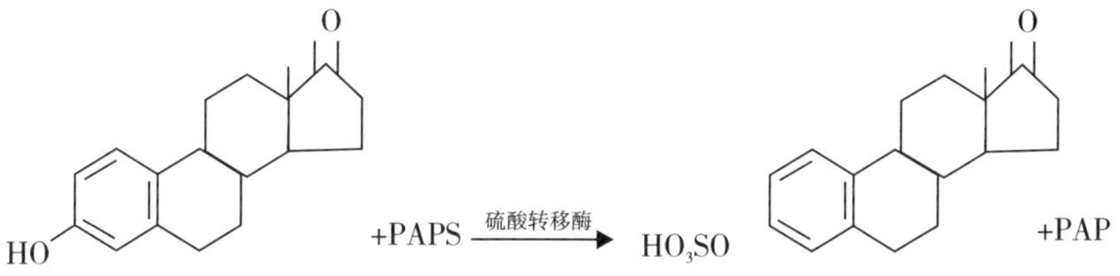

图 9-4 硫酸结合反应

3. 甲基结合反应

体内一些非营养物质可在肝细胞胞液和微粒体中甲基转移酶的催化下，通过与甲基结合而转化。甲基的供体是 S-腺苷甲硫氨酸（SAM）（图 9-5）。

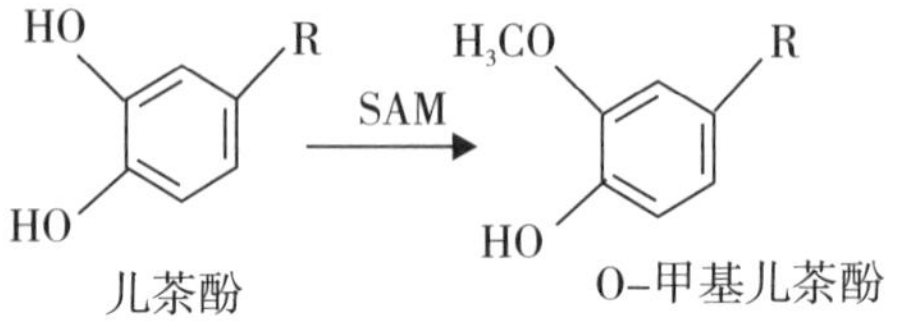

图 9-5 甲基结合反应

4. 乙酰基结合反应

肝细胞胞液中含有乙酰基转移酶，此酶催化各种芳香族胺类化合物与乙酰基结合，生成乙酰基衍生物。乙酰辅酶 A 是乙酰基的直接供体（图 9-6）。

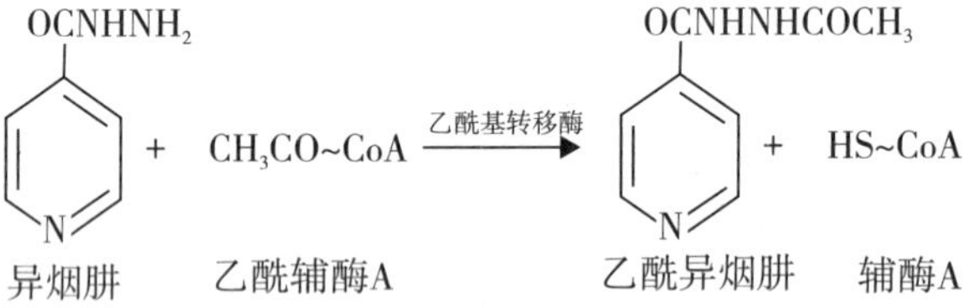

图 9-6 乙酰基结合反应

5. 甘氨酸结合反应

某些药物、毒物的羧基在酰基 CoA 连接酶的催化下与 CoA 结合，形成酰基 CoA，然后再与甘氨酸结合，生成相应的结合产物（见图 9-7）。

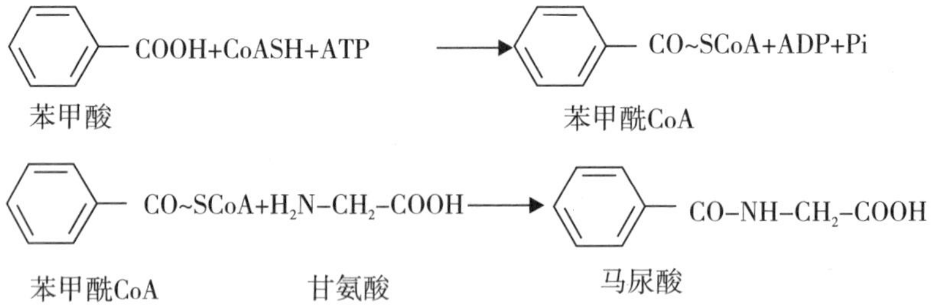

图 9-7 甘氨酸结合反应

（三）生物转化的特点

肝的生物转化作用具有以下特点：①反应的连续性，即一种物质生物转化的反应过程往往相当复杂，常需要连续进行几种反应才可完成；一般先进行第一相反应增加非营养物质的极性，再进行第二相反应增加非营养物质的水溶性。②反应类型的多样性，是指同一种或同一类物质在体内可进行多种不同类型的生物转化反应。③解毒与致毒的双重性，即生物转化后，多数物质毒性减弱或消失（解毒），生物学活性消失，但有些物质经过生物转化后毒性反而增强（致毒），生物学活性增高。所以，切不可将肝的生物转化作用笼统地认为是"解毒作用"。

三、影响生物转化作用的因素

生物转化受年龄、性别、肝脏功能状况和药物等体内外多种因素的影响。

（一）年龄

新生儿肝脏中生物转化酶系发育还不完善，对内、外源性药物及毒物的转化能力较弱；老年人因器官退化，肝血流量和肾的廓清速率下降，导致药物及毒物在体内的半衰期延长。因此，临床上对新生儿和老年人的用药剂量应较成人低，许多药物对新生儿或老人需慎用或禁用。

（二）性别

某些生物转化反应具有明显的性别差异。如女性体内醇脱氢酶活性高于男性，女性处理乙醇的能力强于男性。

（三）肝脏功能状况

肝脏疾病严重时，由于肝实质性损伤直接导致肝的各种生物转化酶类合成的降低，使肝脏的生物转化能力下降，故肝脏疾病患者用药时应尤其谨慎。

（四）药物

某些药物或毒物可以诱导某些生物转化酶类的合成，从而促进肝的生物转化能力，称为药物代谢酶的诱导。如苯巴比妥能诱导肝细胞的葡萄糖醛酸基转移酶的合成，加速游离胆红素转变为结合胆红素，临床上常使用苯巴比妥治疗新生儿高胆红素血症。长期服用苯巴比妥，可诱导肝脏微粒体加单氧酶系的合成，从而使机体对苯巴比妥催眠药物产生耐药性。

第三节　胆汁与胆汁酸代谢

一、胆汁

胆汁是肝细胞分泌的一种液体，通过胆道系统进入胆囊，经胆总管排入十二指肠。正常成人平均每天分泌300~700 mL胆汁。肝胆汁呈橙黄色，进入胆囊浓缩为胆囊胆汁，颜色呈黄褐色或棕绿色。胆汁酸盐是胆汁的主要成分，约占固体成分的50%。其次是无机盐、黏蛋白、磷脂、胆固醇、胆色素等。胆汁中具有多种酶类，如脂肪酶、磷脂酶、淀粉酶、磷酸酶等。胆汁酸盐和这些酶类与机体的脂类消化、吸收关系密切。磷脂和胆汁中胆固醇的溶解相关，其余多为机体的排泄物。部分进入机体的重金属盐和毒物、药物等，经肝的生物转化作用后也可以随胆汁排出体外。

二、胆汁酸的结构和分类

胆汁酸（bile acids）为二十四碳胆烷酸的衍生物，按其结构可分为两类：一类是游离型胆汁酸，包括胆酸、鹅脱氧胆酸、脱氧胆酸和石胆酸4种；另一类是结合型胆汁酸，是上述游离型胆汁酸与甘氨酸、牛磺酸的结合产物，主要有甘氨胆酸、牛磺胆酸、甘氨鹅脱氧胆酸和牛磺鹅脱氧胆酸。

胆汁酸按其来源可分为初级胆汁酸（primary bile acids）和次级胆汁酸（secondary bile acids）。初级胆汁酸是肝细胞以胆固醇为原料合成的，包括胆酸、鹅脱氧胆酸及它们和甘氨酸、牛磺酸结合的产物；次级胆汁酸是初级胆汁酸在肠道受细菌的作用生成的，包括脱氧胆酸、石胆酸以及它们和甘氨酸、牛磺酸的结合产物。部分胆汁酸的结构见图9-8。

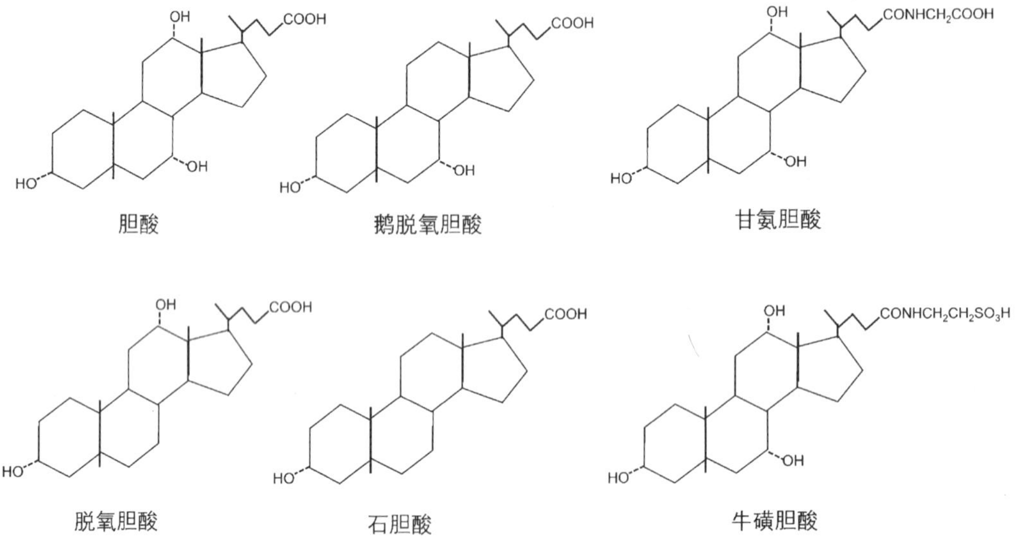

图9-8 部分胆汁酸的结构

三、胆汁酸代谢

（一）初级胆汁酸的生成

肝细胞以胆固醇为原料合成初级胆汁酸，这是胆固醇降解的主要途径。正常人每天合成的胆固醇为$1.0\sim1.5\ g$，约有40%（$0.4\sim0.6\ g$）在肝细胞内转变成胆汁酸。肝细胞微粒体及胞液中存在着胆固醇7α-羟化酶，能催化胆固醇的7位碳原子羟化，生成7α-羟胆固醇，后者经胆固醇的还原、羟化、侧链的缩短、加辅酶A等多步酶促反应，生成24碳的初级游离型胆汁酸，即胆酸和鹅脱氧胆酸。初级游离型胆汁酸可与甘氨酸或牛磺酸结合生成初级结合型胆汁酸，以胆汁酸盐的形式随胆汁进入十二指肠。正常人甘氨胆酸与牛磺胆酸的比例为3:1。7α-羟化酶是胆汁酸合成的限速酶，而HMG-CoA还原酶是胆固醇合成的关键酶,二者均受胆汁酸和胆固醇的调节。纤维素多的食物能促进胆汁酸排泄,减少胆汁酸的重吸收,解除对 7α - 羟化酶的抑制,加速胆固醇转化为胆汁酸,可起到降低血清胆固醇浓度的作用。高胆固醇饮食可诱导 7α - 羟化酶的表达。糖皮质激素和生长激素可提高 7α - 羟化酶的活性,甲状腺素可使 7α - 羟化酶的 mRNA 合成迅速增加,因此甲状腺功能亢进病人的血清胆固醇浓度降低。

(二) 次级胆汁酸的生成与胆汁酸的肠肝循环

1. 次级胆汁酸的生成

结合型初级胆汁酸随胆汁排入肠道发挥促进脂类的消化吸收作用后,在回肠和结肠上段经肠道细菌作用,部分结合型初级胆汁酸水解脱去甘氨酸和牛磺酸而成为游离型初级胆汁酸,后者在肠菌酶的作用下,脱去 7α - 羟基,从而转变为次级胆汁酸。其中,胆酸转变成脱氧胆酸,鹅脱氧胆酸转变成为石胆酸。脱氧胆酸和石胆酸即游离型次级胆汁酸,这两种胆汁酸重吸收入肝后也可以与甘氨酸或牛磺酸结合,从而生成结合型次级胆汁酸。

2. 胆汁酸的肠肝循环及排泄

排入肠道中的胆汁酸(包括初级、次级、游离型和结合型)中约有95%以上被肠道细胞重吸收入血,其中以小肠下段对结合型胆汁酸的主动重吸收为主,其余在小肠各部和结肠被动重吸收。由肠道重吸收的胆汁酸经门静脉入肝。在肝细胞内,重吸收的游离型胆汁酸被重新合成为结合型胆汁酸,新合成的与重吸收的结合型胆汁酸一同再随胆汁排入肠腔。这个过程就称为"胆汁酸的肠肝循环"(见图9-9)。正常人每天从粪便中排出的胆汁酸为0.4~0.6g,与肝细胞合成的胆汁酸量相对平衡。

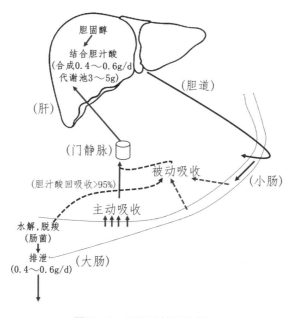

图 9-9 胆汁酸的肠肝循环

机体内胆汁酸储备的总量称为胆汁酸库,成人的胆汁酸库里的胆汁酸共 3~5 g,即使全部倾入小肠也难满足饱餐后小肠内脂类乳化的需要。人体每天进行6～12次胆汁酸的肠肝循环，从肠道吸收的胆汁酸总量可达12～32 g，通过胆汁酸的肠肝循环就能够实现有限的胆汁酸循环利用，以满足机体对胆汁酸的生理需求。

四、胆汁酸的生理功能

（一）促进脂类的消化吸收

胆汁酸分子中既含有亲水性的羟基和羧基，又含有疏水性的甲基和烃核，它的立体构型具有亲水和疏水两个侧面，从而具有很强的界面活性，可以作为强乳化剂，降低油/水两相之间的表面张力，使疏水的脂类在水中乳化成直径只有3～10 μm的细小微团，促进其消化和吸收（见图9-10）。

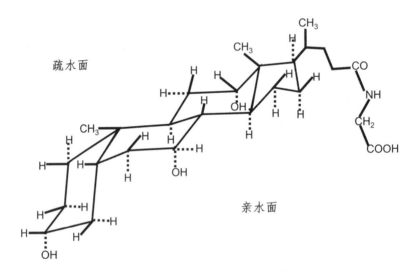

图9-10 甘氨胆酸的立体结构

（二）维持胆汁中胆固醇的溶解状态以抑制胆汁中胆固醇的析出

对于人体内99%的胆固醇，其中1/3是以胆汁酸形式，2/3是以直接的胆固醇形式随胆汁经肠道排出体外。由于胆固醇难溶于水，在浓缩后的胆囊胆汁中胆固醇较易沉淀析出。胆汁中的胆汁酸盐与卵磷脂可使胆固醇分散形成可溶性微团，使之不易结晶沉淀。胆汁中胆固醇的溶解度与胆汁酸盐、卵磷脂与胆固醇的比例相关。如胆汁中胆汁酸、卵磷脂和胆固醇的比值下降（小于10∶1），则较易引起胆固醇析出形成胆结石。

第四节 胆色素代谢与黄疸

胆色素（bile pigment）是铁卟啉化合物在体内的主要分解代谢产物，包括胆红素（bilirubin）、胆绿素（biliverdin）、胆素原（bilinogen）和胆素（bilin）等。这些化合物正常时主要随胆汁排出体外，胆红素呈橙黄色，是人体胆汁中的主要色素，是胆色素代谢的中心。

一、胆红素的生成与转运

(一) 胆红素的生成

正常人每天生成 250～350 mg 胆红素，其中约 80% 来源于衰老红细胞破坏释放的血红蛋白。其他 20% 来源于造血过程中某些红细胞的过早破坏和肌红蛋白、细胞色素、过氧化氢酶、过氧化物酶等体内其他铁卟啉化合物的分解。

正常人红细胞的平均寿命约为 120 d，衰老的红细胞在肝、脾、骨髓等单核－吞噬细胞系统破坏后释放出血红蛋白，血红蛋白随后分解为珠蛋白和血红素。血红素在血红素加氧酶的催化下氧化断裂，释放出铁，生成胆绿素。胆绿素在胞液中的胆绿素还原酶的催化下，迅速还原生成胆红素。血红素加氧酶是胆红素生成的限速酶（见图 9-11）。

胆红素分子具有亲脂、疏水的特性，极易透过细胞膜。过多的游离胆红素可通过血－脑屏障进入脑组织，与大脑基底核的脂类结合，干扰大脑细胞的正常代谢，从而出现中毒症状，称为胆红素脑病或核黄疸。

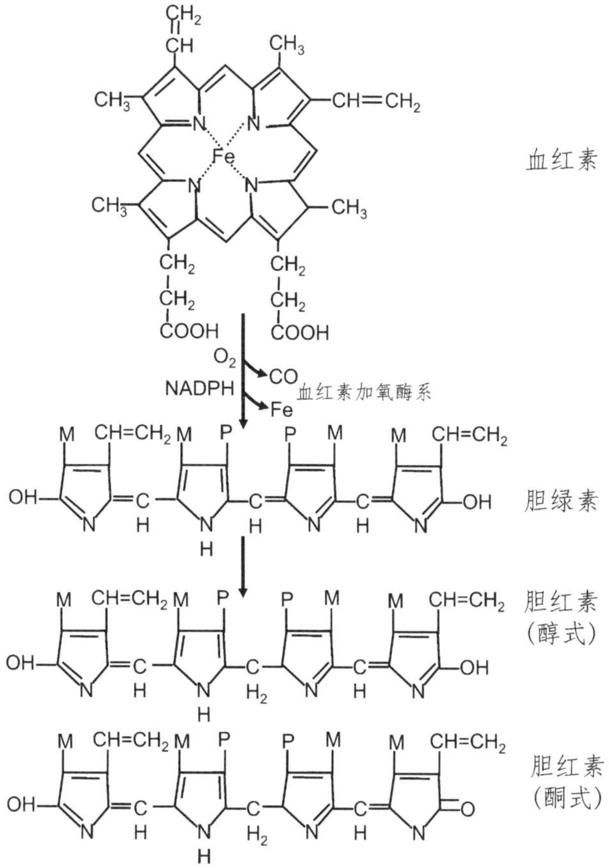

图 9-11 胆红素的生成

（二）胆红素在血液中的转运

胆红素难溶于水，在离开单核－吞噬细胞后，在血液中主要以胆红素－清蛋白复合物的形式存在和运输。这种结合增加了胆红素在血浆中的溶解度，有利于运输，同时又可暂时限制胆红素自由透过各种生物膜，避免其对组织细胞造成毒性作用。因此，胆红素－清蛋白复合物只能发挥暂时性的解毒作用，其根本性的解毒依赖后续进入肝细胞后与葡萄糖醛酸的生物转化作用。这种没有经过肝的生物转化作用，在血液中与清蛋白结合的胆红素，称为游离胆红素或未结合胆红素。由于未结合胆红素分子内部氢键的存在，不能与重氮试剂直接起反应，必须加入乙醇或尿素等破坏氢键后才能反应，因此又称为间接胆红素。

二、胆红素在肝中的转变

胆红素在肝中的代谢主要包括肝细胞对胆红素的摄取、肝细胞对胆红素的转化和肝对胆红素的排泄三个过程。

（一）肝细胞对胆红素的摄取

当胆红素－清蛋白复合物随血液循环运输到达肝脏，在肝细胞膜表面胆红素与清蛋白分离，然后迅速地被肝细胞摄取。被摄取到肝细胞中的胆红素与胞液中存在的两种可溶性载体蛋白，即Y－蛋白和Z－蛋白结合形成胆红素－Y蛋白或胆红素－Z蛋白复合物，将胆红素转运至滑面内质网，其中以Y蛋白结合为主。

（二）肝细胞对胆红素的转化

在肝细胞滑面内质网中的葡萄糖醛酸基转移酶的催化下，胆红素接受来自尿苷二磷酸葡萄糖醛酸（UDPGA）的葡萄糖醛酸基，生成葡萄糖醛酸胆红素，又称结合胆红素。这种结合作用破坏了胆红素分子内部的氢键，所以结合胆红素水溶性增强。不易透过细胞膜进入其他组织，可通过肾小球滤过。结合胆红素有能与重氮试剂直接反应的特点，因此，又称之为直接胆红素。在人胆汁中的结合胆红素主要是胆红素葡萄糖醛酸二酯，其次是胆红素葡萄糖醛酸一酯。此外，还有少量的胆红素与硫酸结合生成胆红素硫酸酯（见表9－1）。

表9－1 两种胆红素理化性质的比较

理化性质	结合胆红素	未结合胆红素
同义名称	直接胆红素、肝胆红素	间接胆红素、游离胆红素、血胆红素、肝前胆红素
与葡萄糖醛酸结合	结合	未结合
水溶性	大	小
脂溶性	小	大
毒性及透过细胞膜的能力	小	大
能否透过肾小球随尿排出	能	不能
与重氮试剂反应*	直接阳性	间接阳性

＊重氮试剂反应又称凡登白反应（van den Bergh test），临床检验已停止。

(三) 肝对胆红素的排泄

肝细胞滑面内质网经转化生成的结合胆红素，在高尔基体、溶酶体等参与下，通过毛细胆管膜上的主动转运载体，被排泄至毛细胆管。毛细胆管中胆红素的浓度远高于肝细胞内浓度，所以胆红素从肝内排出的过程是一个耗能的逆浓度梯度的主动转运过程。此过程是肝代谢胆红素的限速过程，肝细胞膜胆小管域含有的多耐药相关蛋白2（multidrug resistance-like protein2，MRP2）是肝细胞分泌结合胆红素进入胆小管的转运蛋白质。

血浆中的胆红素通过肝细胞膜、肝细胞胞液载体蛋白和内质网的葡萄糖醛酸基转移酶的联合作用，不断地被肝细胞摄取，结合，排泄，从而得到不断清除。

三、胆红素在肠道中的变化和胆素原的肠肝循环

在回肠下段至结肠，随胆汁排入肠道的结合胆红素在肠道细菌的作用下，先水解脱去葡萄糖醛酸，再逐步还原生成一系列无色的胆素原族化合物，包括中胆素原、粪胆素原和尿胆素原等。大部分胆素原随粪便排出体外。在肠道下段，这些无色的胆素原接触空气被氧化为黄褐色的粪胆素、尿胆素等，统称为胆素，随粪便排出，呈棕黄色，是粪便的主要色素。

肠道中生成的胆素原中有10%～20%可被肠黏膜细胞重吸收，经门静脉入肝，其中大部分可再随胆汁排入肠道，形成胆素原的肠肝循环。小部分胆素原进入体循环并运输到肾随尿排出，称为尿胆素原。尿胆素原接触空气后被氧化成尿胆素，是尿液颜色的主要来源。尿胆素原、尿胆素和尿胆红素在临床上合称为尿三胆，是鉴别诊断黄疸类型的常用指标，但正常人尿液中检测不到尿胆红素。胆红素的生成与胆素原的肠肝循环过程如图9-12所示。

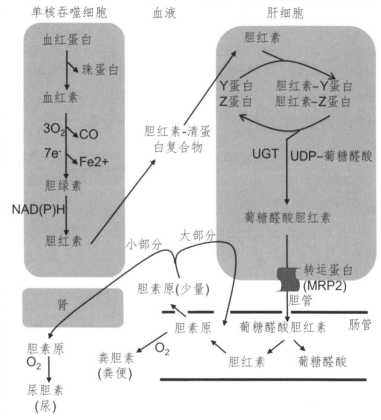

图9-12 胆红素的生成与胆素原的肠肝循环过程

四、血清胆红素与黄疸

正常人血清胆红素浓度为 3.4～17.1μmol/L（2～10 mg/L），其中未结合的胆红素约占 4/5，其余为结合胆红素。凡能引起胆红素生成过多或肝细胞对胆红素摄取、结合、排泄过程发生障碍的因素，都可使血中胆红素浓度升高，称为高胆红素血症（hyperbilirubinemia）。胆红素是橙黄色物质，血清中胆红素含量过高时，可扩散入组织使组织黄染，称为黄疸（jaundice）。由于巩膜、皮肤等含有较多的弹性蛋白，对胆红素的亲和力较强，因此易被黄染。黄疸的程度和血清胆红素的浓度密切相关。当血清胆红素浓度超过 34.2μmol/L（20 mg/L），皮肤、巩膜、黏膜等组织明显黄染，临床上称为显性黄疸。当血清胆红素浓度为 17.1～34.2μmol/L（10～20 mg/L）时，肉眼察觉不到巩膜或皮肤黄染，称为隐性黄疸。

临床上根据黄疸发病的病因不同，可将黄疸分为三类：①由于红细胞大量破坏，胆红素的来源增多，超过肝细胞的处理能力而使血清中未结合胆红素浓度异常升高，称为溶血性黄疸（hemolytic jaundice）或肝前性黄疸；②由于肝细胞功能障碍，对胆红素的摄取、结合及排泄能力降低所致的高胆红素血症，称为肝细胞性黄疸（hepatocellular jaundice）或肝原性黄疸；③由于胆汁排泄通道受阻，使胆小管和毛细胆管内压力增高而破裂，使胆汁中胆红素逆流入血引起的血清胆红素异常升高，称为阻塞性黄疸（obstructive jaundice）或肝后性黄疸。

三种类型黄疸的血、尿、粪的变化见表 9-2。

表 9-2 三种黄疸血、尿、粪的变化

指标	正常	溶血性黄疸	肝细胞性黄疸	阻塞性黄疸
血清胆红素浓度	<17.1 μmol/L	>17.1 μmol/L	>17.1 μmol/L	>17.1 μmol/L
结合胆红素	0～6.8 μmol/L		增加	明显增加
未结合胆红素	1.7～10.2 μmol/L	明显增加	增加	
尿三胆				
尿胆红素	-	-	+	++
尿胆素原	少量	增加	不一定	减少
尿胆素	少量	增加	不一定	减少
粪便颜色	正常	加深	正常或变浅	完全阻塞是白陶土色

注："-"代表阴性，"+"代表阳性，"++"代表强阳性

小　结

（1）独特的组织结构特点赋予肝脏复杂多样的生物学功能，主要表现在哪几方面？

（2）肝脏对内源性和外源性非营养物质通过生物转化进行代谢转变，请简述生物转化的概念、反应类型和作用特点。

(3) 胆汁是肝细胞分泌的兼具有消化液和排泄液的液体，其主要成分和合成的关键限速酶分别是什么？

(4) 胆汁酸有初级和次级之分，何谓初级、次级胆汁酸及游离、结合胆汁酸？试述胆汁酸的生理功能、胆汁酸的肠肝循环及其生理意义。

(5) 胆色素是铁卟啉化合物在体内分解代谢时产生的所有物质的总称，包括胆红素、胆绿素、胆素原和胆素。其中，哪个颜色为橙黄色且是人胆汁的主要色素？人体内正常胆红素如何进行代谢？

(6) 胆红素代谢异常时可导致高胆红素血症，称之为黄疸。黄疸根据发生原因的不同，可分为三类：溶血性黄疸、肝细胞性黄疸和阻塞性黄疸。请分析三种黄疸时胆红素的代谢有何变化？并根据血、尿、粪胆色素实验室检查改变特点对三种黄疸进行诊断和鉴别诊断。

测试题

1. 肝功能严重障碍时会发生（　　）。
   A. 血胆红素下降　　B. 血中雌激素升高　　C. 血糖升高　　D. 血酮体升高
   E. 血尿素升高

2. 有关生物转化的描述不正确的是（　　）。
   A. 肝脏是生物转化最主要的器官
   B. 有些物质经过第一相反应即可排出体外
   C. 有些物质必须和极性更强的物质结合才能排出体外
   D. 经生物转化作用后，有毒物质都可变成无毒物质
   E. 生物转化作用可使脂溶性强的物质增加水溶性

3. 下列哪项是生物转化作用中最常见的结合反应？（　　）
   A. 葡萄糖醛酸结合反应　　　　B. 硫酸结合反应
   C. 谷胱甘肽结合反应　　　　　D. 乙酰化反应
   E. 甲基化反应

4. 生物转化最主要的作用是（　　）。
   A. 使药物产生耐药性　　　　　B. 使非营养物质毒性降低
   C. 使激素灭活　　　　　　　　D. 使药物的活性增强
   E. 使非营养物质水溶性和极性增加，利于排出体外

5. 胆汁中主要的成分是（　　）。
   A. 胆汁酸盐　　B. 胆色素　　C. 胆固醇　　D. 磷脂
   E. 无机盐

6. 下列有关胆汁酸的叙述，错误的是（　　）。
   A. 脂类消化吸收的乳化剂　　　B. 初级胆汁酸合成的原料是胆固醇
   C. 胆汁酸可抑制胆固醇结石的形成　　D. 胆色素代谢的产物
   E. 通过胆汁酸的肠肝循环被反复利用

7. 下列哪种胆汁酸是次级胆汁酸？（　　）
   A. 甘氨胆酸　　　　　　　　　　　B. 牛磺胆酸
   C. 甘氨鹅脱氧胆酸　　　　　　　　D. 牛磺鹅脱氧胆酸
   E. 石胆酸

8. 人体胆色素中以下列哪一种为主？（　　）
   A. 胆红素　　　B. 胆绿素　　　C. 胆素原　　　D. 胆素
   E. 血红素

9. 关于"胆汁酸和胆汁酸肠肝循环"的叙述不正确的是（　　）。
   A. 成人胆汁酸库中胆汁酸总量为 3～5g
   B. 3～5 g 胆汁酸能完全满足机体每日对脂类乳化的需要
   C. 人体每天进行 6～12 次胆汁酸的肠肝循环
   D. 每天从肠道随粪便排出的胆汁酸为 0.4～0.6 g
   E. 胆汁酸肠肝循环可使有限的胆汁酸循环利用

10. 胆红素主要来源于下列哪种物质的分解（　　）。
    A. 过氧化氢酶　　B. 血红蛋白　　C. 肌红蛋白　　D. 过氧化物酶
    E. 细胞色素

11. 血浆中的游离胆红素以下列哪种形式运输？（　　）
    A. 胆红素-Y 蛋白　　　　　　　　B. 胆红素-Z 蛋白
    C. 胆红素-球蛋白　　　　　　　　D. 胆红素-清蛋白
    E. 完全游离胆红素

12. 以下哪项不是未结合胆红素的特点？（　　）
    A. 脂溶性大　　　　　　　　　　　B. 细胞膜通透性强：
    C. 与重氮试剂反应间接阳性　　　　D. 不能透过肾小球随尿排出
    E. 与葡萄糖醛酸结合

13. 胆红素在肝细胞进行生物转化的目的是（　　）。
    A. 使胆红素转变为胆汁酸
    B. 使胆红素与清蛋白结合有利于运输
    C. 进行结合反应，增强胆红素的水溶性以利排出体外
    D. 使胆红素与 Y 蛋白结合
    E. 使胆红素与多耐药相关蛋白结合

14. 新生儿生理性黄疸发生的最主要的原因是（　　）。
    A. 胆红素生成过多
    B. 葡萄糖醛酸不足
    C. 肝细胞合成 UDP-葡萄糖醛酸基转移酶的能力低下
    D. 肝细胞摄入胆红素过多
    E. 血清蛋白含量减少

15. 胆红素在肝细胞进行结合反应生成的最主要产物是（　　）。
    A. 胆红素葡糖醛酸一酯　　　　　　B. 胆红素葡糖醛酸二酯

C. 胆红素硫酸酯 D. 乙酰基胆红素
E. 甲基胆红素

参考文献

［1］周春燕，药立波．生物化学与分子生物学［M］.9 版．北京：人民卫生出版社，2018.
［2］田余祥．生物化学［M］.3 版．北京：高等教育出版社，2016.

（周代锋　江朝娜）

第十章 | 能量代谢和体温

物质与能量代谢

第一节　能量代谢

新陈代谢是生命体（包括人体）最基本的特征，也就是说，人体在生存的过程中不断与外界环境交换物质。这些物质既包括大分子物质，也包括小分子物质；既包括无机物，也包括有机物。在这个过程中，摄取有机物对人体就有着非常重要的意义。在摄取这些物质的过程中，物质所蕴含的能量——质能就进入人体。当然这种质能不是原子层面的原子能，而是分子层面的化学键能。所以，伴随着物质代谢，人体也有能量代谢。即伴随着物质代谢，人体也进行能量的释放、转移、贮存和利用。在同化的过程中，人体从外界环境摄取营养物质，获得能量。人体只能利用有机物中的营养物质（主要是碳水化合物）中的化学能。在异化的过程中，人体排出代谢产物和不需要的物质，释放能量（主要是热量）到环境中去。

一、能量的来源和去路

（一）能量的来源

人体的能量只能来源于食物中的碳水化合物，也就是糖、脂肪和蛋白质。这些物质是有机物，只能从其他生命体中（植物或动物或菌类）获得，不能从无机界获得。

1. 糖

人体获得的糖，大多数是多糖，特别是谷物粮食中的淀粉。人体也可以摄取单糖和二糖，比如甘蔗中的蔗糖或多糖淀粉分解出来的单糖、二糖，以及麦子的衍生物麦芽糖。但人体摄取单糖比摄取多糖少很多。

2. 脂肪

人体也可以摄取动物体内的脂肪或植物体内的油脂。这些脂类物质除了供应人体的能量外，也能转变为人体内的结构成分（主要是人体内的脂肪组织和构成细胞膜的磷脂和胆固醇）。

3. 蛋白质

蛋白质是一类复杂的有机大分子物质。其结构中除含有碳水之外，还含有大量的氮。自然界中的氮元素，主要存在于大气的氮气中。氮是惰性气体，大气中的氮元素要为有机界所利用，必须要由生物固氮。随着现代化工技术的发展，人类也能合成氮肥供植物利用合成蛋白质。然后，有机界中的人、动物、微生物利用植物中的蛋白质。当然，人体也可以摄取动物的蛋白质，如奶中的蛋白质。

人体摄入的蛋白质主要分解为氨基酸，以之为原料构成人体结构成分和相关的功能蛋白质（如酶）。但是氨基酸也可以通过糖异生转变为糖来供应能量。

（二）体内的能量物质

人体内的能量物质有ATP、磷酸肌酸、糖、脂肪、蛋白质。

1. ATP 和磷酸肌酸

机体内的供能物质需将能量转移至ATP，才可被机体活动直接利用。也就是说，人体生命活动所需的能量都只能直接来源于 ATP。ATP 是人体能量代谢的中心环节，是通用的能量货币。

ATP 之所以能供能和贮能，是因为 ATP 中有两个高能磷酸键。当 ATP 分解为 ADP、AMP 和 Pi 时，就释放高能磷酸键中的能量，供人体生命活动所需。当 ADP、AMP 和 Pi 合成为 ATP 时，就用 ATP 的高能磷酸键贮存能量。

当然，人体中供能物质和贮能物质 ATP 量是很少的。但机体有磷酸肌酸，可补充 ATP 的缺乏。

2. **糖**

机体的 ATP 和磷酸肌酸不足以提供足够的能量。机体需要血液中的葡萄糖分解供能。机体的葡萄糖通过无氧酵解和有氧氧化，将其释放的能量转移给 ATP 等高能化合物的高能键来提供能量。对于机体中的心、脑等重要器官能量的供应一般取决于血糖。机体的血糖有自稳机制，可以维持稳定的水平，但发生糖尿病时，由于胰岛素缺乏，可以导致血糖水平出现非常大的波动，从而影响特别是脑的能量供应，从而出现头晕等症状，严重时甚至可发生抽搐、昏迷。

血中的葡萄糖，既可以来源于食物中的淀粉消化吸收，也可以来源于机体的肝糖原分解。糖原是机体存储的多糖，可分解为葡萄糖供机体利用。机体存在肝糖原和肌糖原，后者在肌肉剧烈活动时供能。另外，机体在糖类物质不足的情况下亦可以通过脂肪分解、糖异生来维持机体的血糖稳定。

3. **脂肪**

机体储存的脂肪可以直接分解供能，也可以通过糖异生转变为糖供能。机体中的糖是主要供能物质，糖不足时动用脂肪。当机体转变为主要以脂肪分解来供能时，脂肪分解会产生大量酮体，而酮体会导致酮症酸中毒，危害机体。

4. **蛋白质**

机体的蛋白质主要构成机体的结构成分和功能蛋白。机体的蛋白质一般不分解供能，但在特殊情况，如极端饥饿、营养不良、恶病质时机体的蛋白质才会供能。

（三）能量的利用

机体的能量有多种用途。

1. **产热维持体温**

机体的能量 50% 直接转化为热能，用于维持体温，最后散发到外界环境中去。

2. **消失**

机体的能量还有 5% 因能量转化过程中的损耗发生消失现象。

3. **跨膜物质转运**

剩下的 45% 的能量，供机体利用。其中有 2/3 提供给细胞膜上的 Na^+-K^+ 泵，用于转运 Na^+ 和 K^+，维持跨膜离子浓度差。随后，这种跨膜离子浓度差的势能，再为机体其他活动提供能量，如葡萄糖和氨基酸的跨膜继发性主动转运。

4. **生物电**

机体的生物电产生，是由于细胞胞外高 Na^+、胞内高 K^+。当相应离子通道打开，离子跨膜流动，就产生了静息电位和动作电位。机体的生物电活动也是机体能量的一个去路。

5. 腺体分泌及递质释放

腺体分泌和递质释放也消耗能量。腺体分泌主要涉及兴奋分泌偶联，也有离子的跨膜移动。此外，细胞骨架改变也消耗能量。

6. 肌肉收缩和舒张

肌肉收缩、舒张则涉及兴奋收缩偶联。既有离子的跨膜移动消耗能量，也有肌丝滑行消耗能量。

7. 物质合成

物质合成也要消耗很多能量。

二、能量代谢的度量

关于能量代谢，以上所说的只是定性。在研究和临床中，我们常常需要对机体的能量代谢进行定量，用量化指标进行衡量。这就涉及能量代谢的测量。

（一）能量代谢的测定

根据能量守恒定律，由于机体得到的能量 = 机体流去的能量，而机体流去的能量 = 释放的热量 + 机体对外做功 + 机体积蓄下来的能量（能量物质）。所以机体得到的能量 = 机体流去的能量 = 释放的热量 + 机体对外做功 + 机体积蓄下来的能量（能量物质）。

而如果机体在一定时间内不对外做功，体重也没有增加的话，那么机体的能量就可以用机体释放的热量来衡量。直接测热法，就是利用的这样的原理来测定机体的能量。

（二）直接测热法

直接测热法（directcalorimetry）是直接测定被试者安静状态下一定时间内释放的热量的方法。让受试者待在一个密闭隔热的空间内并保持安静，用循环水将受试者释放的热量带走，比较进去的水和出来的水的水温差，就可以知道被试者释放了多少热量。这热量就是被试者的能量代谢率。（见图 10 - 1）

这个办法虽然准确，但由于所用装置结构复杂、操作麻烦，所以其应用（特别是临床应用）受到极大限制，一般主要用于科学研究。

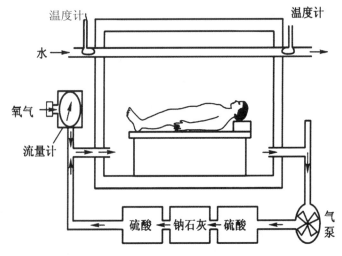

图 10 - 1　直接测热法
（引自王庭槐《生理学》第一版，高等教育出版社）

（三）间接测热法

直接测热法重点考虑机体流去的能量，而间接测热法是从机体得到的能量多少做文章。因为机体的能量只能来源于食物，所以测定吃了多少食物、测定从食物中获得了多少能量，就可以求出机体的能量代谢率。

1. 定比定律

按照定比定律：

$$C_6H_{12}O_6 + 6O_2 \longrightarrow 6CO_2 + 6H_2O + \Delta H$$

氧化1 mol 葡萄糖时，需要消耗6 mol O_2，并将产生6 mol CO_2 和6 mol H_2O，同时释放一定的热量（ΔH）。化学反应中反应物的量、产物的量和产热量之间存在着固定的比例关系。

能供能的只能是食物中的糖、脂肪和蛋白质这样的糖水化合物和含氮物。同样氧化 α 克的某种食物，消耗 β 升的氧，将产生 γ 升的二氧化碳和 ε 克的水，同时释放 δ 卡的热量。反应物的量、产物的量和产热量之间也存在着固定的比例关系。知道了这种比例关系，测定出反应物的量、产物的量，也就知道了产热量。这就是间接测热法的原理。

2. 间接测热法中的一些指标

对反应物的量、产物的量和产热量之间的比例关系，可以确定出以下几个指标（表10-1）：

（1）食物的量和产热量之间的比例关系。食物的热价就是1g某种食物氧化时所释放的能量，即食物的卡价（thermalequivalent of food），通常以焦耳（J）作为计量单位。如果是食物在体内氧化所释放的能量，就称为该食物的生物热价；如果是食物在体外燃烧所释放的能量，就称为该食物的物理热价。糖和脂肪的生物热价和物理热价相同。蛋白质由于体内氧化不完全，其代谢产物尿素、尿酸和肌酐依然蕴含能量，所以其生物热价小于物理热价。

（2）反应物耗氧量和产热量之间的比例关系。该种食物的氧热价（thermal equivalent of oxygen），即某种食物氧化时消耗1 L氧所产生的热量，不同食物由于其碳、氢、氧的比例不同，因此耗氧量也不同，所以氧热价也不同。

（3）为了确定某种食物中碳、氢、氧的比例，以此确定出该种食物的氧热价，需要知道呼吸商，也就是氧化这种食物，产生的 CO_2 量和耗氧量之比。糖氧化时的呼吸商是1.00。蛋白质和脂肪氧化时的呼吸商分别为0.80和0.71。

（4）因为机体主要由糖和脂肪供能，而且蛋白质的量可以由尿氮确定出来，所以也常常用到非蛋白呼吸商（non-proteinrespiratory quotient，NPRQ），即扣除蛋白质的 CO_2 产量和耗氧量，只计算由糖和脂肪氧化分解产生的 CO_2 产量和耗氧量的呼吸商（见表10-1）。

物质与能量代谢

表 10-1　糖、脂肪和蛋白质的热价、氧热价和呼吸商

营养物质	物理热价 (kJ/g)	生物热价 (kJ/g)	耗氧量 (L/g)	CO_2产量 (L/g)	呼吸商 (RQ)	氧热价 (kJ/L)
糖	17.2	17.2	0.83	0.83	1.00	21.1
脂肪	39.8	39.8	2.03	1.43	0.71	19.6
蛋白质	23.4	18.0	0.95	0.76	0.80	18.9

3. 几种间接测热法

如何利用这些指标进行间接测热呢？

（1）可以利用食物的热价，乘以食物的量。如食品生产企业常常标出某种食物的热价，用这个热价乘以该食物的量，就可以知道吃这些食物摄入了多少能量。也可以利用氧热价来测定，既测定耗氧量乘以氧热价，就可以知道能量的多少。

（2）测定尿氮，求出蛋白质氧化分解的量，用定比定律，算出蛋白质产热量和 CO_2 量及耗氧量。测定总 CO_2 产量和总耗氧量，求出非蛋白呼吸商，找出对应的这种物质的氧热价。用非蛋白耗氧量乘以氧热价，求出非蛋白产热量，加上蛋白产热量，就等于总的产热量，这样就知道了能量代谢率的多少。当然，这种方法比较烦琐，在实际应用中可以对上述方法进行简化。

（3）由于人摄入的一般是混合性食物，其 NPRQ 为 0.86，对应的氧热价为 20.41 kJ/L。测定一定时间的耗氧量，乘以 20.41 kJ/L，就得到了能量代谢率。当然，这样计算不是那么精确，但在结果不要求那么精确且希望方法简便的情形下，我们就可以应用这种方法。

三、影响能量代谢的因素

通过以上这些办法可以测算出机体的能量代谢率。而能量代谢率会受以下因素影响：

（一）一般因素

1. 年龄

年龄越小，能量代谢率越高；年龄越大，能量代谢率越低。因为年龄越小，体内的生长激素水平越高，而生长激素能提高能量代谢率。

2. 性别

男性能量代谢率高于女性，因为男性体内的雄激素能提高能量代谢率。

3. 睡眠

睡眠降低能量代谢率。睡眠时，肌肉、精神活动都很少，所以能量代谢率低。

4. 体表面积

体表面积越大，能量代谢率就越高，能量代谢率和体表面积成正比。体表面积的测定如图 10-2 所示。

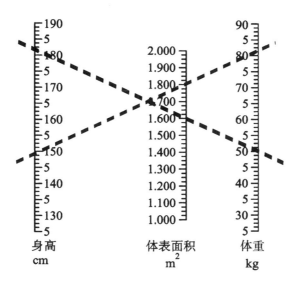

图 10-2 体表面积的测定

（二）生理因素

能量代谢率除了受上述一般因素影响外，还受一些生理因素的影响（见表 10-2）。

表 10-2 机体不同状态下的能量代谢率

机体的状态	产热量 kJ/（m^2·min）
静卧	2.73
开会	3.40
擦玻璃窗	8.30
洗衣	9.89
扫地	11.37
打排球	17.50
打篮球	24.22
踢足球	24.98

1. 肌肉活动

肌肉活动能显著提高能量代谢。因为运动或劳动时，肌肉活动消耗大量能量，产热量会显著提高，因此，能量代谢率出现非常大的提高。一般来说持续进行的体育活动和劳动会使能量代谢率提高 10 倍以上（见图 10-3）。

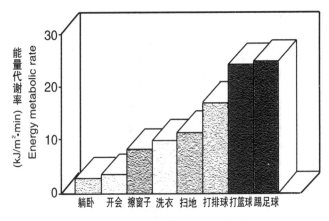

图 10-3 运动对能量代谢率的影响

2. 精神活动

精神紧张，如烦恼、恐惧、情绪激动，会显著提高能量代谢率。因为这时肌肉会无意识地紧张、交感神经兴奋、儿茶酚胺释放增多，这些都增加了能量代谢率。

3. 食物的特殊动力效应

进食后一段时间内，能量代谢率会比不进食显著提高。这种因为进食，引起机体额外消耗能量的作用，称为食物的特殊动力效应（specific dynamic effect）。三种营养物质中，蛋白质性食物动力效应最明显；糖和脂肪性食物也有动力效应。究其原因，可能是进食后机体额外处理氨基酸所致。

4. 环境温度

环境温度升高或降低都能提高能量代谢率。室温时能量代谢率最低。

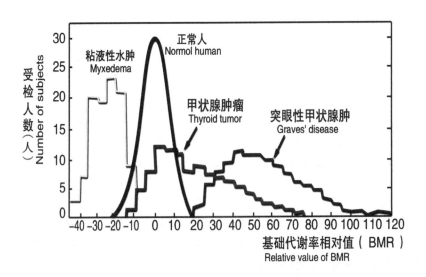

图 10-4 正常人和病人的基础代谢率

四、基础代谢

能量代谢率既然受上述因素的影响,为了比较不同个体以及同一个体不同时候的能量代谢率,我们需要选取一个标准状态下的能量代谢率。我们一般选取基础状态下的能量代谢率进行比较。

（一）基础状态、基础代谢、基础代谢率

1. 基础状态

基础状态指的是机体处于清醒、安静、室温、无肌肉活动、无精神紧张和无食物特殊动力效应等因素影响的状态。

2. 基础代谢

基础状态下的能量代谢，称为基础代谢（basal metabolism）。基础状态下的能量代谢是人清醒时的能量代谢，会比其他状态下的能量代谢低，但它不是最低的，因为睡眠时的能量代谢更低。能量代谢多少和体表面积成正比。

3. 基础代谢率

机体在基础状态下单位时间单位体表面积的能量代谢称为基础代谢率（basal metabolism rate，BMR）。常以单位时间（每天或每小时）单位体表面积的产热量作为计量单位，用 $kJ/(m^2 d)$ 或 $kJ/(m^2 h)$ 来表示。

人体的体表面积可通过 Stevenson 公式进行测算：

体表面积 (m^2) = $0.0061 ×$ 身高 $(cm) + 0.0128 ×$ 体重 $(kg) - 0.1529$

BMR 除了与体表面积有关外，还受性别、年龄因素的影响。一般男性比女性高；儿童比成人高，年龄越大，BMR 越低。

国人正常的基础代谢率见表 10-3。

表 10-3　国人正常的基础代谢率平均值　　　单位：$kJ/(m^2 h)$

年龄（岁）	11～15	16～17	18～19	20～30	31～40	41～50	51 以上
男性	195.5	193.4	166.2	157.8	158.6	154.0	149.0
女性	172.5	181.7	154.0	146.5	146.9	142.4	138.6

临床上，为了观察比较方便，基础代谢率一般不取实测绝对值，而取实测值和正常平均值进行比较的相对值，即

BMR（相对值）=［（实测值 - 正常平均值）/正常平均值］× 100%

相对值在 ±15% 都属正常，相对值超过 20%，说明可能有异常变化。

（二）基础代谢率的临床意义

1. 基础代谢率升高

（1）见于甲状腺功能亢进、糖尿病、红细胞增多症、白血病、伴有呼吸困难的心脏病等；

（2）见于发热（体温每升高 1℃，BMR 每升高 13%）。

物质与能量代谢

2. 基础代谢率降低

基础代谢率降低见于甲状腺功能低下、肾上腺皮质功能低下（Addison 病）、肾病综合征、病理性饥饿、垂体性肥胖等。

临床 BMR 的测定主要用于甲状腺疾病的辅助诊断。一般用以下公式进行计算：

BMR = 脉搏 + 脉压 − 111

第二节　体温

在内环境稳态中，内环境的物理化学性状会保持稳定。而机体物理性状中的热力学指标——温度，也需保持稳定。能量大部分以热能的形式散发到环境中去，用于维持我们的体温，因为绝大部分时间里环境温度低于人体的温度。

一、体温

在不同的环境温度下，人体各部位的温度不完全一致。表面温度低，内部温度高。

（一）体表温度和体核温度

一般来说，体表温度受环境温度影响比较大。环境温度升高，体表温度会升高；环境温度降低，体表温度也会随着降低。但作为恒温生物的人体，其内部温度，也就是体核温度则受环境温度影响比较小。

体温（body temperature），则指的就是我们人体深部的平均温度，也就是体核温度。体核温度比较稳定，受外界影响小。

在体温的测量上，可以选取直肠、口腔和腋下温度代表体温。正常直肠温度一般为 36.9～37.9 ℃，选取直肠温度代表体温比较好，因为直肠温度反映了机体深部的温度，波动小。正常口腔温度为 36.7～37.7 ℃，也比较稳定，但容易受呼吸和

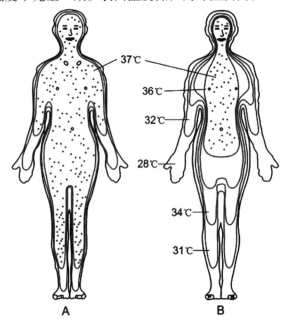

图 10-5　体表温度和体核温度

所进食物的冷热影响。腋下温度正常为 36.0～37.4 ℃，一般腋温稳定性稍差，而且容易出现测量误差，但由于测量方便，所以用得也比较多。临床上，也常常用巩膜温度来代表体温。

体温的恒定，有其生理意义。因为正常人体进行的生物化学反应需要酶来催化，而作为蛋白质的酶要发挥作用，需要相对恒定的温度，否则蛋白质会发生构象变化，影响其生物活性（见图 10-5）。

（二）体温的波动和影响因素

体温虽然是恒定的，但这种恒定是围绕某一固定值上下波动。因为体温受一些因素的影响：

1. 昼夜节律

体温一昼夜的波动有周期性。一般来说清晨 2～6 点体温低，午后体温升高。这种昼夜周期性波动受下丘脑视交叉上核的控制。

2. 妇女的月节律

育龄妇女的体温有月节律，一般伴随着月经周期出现波动。排卵前体温低，排卵后体温升高，因为孕激素会提高能量代谢率，从而升高体温。

3. 年龄的影响

体温也受年龄因素的影响。儿童和青少年体温高，老年人体温低。因为生长激素会提高能量代谢率，从而升高体温。

4. 肌肉活动的影响

肌肉活动会显著升高体温。因为劳动和剧烈运动时，能量代谢率会显著提高，从而导致体温显著升高。

二、机体的产热和散热

由于环境温度低于人体的体温，因此人体需要不断的产热，以维持体温恒定。而产生的热量会不断向周围环境散发。因此，体温的恒定涉及机体的产热过程和散热过程的平衡。

（一）产热

1. 产热器官

既然能量代谢时会产热，因此机体中代谢旺盛的组织产热会很多。一般来说，机体内部的内脏器官代谢旺盛，所以其产热多，是主要的产热器官。肝脏是机体平静时主要的产热器官。而机体活动时，骨骼肌消耗大量能量，会大量产热，因此，运动时骨骼肌是最重要的产热器官。

2. 产热方式

机体存在着非战栗产热，也就是代谢性产热和战栗产热。在一般的环境温度下，机体主要由组织器官的基础代谢、食物的特殊动力效应和骨骼肌舒缩活动产热。当寒冷时主要依靠战栗产热。

非战栗产热是一种通过提高组织代谢率来增加产热的形式，这种非战栗产热最强的组织是棕（褐）色脂肪组织。

战栗产热则是机体骨骼肌屈肌和伸肌同时发生不随意的节律性收缩，消耗的能量一般不对外做功，而全部转化为热量。所以，战栗产热的产热量非常多。

3. 产热的调节

机体的产热量并不是固定不变的。机体的产热量受到机体的调节。一般是通过神经体液调节，分泌激素增减能量代谢率或通过战栗产生热量。

（1）神经调节。

寒冷可以刺激下丘脑的战栗中枢，使骨骼肌收缩，引起战栗，产生热量。

（2）体液调节。

机体还可以通过神经内分泌机制，分泌甲状腺素和儿茶酚胺来改变机体能量代谢率，调节产热。

（二）散热

1. 散热器官

人体最重要的散热器官是皮肤，当然机体也通过呼出气体、排便、排尿来散热。一般来说，由骨骼肌和内脏器官产生的热量会通过血液流动传到皮肤，散发到周围环境。因此，对于大面积烧伤而缺乏皮肤的病人，散热会非常困难，所以大面积烧伤者要植皮。

2. 散热方式

机体可以通过辐射、传导、对流、蒸发由皮肤散热。由于一般情况下，机体皮肤温度高于周围环境温度，所以皮肤的热量会以热射线的形式辐射给周围物体，从而散发出机体的热量。同样，通过接触周围冷的物体和液体气体，皮肤的热量也可以通过传导和对流将热量散给周围环境。辐射、传导和对流散热，只能由温度高的物体散给温度低的物体，所以当环境温度高于人体温度时，这三种散热方式就不能起作用。

机体还存在着蒸发散热。蒸发散热是通过皮肤分泌液体，再由液体蒸发变成气体，带走大量热量。机体有显汗蒸发和不显汗蒸发。显汗蒸发是皮肤的汗腺分泌汗液，在皮肤表面形成明显的汗滴，从而进行的蒸发散热，称为显汗蒸发，这是机体需要大量散热时的一种散热方式。但机体通常进行的是未形成明显汗滴的不显汗蒸发散热。由于机体存在不显汗蒸发，所以机体即使不排尿，也会丢失水分。因此，机体每天都需要补充一定量的水分。蒸发散热是通过水的蒸发来进行散热的，即使环境温度比体温高也可以进行散热。但当环境湿度，也就是空气中的水蒸气的浓度过大时，蒸发散热就不能进行。我们也可以利用另外别的物质，如通过酒精的挥发来进行蒸发散热。

如果机体散热障碍就会导致中暑，这时我们需要增加机体的散热。临床上，常常给病人敷冷毛巾或戴冰帽通过传导进行降温，或通过酒精擦浴进行蒸发散热。

3. 散热的调节

机体的散热也是可以调节的。人体主要由深部的内脏器官产热，由皮肤散热。皮下脂肪组织在人体表面形成一层隔热层。当环境温度低的时候，这层隔热层会阻止人体热量散失，从而维持体温。当机体需要散热时，可以通过增加由内脏器官流到皮肤的血流量，将内脏器官产生的热量带到皮肤而散发出去。机体就是通过增减皮肤血流量、增减发汗量来调节散热的。

三、体温的调节

（一）体温调节的方式

人体的体温存在着调节机制。这种调节机制是通过调节产热和散热平衡来达到维持稳定的体温的。人体的体温调节方式有自主性体温调节和行为性体温调节。前者不受意识的控制，是自动的；而后者受意识的控制，是高级的反射活动。

（二）自主性体温调节

自主性体温调节（autonomic thermoregulation）是指在体温调节中枢的控制下，通过改变皮肤血流量、出汗、战栗和调节机体代谢水平，从而影响产热和散热的平衡，使体温保持相对恒定。这是一种神经体液调节。

1. 温度感受器

机体存在温度感受器，能感受机体内外环境的温度。机体存在外周温度感受器，一般是存在于皮肤、黏膜和内脏中对温度变化敏感的游离神经末梢，有热感受器和冷感受器之分。因此，皮肤上存在着热点或冷点，分别对热或冷敏感。当局部温度升高，热感受器兴奋；当局部温度降低，冷感受器兴奋。皮肤的温度感受器一般点状分布，冷感受器多于热感受器。

中枢也存在温度感受器。中枢温度感受器是存在于中枢神经系统内对温度变化敏感的神经元，有热敏神经元和冷敏神经元。当局部温度升高，热敏神经元兴奋；当局部温度降低，冷敏神经元兴奋。瞬时受体电位（transient receptor potential，TRP）家族成员是一个蛋白质家族，一般对温度敏感，有感受温度刺激的作用。它们是温度感受器细胞膜上的离子通道型受体，对温度敏感，温度改变导致该类离子通道开放或关闭，从而产生感受器电位，导致神经冲动的产生，然后沿相应的神经纤维传到中枢。

2. 体温调节中枢

在恒温动物的脊髓和脑不同节段进行离断后，可以发现，保持下丘脑的完整对维持体温有着非常重要意义。这说明体温调节的中枢位于下丘脑。现已证实，下丘脑视前区和下丘脑前部（PO/AH）是机体最重要的体温调节中枢，其温度敏感神经元既能感受脑内温度，也接受外周温度感受器传来的信息，进行体温调节。而且致热原，也能作用于这个部位，从而导致发热。

3. 体温调节过程

20世纪70年代，Benzinger提出了体温调节的调定点学说，认为机体的体温调节类似于恒温器。中枢存在调定点温度，也就是中枢设置的参考温度值，体温作为受控变量，会反馈到体温调节中枢，和调定点比较。若体核温度高于调定点，中枢就引起机体产热减少，增加皮肤血流量和发汗等散热机制，从而使机体体温返回到调定点，在调定点达到产热和散热平衡。当体核温度低于调定点时，中枢就引起机体代谢率增高、战栗，从而导致产热增加，减少皮肤血流量和发汗导致散热减少，从而使体核温度上升，达到调定点，在调定点达到产热和散热平衡。

（三）行为性体温调节

体温调节除了不受意识控制的自主性体温调节之外，还有受意识控制的行为性体温调节。恒温生物，可以通过某种行为来调节体温。例如，人可以根据气候变化增减衣服，纳凉或取暖。这是人体和恒温动物神经系统的高级活动，受意识控制。

四、特殊情况下的体温调节

机体长期处于低温或高温环境，会逐渐出现适应性变化，调节力增强，这种现象称为温度习服（thermal acclimation），包括热习服和冷习服。

（一）热习服

热习服指机体持续处于高温环境产生的适应性变化，表现为容易出汗、出汗多、皮肤血管容易舒张、皮肤血流量增多。

（二）冷习服

冷习服指机体持续暴露于低温环境出现的适应性变化，表现为代谢率增加、非战栗产热增多、皮下隔热层增厚、散热减少。

五、相关疾病

（一）发热

发热表现为体温升高，是一种常见的临床疾病表现。发热一般发生在细菌、病毒等微生物所致的感染时。发热时，散热过程并没有出现障碍，只是细菌、病毒等微生物的致热原作用于体温调节中枢，升高了调定点，从而导致机体在更高的调定点达到产热和散热平衡。病人常常表现为体温升高，但依然感觉到很冷、想盖被子、打哆嗦。当致热原的作用解除后，调定点回复正常，病人就可以在正常的调定点达到产热和散热平衡，从而体温恢复正常。

（二）中暑

中暑也是一种常见的临床疾病，也表现为体温升高，多见于我国南方地区。但这种体温升高是一种散热过程障碍所致的体温被动升高，患者需要的是增加散热。因此，在我国南方地区夏天的时候，一定要注意防暑降温，防止出现中暑的现象。

小 结

（1）肌肉收缩、精神紧张、环境温度和进食都能影响能量代谢，因此比较能量代谢需要选一个标准状态，也就是基础状态。什么是基础状态、基础代谢和基础代谢率？

（2）机体深部体核的平均温度称为体温，体温一般保持恒定，体温能保持恒定是由于产热和散热两个过程达到平恒。体温保持恒定有何生理意义？产热和散热两个过程是如何达到平衡，从而维持体温恒定的？体温是如何调节的？

（3）散热方式有辐射、传导、对流和蒸发。临床上，对发热的病人一般如何降温？发热和中暑是两种常见的体温异常。发热和中暑有什么区别？

测试题

1. 能源物质分子分解代谢中释放的热能用于（　　）。
   A. 维持体温　　　　　　　　　　B. 肌肉收缩和舒张
   C. 建立细胞膜两侧的离子浓度差　　D. 合成细胞组成成分
   E. 物质跨细胞膜的易化扩散
2. 食物的生物热价指（　　）。

A. 1 g 食物在体外燃烧产生的热量
B. 1 g 食物生物氧化产生的热量
C. 某种营养物质氧化时消耗 1 L 氧气产生的热量
D. 某种营养物质氧化时的耗氧量
E. 某种营养物质氧化时 CO_2 产量

3. 食物的氧热价指（　　）。
A. 1 g 食物在体外燃烧产生的热量
B. 1 g 食物生物氧化产生的热量
C. 某种营养物质氧化时消耗 1 L 氧气产生的热量
D. 某种营养物质氧化时的耗氧量
E. 某种营养物质氧化时 CO_2 产量

4. 下列哪个因素对能量代谢的影响最显著（　　）。
A. 肌肉活动　　B. 精神活动　　C. 食物的品种　　D. 食物的量
E. 环境温度

5. 能量代谢率最高的是（　　）。
A. 躺卧　　B. 开会　　C. 洗衣　　D. 扫地
E. 踢足球

6. 下列哪种食物的特殊动力作用最强？（　　）
A. 脂肪　　B. 蛋白质　　C. 糖　　D. 维生素
E. 无机盐

7. 下列哪项属于行为性体温调节？（　　）
A. 寒战　　　　　　　　　　B. 发汗
C. 增减皮肤血流量　　　　　D. 甲状腺素分泌增高
E. 跑步

8. 机体安静时产热的主要器官是（　　）。
A. 肾脏　　B. 肝脏　　C. 肌肉　　D. 大脑
E. 胃

9. 机体在运动或劳动时，主要的产热器官是（　　）。
A. 肾脏　　B. 肝脏　　C. 骨骼肌　　D. 大脑
E. 胃

10. 临床上给病人酒精擦浴，是哪一种散热方式？（　　）
A. 对流　　B. 辐射　　C. 蒸发　　D. 传导
E. 气化

参考文献

［1］姚泰，等. 人体生理学［M］. 4 版. 北京：人民卫生出版社，2015.
［2］GUYTON A C, HALL J E. Textbook of medical Physiology［M］. 13th ed. Philadelphia：

WB Saunders, 2015.
[3] BENZINGER T H. Heat regulation: homeostasis of central temperature in man [M]. Physiol Rev, 1969, 49: 671.
[4] BLATTEIS C M. Physiology an pathophysiology of temperature regulation [M]. Singapore: World Scientific, 1998.
[5] DANTZLER W H. Handbook of physiology: Sec. 13. comparative physiology [M]. New York: Oxford University Press, 1997.

(陈国斌)

第十一章 代谢的整合与调节

物质与能量代谢

代谢（metabolism）是指生物体内维持生命的化学反应的集合，是生物体维持生命的化学反应总称。代谢是生命活动的物质基础，使生物体能够生长、繁殖、保持它们的结构以及对环境做出反应。代谢通常被分为两类：分解代谢和合成代谢。分解代谢可以对经消化、吸收获得的营养物质（如糖类、脂类和蛋白质等）进行分解以获得能量（如细胞呼吸）；合成代谢则可以利用能量来合成细胞中的各种组分，如蛋白质和核酸等。代谢是生物体不断进行物质和能量的交换过程，一旦物质和能量交换停止，生物体的生命就会结束。

无论是分解代谢，还是合成代谢，都是由许多代谢途径组成的，每一条代谢途径又包含一系列前后相关的酶促反应；同时，有些不同的代谢途径具有某些共同的酶促化学反应，各种代谢途径是相互联系、相互作用、相互协调和相互制约的，即代谢具有整体性。而为了适应内、外环境的不断变化，机体需要不间断地进行调节体内物质的代谢，即代谢具有可调节性。

机体各组织、器官除了具有共同的基本代谢外，还具有各自独特的代谢特点，以适应各组织器官独有的功能需要。这主要是由于这些组织、器官的细胞具有独特的基因表达谱，从而具有特定的受体蛋白、信号分子、转录因子以及特有的代谢酶系种类和含量，即特定的酶谱。

第一节　代谢的整体性

一、体内代谢过程互相联系形成一个整体

在体内进行代谢的物质各种各样，它们的代谢不是孤立进行的，同一时间机体有多种物质的代谢同时在进行，需要彼此间相互协调，以确保细胞乃至机体的正常功能。这些物质的代谢都是同时进行的，并且互相联系。各种物质的代谢构成统一的整体。

人体主要营养物质如糖类、脂类、蛋白质，既可以从食物中摄取，也可以在体内自身合成。在代谢过程时，无论自身合成的内源性营养物质，还是从食物中摄取的外源性营养物质，均组成为共同的代谢池（metabolic pool）。

体内各种营养物质的代谢总是处在动态的平衡之中。在正常生理状态下，体内糖、脂类、蛋白质等物质同时进行着多条代谢途径，并且处在一种高度的动态平衡之中，因此中间代谢物不会出现堆积或匮乏的现象。

二、物质代谢与能量代谢相互关联

糖、脂肪、蛋白质是人体的主要能量物质，三羧酸循环和氧化磷酸化是糖、脂肪、蛋白质分解代谢的共同途径，乙酰辅酶 A 是它们共同的中间代谢物，释放的能量主要以 ATP 的形式储存。

机体的各种生命活动包括生长、发育、繁殖、修复、运动等均需要能量。人体能量的来源来自营养物质，但糖、脂肪、蛋白质等生物大分子的化学能并不能直接被利用于各种

生命活动，机体需分解营养物质，释放出化学能，并将其大部分储存在可供各种生命活动直接利用的 ATP 中。ATP 作为机体内最重要的可直接利用的能量载体，将产能的营养物质分解代谢与耗能的物质合成代谢联系在一起，将物质代谢、能量代谢与其他生命活动联系在一起。

从能量代谢的角度看，糖、脂肪、蛋白质三大营养物质既可以互相替代、互相补充，也互相影响。一般情况下，供能以糖及脂肪为主。这主要是因为动物和人摄取的食物中以糖类最多，占总热量的 50%～70%；脂肪摄入量占总热量的 10%～40%，并且脂肪是机体储能的主要形式。在因疾病不能进食或无食物供给时，为保证机体血糖恒定，肝糖异生增强，蛋白质分解加强。如饥饿持续（一周以上），长期糖异生增强使得蛋白质大量被分解，势必威胁生命，所以机体通过调节，在饥饿持续的情况下，体内各组织包括脑组织以脂肪酸及酮体为主要能源，从而明显降低蛋白质的分解。

糖、脂肪、蛋白质等都通过三羧酸循环和氧化磷酸化彻底氧化供能，任意一种供能物质的分解代谢占优势，就能抑制其他供能物质的氧化分解。例如，脂肪分解增强，生成 ATP 增多，可抑制糖分解代谢关键酶——磷酸果糖激酶-1 的活性，从而减缓葡萄糖的分解代谢。此外，上述物质可激活果糖二磷酸酶-1，促进糖异生，将非糖物质转化为糖，进一步合成糖原，最终使多余的能量以糖原的形式储存起来。如葡萄糖分解代谢增强，生成 ATP 增多，可抑制异柠檬酸脱氢酶活性，导致柠檬酸堆积；柠檬酸透出线粒体，激活乙酰辅酶 A 羧化酶，从而促进脂肪酸合成、抑制脂肪酸分解。

三、糖、脂类和蛋白质代谢通过中间代谢物相互联系

体内糖、脂类、蛋白质和核酸等的代谢不是彼此孤立的，是通过共同的中间代谢物、三羧酸循环及氧化磷酸化等彼此联系、相互转变。某一种物质的代谢障碍可能引起其他物质的代谢紊乱，如糖尿病时糖代谢的改变，可引起脂类代谢和蛋白质代谢紊乱。

（一）葡萄糖可转变为脂肪酸

当摄入的葡萄糖超过机体需要时，除合成少量糖原储存在肝、肾及骨骼肌外，葡萄糖氧化分解过程中生成的柠檬酸及 ATP，可激活乙酰辅酶 A 羧化酶，催化葡萄糖分解产生的乙酰辅酶 A 羧化成丙二酸单酰辅酶 A，合成脂肪酸及脂肪。这样，可将葡萄糖转变成脂肪储存于脂肪组织。因此，即使是不含脂肪的高糖膳食，如果摄入过多也能使人外周血甘油三酯水平升高，并导致肥胖。脂肪分解产生的甘油可以在肝、肾、肠等组织甘油激酶的催化作用下生成磷酸甘油，通过糖异生转变成糖；但是，脂肪分解产生的脂肪酸并不能在体内转变为葡萄糖。当饥饿、糖供给不足或糖代谢障碍时，机体大量动员脂肪，并在肝部氧化生成大量酮体，但是由于糖代谢障碍导致的草酰乙酸生成相对或者绝对不足，大量酮体不能进入三羧酸循环，最终造成高酮血症。

（二）葡萄糖与部分氨基酸可以相互转变

组成人体蛋白质的 20 种 α-氨基酸中，除了生酮氨基酸（亮氨酸、赖氨酸）外，其余的氨基酸都可通过脱氨基作用，生成相应的 α-酮酸，进而转变成能进入糖异生途径的某些中间代谢物，通过糖异生途径转变为葡萄糖。葡萄糖代谢的一些中间代谢物也可氨基

化生成某些非必需氨基酸，但苏氨酸、甲硫氨酸、赖氨酸、亮氨酸、异亮氨酸、缬氨酸、组氨酸、苯丙氨酸及色氨酸等营养必需氨基酸不能由糖代谢中间物转变而来。

（三）氨基酸可转变为多种脂类但脂类几乎不能转变为氨基酸

体内的氨基酸均能分解生成乙酰辅酶A，进而合成脂肪酸和脂肪。乙酰辅酶A也可用于合成胆固醇。氨基酸还可作为合成磷脂的原料，因此，氨基酸能转变为多种脂类。但脂肪酸、胆固醇等脂类不能转变为氨基酸，仅脂肪中的甘油可异生成葡萄糖，转变为某些营养非必需氨基酸，并且量很少。

第二节 代谢调节的主要方式

要保证机体的正常功能，就必须确保营养物质在体内的代谢，能够根据机体的代谢状态和需要有条不紊地进行。这就需要机体对这些物质的代谢方向、速率和流量具有进行精细调节的能力。低等生物（如单细胞生物）主要通过细胞内代谢物浓度的变化，对酶的活性及含量进行调节，即细胞水平的代谢调节。高等生物不仅细胞水平的代谢调节更为精细复杂，还出现了特异的内分泌细胞及内分泌器官，形成了激素水平代谢调节体系。同时，高等生物的代谢调节还涉及复杂的神经系统，并形成了中枢神经系统控制下，多种激素相互协调、对机体细胞内酶的活性及含量进行调节的整体水平代谢调节。上述三级代谢调节中，细胞水平代谢调节是基础，激素及神经对代谢的调节必须通过细胞水平代谢调节实现。这种调节一旦出现失衡，就会使细胞、机体的功能失常，导致人体疾病发生。

一、细胞内物质代谢主要通过对关键酶活性的调节来实现

（一）各种代谢酶在细胞内区隔分布是物质代谢及其调节的结构基础

在同一时间、同一个细胞内有多种物质的代谢同时发生。参与同一代谢途径的酶独立地分布于细胞特定区域或亚细胞结构，形成区隔分布。酶的这种区隔分布，能避免不同代谢途径之间彼此干扰，使同一代谢途径中的系列酶促反应能够更加顺利地进行（见表11-1）。

表11-1 主要代谢途径在细胞内的分布

代谢途径	细胞内的分布
DNA、RNA合成	细胞核
糖酵解	细胞质
三羧酸循环	线粒体
氧化磷酸化	线粒体
糖原合成	细胞质
糖异生	细胞质、线粒体
戊糖磷酸途径	细胞质

(续表 11-1)

代谢途径	细胞内的分布
脂肪酸氧化	细胞质、线粒体
脂肪酸合成	细胞质
磷脂合成	内质网
胆固醇合成	内质网、细胞质
蛋白质合成	内质网、细胞质
多种水解酶	溶酶体
血红素合成	细胞质、线粒体
尿素合成	细胞质、线粒体

（二）关键调节酶的活性决定整个代谢途径的速度和方向

每条代谢途径是由一系列酶促反应组成的，其反应速率和方向由其中一个或几个关键酶活性决定。这些关键酶的特点包括：①常催化一条代谢途径的第一步反应或分支点上的反应，并且反应速度最慢，其活性能决定整个代谢途径的总速度；②常催化单向反应或非平衡反应，其活性决定整个代谢途径的方向；③酶活性除了受酶促反应的底物控制外，还受多种代谢物或效应剂调节。改变关键酶活性是细胞水平代谢调节的基本方式之一，也是激素水平代谢调节和整体代谢调节的重要环节。表 11-2 列出了一些重要代谢途径的关键酶。

表 11-2 重要代谢途径的关键酶

代谢途径	关键酶
糖酵解	己糖激酶
	磷酸果糖激酶-1
	丙酮酸激酶
丙酮酸氧化脱羧	丙酮酸脱氢酶复合体
三羧酸循环	异柠檬酸脱氢酶
	α-酮戊二酸脱氢酶复合体
	柠檬酸合酶
糖原分解	糖原磷酸化酶
糖原合成	糖原合酶
糖异生	丙酮酸羧化酶
	磷酸烯醇式丙酮酸羧激酶
	果糖二磷酸酶-1
	葡萄糖-6-磷酸酶

(续表 11-2)

代谢途径	关键酶
脂肪酸合成	乙酰辅酶 A 羧化酶
脂肪酸分解	肉碱脂酰转移酶 I
胆固醇合成	HMG-CoA 还原酶

按速度可将代谢调节分为快速调节和慢调节。快速调节通过改变酶的分子结构，从而改变酶活性，进而改变酶促反应速度，可在几秒或几分钟内发挥调节作用。快速调节又分为变构调节和共价修饰调节。而慢调节是通过改变酶蛋白分子的合成或降解速度，从而改变细胞内酶的含量，进而改变酶促反应速度，一般需几小时甚至几天才能发挥调节作用。

（三）变构调节通过变构效应改变关键酶活性

一些小分子化合物能与酶蛋白分子活性中心之外的特定部位特异结合，改变酶蛋白分子构象，从而改变酶活性。这些小分子化合物称为变构效应剂，能够通过变构效应改变酶活性的酶称为变构酶。表 11-3 是代谢途径中常见的变构酶以及变构效应剂。

表 11-3　一些代谢途径的变构酶及其变构效应剂

代谢途径	变构酶	变构激活剂	变构抑制剂
糖酵解	磷酸果糖激酶-1	F-, 6-BP、AMP、ADP、F-1, 6-BP	柠檬酸、ATP
	丙酮酸激酶	F-1, 6-BP、ADP、AMP	ATP、丙氨酸
	己糖激酶		G-6-P
丙酮酸氧化脱羧	丙酮酸脱氢酶复合体	AMP、CoA、NAD^+、ADP、AMP	ATP、乙酰 CoA、NADH
三羧酸循环	柠檬酸合酶	乙酰 CoA、草酰乙酸、ADP	柠檬酸、NADH、ATP
	α-酮戊二酸脱氢酶复合体	—	琥珀酰 CoA、NADH
	异柠檬酸脱氢酶	ADP、AMP	ATP
糖原分解	糖原磷酸化酶（肌）	AMP	ATP、G-6-P
	糖原磷酸化酶（肝）	—	葡萄糖、F-1, 6-BP、F-1-P
糖异生	丙酮酸羧化酶	乙酰 CoA	AMP
脂肪酸合成	—	—	

(续表 11-3)

代谢途径	变构酶	变构激活剂	变构抑制剂
氨基酸代谢	谷氨酸脱氢酶	ADP、GDP	ATP、GTP
嘌呤合成	PRPP 酰胺转移酶	PRPP	IMP、AMP、GMP
嘧啶合成	氨基甲酰磷酸合成酶Ⅱ	—	UMP

变构效应剂与变构酶的调节位点或调节亚基非共价键结合，改变酶活性中心构象，从而改变酶活性。变构效应的机制有两种。其一，酶的调节亚基中有一个"假底物"（pseudosubstrate）序列，当调节亚基结合催化亚基的活性位点时能阻止底物的结合，抑制酶活性；当效应剂分子结合调节亚基后，"假底物"序列构象发生改变，释放出催化亚基，使其发挥催化作用。cAMP 激活 cAMP 依赖的蛋白激酶就是通过这种机制实现的。其二，变构效应剂与调节亚基结合，引起酶蛋白分子的三级和（或）四级结构在"T"构象（紧密态）与"R"构象（松弛态）之间互变，从而影响酶活性。氧对脱氧血红蛋白构象变化的影响就是通过该机制实现。

变构调节具有非常重要的生理意义。细胞内的变构效应剂可能是酶的底物，也可能是酶促反应终产物，还可能是其他小分子代谢物。它们在细胞内浓度的改变能灵敏地使关键酶构象影响酶活性，从而调节相应代谢的强度、方向，满足相应代谢需求。细胞内代谢终产物堆积表明其代谢过强，超过了需求，常常代谢终产物可以变构抑制代谢途径的关键酶，即反馈抑制（feedback inhibition），降低整个代谢途径的强度，避免产生超过需要的产物。例如，长链脂酰辅酶 A 反馈抑制乙酰辅酶 A 羧化酶，调节代谢物的生成不致过多。变构调节还可使机体根据需求生产能量，避免浪费。例如，ATP 变构抑制磷酸果糖激酶、丙酮酸激酶及柠檬酸合酶，抑制糖酵解、有氧氧化和三羧酸循环，调节 ATP 的生成。一些代谢中间产物可变构调节与代谢相关的多条代谢途径的关键酶，使这些代谢途径之间能协调进行。能量供应充足时，葡萄糖-6-磷酸抑制肝糖原磷酸化酶，抑制糖原分解以抑制糖酵解及有氧氧化，避免 ATP 产生过多；同时葡萄糖-6-磷酸能激活糖原合酶，使过剩的 6-磷酸葡萄糖合成糖原储存。再如，三羧酸循环活跃时，异柠檬酸生成增多，ATP/ADP 比例增加，ATP 变构抑制异柠檬酸脱氢酶、异柠檬酸变构激活乙酰辅酶 A 羧化酶，从而抑制三羧酸循环，增强脂肪酸合成。

（四）化学修饰调节通过酶促共价修饰调节酶活性

酶蛋白肽链上某些氨基酸残基侧链可在其他酶的催化下发生可逆的共价修饰，从而改变酶活性。酶的化学修饰主要包括磷酸化与脱磷酸化、乙酰化与脱乙酰化、甲基化与脱甲基化、腺苷化与脱腺苷化及—SH 与—S—S—互变等，其中磷酸化与脱磷酸化是最常见的化学修饰（见表 11-4）。酶蛋白分子中丝氨酸、苏氨酸及酪氨酸残基的羟基基团是磷酸化修饰的主要位点，磷酸化是在蛋白激酶（protein kinase）催化下完成的，而脱磷酸化是在磷蛋白磷酸酶（phosphatase）催化下完成的。酶的磷酸化与脱磷酸化反应是不可逆反应，分别由蛋白激酶及磷蛋白磷酸酶催化（见图 11-1）。

表11-4　磷酸化/脱磷酸化修饰对酶活性的调节

酶	化学修饰类型	酶活性改变
糖原磷酸化酶	磷酸化/脱磷酸化	激活/抑制
磷酸化酶 b 激酶	磷酸化/脱磷酸化	激活/抑制
糖原合酶	磷酸化/脱磷酸化	抑制/激活
丙酮酸脱氢酶	磷酸化/脱磷酸化	抑制/激活
磷酸果糖激酶	磷酸化/脱磷酸化	抑制/激活
HMG-CoA 还原酶	磷酸化/脱磷酸化	抑制/激活
HMG-CoA 还原酶激酶	磷酸化/脱磷酸化	激活/抑制
乙酰 CoA 羧化酶	磷酸化/脱磷酸化	抑制/激活
激素敏感性甘油三酯脂肪酶	磷酸化/脱磷酸化	激活/抑制

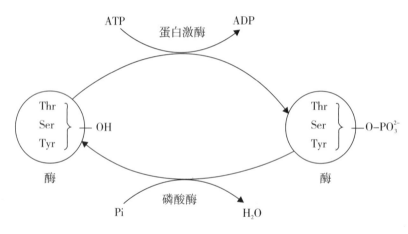

图 11-1　酶的磷酸化与脱磷酸化

酶的化学修饰调节具有以下特点：①绝大多数受化学修饰调节的关键酶都具有无活性（或低活性）和有活性（或高活性）两种形式，它们分别在不同的酶的催化下发生共价修饰，并互相转变。催化互变的酶在体内也受到激素等上游调节因素的控制。②酶的化学修饰是其他酶催化的酶促反应，后者常常可以催化多个底物酶分子发生共价修饰，具有放大效应。③磷酸化与脱磷酸化是最常见的酶的化学修饰反应。酶的1分子亚基发生磷酸化常需要消耗1分子 ATP，较合成新的酶蛋白所消耗的 ATP 数量要少得多，并且反应迅速，又有放大效应，是非常经济有效地调节酶活性的方式之一。④催化共价修饰的酶常常也受到变构调节和化学修饰调节，并受激素调节，常形成由信号分子（激素等）、信号转导分子和效应分子组成的级联反应，使机体更加精细协调地进行胞内酶活性的调节。通过酶的级联反应，产生级联放大效应，因此只需少量激素即可产生强大而迅速的生理效应。

（五）通过改变胞内酶的含量来调节酶活性

除了改变酶分子结构外，改变酶的含量也能改变酶活性，这也是重要的代谢调节方式。酶含量调节是通过改变其合成或降解速率，所需时间较长，消耗 ATP 较多，常要数小时甚至数日，属于迟缓调节。

1. 调节酶蛋白编码基因的基因表达

多种化合物如酶的底物、产物、激素或药物可诱导或阻遏酶编码基因的表达。诱导剂或阻遏剂在酶蛋白基因的转录或翻译过程中发挥作用，影响转录较常见。体内也有一些酶，其浓度在不同时间、不同条件下基本不变，几乎恒定。这类酶称为组成（型）酶（constitutive enzyme），如甘油醛-3-磷酸脱氢酶（glyceraldehyde 3-phosphate dehydrogenase，GAPDH），因此常作为基因表达变化研究的内参照（internal control）。

酶的诱导剂常常是底物或底物的类似物，如蛋白质摄入增多时，氨基酸分解代谢加强，使鸟苷酸循环的底物增加，诱导参与鸟苷酸循环的酶合成增加。鼠饲料中将蛋白质含量从8%增加到70%，鼠肝精氨酸酶活性可增加2～3倍。酶的阻遏剂常常是代谢产物，如 HMG-CoA 还原酶是胆固醇合成代谢的关键酶，在肝内的合成可被胆固醇阻遏。

酶的诱导和阻遏普遍存在于生物界，在高等动物和人体内，蛋白质合成与激素调节、细胞信号传递在一起，共同形成复杂的基因表达调控网络。

2. 调节酶蛋白降解速度

改变酶蛋白分子的降解速度也是调节酶含量的重要途径。细胞内酶蛋白的降解与其他非酶蛋白质的降解一样，有两条途径：溶酶体（lysosome）蛋白水解酶可非特异地降解酶蛋白质，而酶蛋白特异性降解是通过 ATP 依赖的泛素蛋白酶体（proteasomes）途径完成的。凡是能够影响这两种蛋白质降解机制的因素均可调节酶蛋白的降解速度，从而调节酶含量。

二、激素通过特异性受体调节靶细胞的代谢

激素能与特定组织或细胞的受体（receptor）特异结合，通过细胞信号转导反应，引起代谢改变，发挥代谢调节作用。由于受体存在的细胞部位和特性不同，激素信号的信号转导途径和生物学效应也有所不同。

（一）膜受体激素通过跨膜信号转导调节代谢

膜受体是存在于胞膜上的跨膜蛋白质，与膜受体特异性结合后发挥作用的激素包括胰高血糖素、胰岛素、生长激素、促性腺激素、促甲状腺激素、甲状旁腺素等蛋白质、肽类激素，以及肾上腺素等儿茶酚胺类激素。这些激素具有亲水性，不能直接透过细胞膜。这些激素与相应的靶细胞膜受体结合后，通过跨膜传递将所携带的信息传递到胞内，由第二信使将信号逐级放大，进而产生代谢调节效应。

（二）胞内受体激素通过激素-胞内受体复合物改变基因表达、调节代谢

胞内受体激素包括甲状腺素、类固醇激素、1,25(OH)$_2$-维生素 D$_3$ 及视黄酸等，这些激素具有疏水性，可直接透过细胞膜进入细胞，与相应的胞内受体结合。多数胞内受体位于细胞核内，与相应配体特异结合形成配体受体复合物后，作用于 DNA 的特定序列即

激素反应元件（hormone response element，HRE），改变基因的转录，调节细胞内酶含量，从而调节细胞代谢。位于细胞质的胞内受体与激素结合后，进而形成激素受体复合物，进入核内作用于激素反应元件，改变相应基因的表达，最终发挥其代谢调节作用。

三、机体通过神经系统及神经-体液途径协调整体的代谢

高等生物的各组织器官高度分化，具有各自的功能和代谢特点。为了维持机体的正常功能，适应各种内外环境的改变，不仅需要在各组织器官的胞内物质代谢彼此协调，在细胞水平上保持代谢平衡，还必须协调整合各组织器官之间的各种物质代谢。这就需要在神经系统指导下，调节激素释放，通过激素整合不同组织器官的各种物质与能量代谢，实现整体调节，以适应饱食、空腹、饥饿、营养过剩、应激等不同状态，以维持整体代谢平衡。

（一）饱食状态下机体三大主要物质代谢与膳食组成有关

一般情况下，人体摄入的膳食为混合膳食，经消化吸收后的营养物质以葡萄糖、CM和氨基酸为主的形式进入血液，体内胰岛素水平中度升高。在饱食状态下，机体主要分解葡萄糖为各组织器官供能。未被分解的葡萄糖，在胰岛素作用下，在肝中合成肝糖原、在骨骼肌中合成肌糖原贮存起来；也可以在肝内先转换为丙酮酸、乙酰辅酶A，之后合成甘油三酯，最终以VLDL的形式输送至脂肪等组织。吸收的葡萄糖在超过体内糖原贮存能力时，就在肝大量转化成甘油三酯，以VLDL的形式运输至脂肪组织贮存。体内吸收的脂肪酸经肝生成内源性甘油三酯，同样以VLDL的形式输送到脂肪组织、骨骼肌等转换、储存或利用。

在人体摄入高糖膳食后，体内胰岛素水平明显升高，同时胰高血糖素降低。在胰岛素作用下，小肠吸收的葡萄糖一部分在骨骼肌合成肌糖原，一部分在肝合成肝糖原和甘油三酯，甘油三酯输送至脂肪等组织储存；大部分葡萄糖直接被输送到脂肪组织、骨骼肌、脑等组织直接利用或转换成甘油三酯等非糖物质储存。

在人体摄入高蛋白膳食后，体内胰岛素水平中度升高，同时胰高血糖素水平升高。在两者协同作用下，分解肝糖原补充血糖、供应脑组织等。从小肠吸收的氨基酸有一部分在肝异生为葡萄糖，供应脑组织及其他肝外组织；还有一部分氨基酸转化为乙酰辅酶A，合成甘油三酯，供应脂肪组织等肝外组织；其他氨基酸直接输送到骨骼肌。

在人体摄入高脂膳食后，体内胰岛素水平降低，同时胰高血糖素水平升高。在胰高血糖素作用下，分解肝糖原补充血糖、供给脑组织等。肌组织蛋白质分解产生氨基酸，进一步转化为丙酮酸，输送至肝，并异生为葡萄糖，供应血糖及肝外组织利用。由小肠吸收的甘油三酯主要输送到脂肪组织，脂肪组织在接受吸收的甘油三酯的同时，也同时分解自身储存的甘油三酯成脂肪酸，输送到其他组织。肝接受并氧化脂肪酸，产生酮体，供应脑等肝外组织。

（二）空腹机体代谢以糖原分解、糖异生和中度脂肪动员为特征

空腹指餐后12 h以上。此时体内胰岛素水平降低，胰高血糖素升高。在胰高血糖素作用下，餐后6～8 h肝糖原即开始分解补充血糖，主要供给脑等肝外组织。餐后12～18

h,肝糖原几乎耗尽,所以主要依靠糖异生补充血糖。同时,脂肪动员中度增加,释放出脂肪酸供应肝、肌肉等组织利用。肝接受并氧化脂肪酸,产生酮体,主要供应肌组织。骨骼肌在接受脂肪组织输出的脂肪酸氧化供能。同时,部分骨骼肌蛋白质分解产生氨基酸,补充作为肝糖异生的原料。

(三) 饥饿时机体主要氧化分解甘油三酯供能

1. 短期饥饿后糖氧化供能减少而脂肪动员加强

短期饥饿是指1～3 d未进食。由于进食12 h后肝糖原几乎已经耗尽,短期饥饿时,血中甘油和游离脂肪酸明显增加,氨基酸增加,胰岛素分泌明显下降,胰高血糖素分泌增加。机体的代谢呈现以下特点:

(1) 机体从葡萄糖氧化供能为主转变为甘油三酯氧化供能为主。除脑组织细胞和红细胞仍主要利用糖异生产生的葡萄糖,其他大多数组织细胞减少了对葡萄糖的利用,对甘油三酯氧化产生的脂肪酸和酮体利用增加,脂肪酸和酮体成为机体的基本能源。

(2) 脂肪动员加强且肝酮体生成增多。肝糖原几乎耗尽后,甘油三酯是最早被动员的能量储存物质,释放出甘油和脂肪酸。脂肪酸在肝内氧化生成酮体。短期饥饿时,脂肪酸和酮体成为大脑、心肌、骨骼肌和肾皮质的重要供能物质。

(3) 肝糖异生作用明显增强。饥饿使体内糖异生作用明显增加,饥饿16～36 h增加最多,每日糖异生生成的葡萄糖约为150 g,主要来自氨基酸,部分来自乳酸及甘油。肝是短期饥饿糖异生的主要场所,小部分在肾皮质。

(4) 骨骼肌蛋白质分解加强。蛋白质分解的增强稍迟于脂肪动员的加强。骨骼肌蛋白质分解的氨基酸大部分最终转变为丙氨酸和谷氨酰胺释放入血。

2. 长期饥饿可造成器官损害甚至危及生命

长期饥饿是指未进食3 d以上,通常在饥饿4～7 d后,机体就发生与短期饥饿不同的明显改变。

(1) 脂肪动员进一步加强。脂肪动员释放的脂肪酸在肝大量生成酮体。脑利用酮体明显增加,超过葡萄糖,约占总耗氧量的60%。同时,脂肪酸成为肌组织的主要能源,以保证葡萄糖优先供应脑。

(2) 蛋白质分解有所减少。机体储存的蛋白质已经大量被消耗,继续分解就只能分解结构蛋白质,而这将危及生命。因此机体蛋白质分解有所下降,减少释出氨基酸。

(3) 糖异生明显减少。与短期饥饿相比,长期饥饿时机体糖异生作用明显减少。乳酸和甘油成为肝糖异生的主要原料。长期饥饿时,肾糖异生作用明显增强,每天生成约40 g葡萄糖,约占长期饥饿时糖异生总量的50%,几乎与肝相等。

虽然按理论计算,正常人脂肪储备可维持长达3个月饥饿的基本能量需要。但由于长期饥饿时脂肪动员加强,机体大量产生酮体,可导致酸中毒。再加上蛋白质分解加强,缺乏蛋白质的补充,同时缺乏维生素、微量元素等,长期饥饿可造成机体器官损害甚至危及生命。

(四) 应激使机体分解代谢加强

应激(stress)是指机体为应对内、外环境刺激而作出的一系列非特异性反应。这些刺激包括感染、发热、创伤、疼痛等。应激反应可以是短暂性的，也可以是持续性的。应激反应下，机体交感神经兴奋，肾上腺髓质激素和肾上腺皮质激素分泌增多，胰高血糖素、生长激素水平上升，而胰岛素水平下降，引起一系列代谢改变。

1. 应激使血糖升高

应激状态下机体肾上腺素、胰高血糖素分泌增加，激活了糖原磷酸化酶，促进了肝糖原的分解。同时，肾上腺皮质激素、胰高血糖素又加强了糖异生反应；肾上腺皮质激素、生长激素降低了机体外周组织对糖的利用。这些激素的分泌改变均可使血糖升高。

2. 应激使脂肪动员增强

血浆游离脂肪酸和酮体水平上升，成为心肌、骨骼肌及肾脏等组织主要能量来源。

3. 应激使蛋白质分解增强

骨骼肌蛋白质分解增强，释出的氨基酸分解增强，机体呈负氮平衡。

总之，应激时糖类、脂类、蛋白质分解代谢增强，合成代谢抑制，血浆中分解代谢的中间产物，如葡萄糖、氨基酸、脂肪酸、甘油、乳酸、尿素等含量上升。

第三节 体内重要组织和器官的代谢特点

在人体各组织细胞中具有特定的酶谱，即不同的酶系种类和含量。这使得这些组织、器官除了具有一般共同的代谢通路之外，还具有各自特点鲜明的代谢途径，以适应相应的特异性的功能需要。

肝是人体代谢的中枢器官，在糖类、脂类、蛋白质代谢中均具有特殊地位。脂肪组织的重要功能是将能量以脂肪的形式储存起来，脂肪组织中含有脂蛋白脂肪酶和激素敏感甘油三酯脂肪酶，既能将血浆中的甘油三酯水解，用于合成脂肪细胞内的甘油三酯而储存；也能在机体需要时进行脂肪动员，释放出游离脂肪酸和甘油供其他组织利用。

一、肝是人体物质代谢的中心和枢纽

肝是机体物质代谢的中枢。在糖类、脂类、蛋白质、维生素、水和无机盐代谢中均具有独特而重要的作用。肝可利用葡萄糖、脂肪酸、甘油和氨基酸等用以供能，但不能利用酮体。肝合成和储存糖原约 75～100 g，还有肝糖异生、肝酮体生成等独特的代谢方式。肝虽可合成脂肪，但并不能储存脂肪，肝细胞合成的脂肪以 VLDL 的形式释放入血。

二、脑主要利用葡萄糖和酮体供能且耗氧量大

（一）葡萄糖和酮体是脑的主要能量物质

在一般情况下，葡萄糖是脑主要的供能物质，机体每天约消耗葡萄糖 100 g，主要由血糖供应。脑组织细胞具有很高的己糖激酶活性，在血糖水平较低时也能有效利用葡萄糖。长期饥饿时血糖供应不足，脑主要利用肝生成的酮体供能。饥饿 3～4 d/时，脑每天耗用约 50 g 酮体。而饥饿 2 周之后，脑每天消耗的酮体可达 100 g。

（二）脑耗氧量约占静息时全身耗氧总量的四分之一

脑功能复杂，能量消耗多。人体脑重量仅占人体总体重的 2%，但其耗氧量约占静息时全身耗氧总量的 20%～25%，是静息时单位重量组织耗氧量最大的器官。

（三）脑具有特异的氨基酸及其代谢调节机制

血液与脑组织之间可迅速进行氨基酸交换，脑中游离氨基酸约 75% 为谷氨酸、天冬氨酸、谷氨酰胺、N-乙酰天冬氨酸和 γ-氨基丁酸，其中谷氨酸含量最多。脑组织中主要由腺苷脱氨酶（ADA）催化氨基酸脱氨基反应。

三、心肌可利用多种能源物质

（一）心肌可利用多种营养物质及其代谢中间产物作为能源

心肌细胞中具有多种硫激酶（thiokinase），可催化脂肪酸转变成脂酰辅酶 A，因此，心肌优先利用脂肪酸氧化分解供能。心肌细胞含有丰富的能够摄取和利用酮体的酶和蛋白，如单羧酸转运蛋白 1（monocarboxylate transporter 1，MCT1）、单羧酸转运蛋白 2（monocarboxylate transporter 2，MCT2）、β-羟丁酸脱氢酶（β-hydroxybutyrate dehydrogenase，BDH1）、琥珀酰 CoA 转硫酶（succinyl-CoA-3-oxoacid CoA transferase，SCOT）、乙酰乙酰 CoA 硫解酶（acetoacetyl CoA thiolase）等，能彻底氧化酮体供能。而且由于心肌细胞优先利用脂肪酸，使其产生大量乙酰辅酶 A，后者强烈抑制糖酵解的关键酶——磷酸果糖激酶-1，从而抑制葡萄糖酵解。心肌细胞富含细胞色素、线粒体和 LDH1，也能利用乳酸氧化供能。因此，心肌细胞主要通过氧化脂肪酸、酮体和乳酸获得能量，极少进行糖的无氧氧化。心肌在饱食状态下主要利用葡萄糖，餐后数小时或饥饿时主要利用脂肪酸和酮体，运动中或运动后也利用乳酸氧化供能。

（二）心肌细胞以有氧氧化为主分解营养物质并供能

心肌细胞含有丰富的肌红蛋白、细胞色素及线粒体，肌红蛋白能储氧，细胞色素和线粒体中的酶能利用氧进行有氧氧化，因此心肌分解代谢以有氧氧化为主。

四、骨骼肌以肌糖原和脂肪酸为主要能量来源

（一）不同类型骨骼肌产能方式不同

不同类型的骨骼肌具有的糖酵解、氧化磷酸化能力不同。红肌（如长骨肌）耗能多，富含肌红蛋白及细胞色素体系，具有较强氧化磷酸化能力，因此，其主要通过氧化磷酸化获能。而白肌（如胸肌）则相反，耗能少，肌红蛋白及细胞色素体系较少，主要靠糖的无氧氧化供能。

（二）骨骼肌在不同耗能状态下选择不同能源

骨骼肌收缩所需能量的直接来源是 ATP，但 ATP 总含量不足以维持持续、剧烈的收缩活动。短暂的骨骼肌收缩活动后，储存于骨骼肌内的高能物质——磷酸肌酸在肌酸激酶催化下开始分解生成 ATP。骨骼肌也有一定糖原储备，静息状态下肌组织获取能量通常以有氧氧化肌糖原、脂肪酸和酮体为主；剧烈运动时糖的无氧氧化供能大大增加。

五、脂肪组织储存和动员甘油三酯

(一) 机体将从膳食中摄取的多余能量主要储存于脂肪组织

机体从膳食摄取的能量物质主要是糖、脂肪和蛋白质。生理情况下，餐后吸收的糖和脂肪中的一部分氧化供能，其他脂肪以乳糜微粒形式运输至脂肪组织，在脂蛋白脂肪酶 (LPL) 作用下被水解摄取，用于合成脂肪细胞内脂肪储存；其余的糖主要运输至肝转化成甘油三酯，并以 VLDL 形式运输至脂肪组织，在 LPL 作用下被水解摄取，合成脂肪储存于脂肪细胞；蛋白质分解产生的氨基酸进入体内的氨基酸库，供机体使用，其中一些氨基酸也能转化为脂肪。

(二) 饥饿时主要靠分解储存于脂肪组织的脂肪供能

饥饿时，胰岛素水平降低、胰高血糖素等分泌增强，激活脂肪组织中的激素敏感性脂肪酶分解脂肪，其产物以脂肪酸和甘油的形式释放入血，经血循环运输至其他组织，作为能源利用。肝还能将脂肪酸转化为酮体，再经血液运输至肝外组织利用。因此，饥饿时血浆中游离脂肪酸和酮体的水平均有所升高。

六、肾可进行糖异生和酮体生成

肾可进行糖异生和酮体生成代谢。肾髓质无线粒体，因此主要靠糖的无氧氧化供能；而肾皮质主要靠脂肪酸及酮体的有氧氧化供能。一般情况下，肾糖异生产生的葡萄糖较少，只有肝糖异生葡萄糖量的10%左右。但在长期饥饿（5~6周）之后，肾糖异生的葡萄糖大大增加，可达每天40%左右，几乎与肝糖异生的量相等。

小　结

（1）体内各种物质代谢相互联系、相互作用、相互协调和相互制约，形成一个网状的整体。糖类、脂类、蛋白质等营养物质在能量供应上可以互相代替，并互相制约，但彼此之间并不能完全互相转变。请问哪个器官是人体内物质代谢的中心和枢纽？

（2）机体存在着三级水平的代谢调节，包括细胞水平调节、激素水平调节和中枢神经系统主导的整体调节。请问细胞水平调节是如何实现的？（回答这个问题，需要结合本书"酶与酶促反应"这一章内容。）

测试题

1. 体内物质代谢有几个不同的调节层次？（　　）
   A. 1　　　　　　　B. 2　　　　　　　C. 3　　　　　　　D. 4　　　E. 5

2. 调节物质代谢体内最基础的层次是（　　）。
   A. 细胞水平　　　B. 激素水平　　　C. 神经调节　　　D. 整体水平
   E. 器官水平

3. 整体水平调节的特征是（　　）。
   A. 神经调节　　　　　　　　　　　　B. 激素调节

C. 神经 – 体液调节　　　　　　　　　D. 酶的变构调节
E. 酶的含量调节

4. 应急时需要调动的是机体哪一水平的调节？（　　）
A. 细胞水平　　　B. 激素水平　　　C. 神经水平　　　D. 整体水平
E. 局部水平

5. 快速调节是指酶的（　　）。
A. 变构　　　B. 化学修饰　　　C. 酶合成　　　D. 酶降解
E. 酶分布

6. 慢调节是指酶的（　　）。
A. 变构　　　B. 化学修饰　　　C. 酶量　　　D. 酶分布
E. 磷酸化与脱磷酸

7. 正常生理状况下大脑与肌肉细胞中的能量供应主要是（　　）。
A. 血糖　　　B. 脂肪酸　　　C. 酮体　　　D. 氨基酸
E. 核苷酸

8. 催化三羋酸循环与脂肪酸 β – 氧化的酶分布在细胞内的什么部位？（　　）
A. 胞质　　　B. 胞膜　　　C. 胞核　　　D. 内质网
E. 线粒体

（王青松）

中英文名词对照索引

3´-磷酸腺苷-5´-磷酸硫酸	3´-phospho-adenosine-5´-phospho-sulfate, PAPS
1分子胆色素原	porphobilinogen, PBG
2,3-二磷酸甘油酸旁路	2,3-bisphosphoglycerate shunt, 2,3-BPG shunt
3-磷酸甘油醛脱氢酶	glyceraldehyde 3-phosphate dehydrogenase
5-氨基咪唑-4-甲酰胺核苷酸甲酰转移酶	AICAR formyltransferase
5-氟尿嘧啶	5-fluorouracil, 5-FU
AIR 羧化酶	AIR carboxylase
ALA 脱水酶	ALA dehydrase
ALA 合酶	ALA synthase
AMPS 裂解酶	AMPS lyase
ATP 合酶	ATP synthase
ATP 结合盒转运蛋白 A1	ATP-binding cassette transporter A1, ABCA1
FGAR 酰胺转移酶	FGAR transformylase
Fox	forkhead helix box, Fox
GAR 转甲酰基酶	GAR transformylase
L-氨基酸氧化酶	L-amino acid oxidase
L-抗坏血酸	ascorbic acid
Na^+ 依赖型葡萄糖转运蛋白	sodium-dependent glucose transporter, SGLT
N-乙酰谷氨酸	N-acetyl glutamic acid, AGA
P/O	phosphate/oxygen ratio
PRPP 酰胺转移酶	PRPP amide transferase
SAICAR 转甲酰基酶	SAICAR transformylase
S-腺苷甲硫氨酸	S-adenosyl methionine, SAM
α-酮戊二酸脱氢酶复合体	α-ketoglutarate dehydrogenase complex, KGDHC
α1 球蛋白	α1 globulin
α 淀粉酶	α-amylase
α-酮戊二酸脱氢酶复合体	α-ketoglutarate dehydrogenase complex

β-胡萝卜素	β-carotene
β-羟丁酸脱氢酶	β-hydroxybutyrate dehydrogenase, BDH1
γ-氨基丁酸	γ-aminobutyric acid, GABA
δ-氨基-γ-酮戊酸	δ-aminolevulinic acid, ALA

A

氨	ammonia
氨基蝶呤	aminopterin
氨基甲酰磷酸	carbamoyl phosphate
氨基甲酰磷酸合成酶Ⅱ	carbamyl phosphate synthetase Ⅱ, CPS-Ⅱ
氨基酸脱羧酶	amino acid decarboxylase
氨甲蝶呤	methotrexate, MTX
氨甲酰天冬氨酸	carbamyl aspartate
谷氨酰胺酶	glutaminase
胺类	amine
胺氧化酶	amine oxidase

B

白蛋白	albumin
白化病	albinism
白三烯	leukotriene, LT
白细胞	white blood cell, leukocyte
半寿期	half-life, $t_{1/2}$
饱和脂肪酸	saturated fatty acid
苯丙氨酸羟化酶	phenylalanine hydroxylase
苯丙酮酸尿症	phenylketonuria, PKU
吡哆胺	pyridoxamine
吡哆醇	pyridoxine
吡哆醛	pyridoxal
必需氨基酸	essential amino acid
必需脂肪酸	essential fatty acid
变视紫红质Ⅱ	metarhodopsin Ⅱ
别嘌呤醇	allopurinol
丙氨酸氨基转移酶	alanine aminotransferase, ALT
丙氨酸-葡萄糖循环	alanine-glucose cycle
丙酮酸激酶	pyruvate kinase

物质与能量代谢

丙酮酸脱氢酶复合体	pyruvate dehydrogenase complex，PDHC
卟啉症	porphyria
补救合成途径	salage pathway
不饱和脂肪酸	unsaturated fatty acid

C

糙皮病	pellagra
草酰乙酸	oxaloacetate
肠肝循环	entero hepatin circulation of urea
常量元素	macroelement
次黄嘌呤-鸟嘌呤磷酸核糖转移酶	hypoxanthine-guanine phosphoribosyltransferase，HGPRT
次黄嘌呤核苷酸脱氢酶	IMP dehydrogenase
从头合成途径	de novo synthesis pathway
促红细胞生成素	erythropoietin，EPO

D

代谢	metabolism
代谢池	metabolic pool
单羧酸转运蛋白1	monocarboxylate transporter 1，MCT1
单羧酸转运蛋白2	monocarboxylate transporter 2，MCT2
胆钙化醇	cholecalciferol
胆固醇	cholesterol
胆固醇的逆向转运	reverse cholesterol transport，RCT
胆固醇流出调节蛋白	cholesterol-efflux regulatory protein，CERP
胆固醇酯	cholesterol ester，CE
胆红素	bilirubin
蛋白激酶	protein kinase
蛋白激酶B	protein kinase B，PKB
蛋白质多态性	protein polymorphism
蛋白质消化率校正氨基酸评分	Protein Digestibility Corrected Amino Acid Score，PDCAAS
氮平衡	nitrogen balance
氮杂丝氨酸	azaserine
低密度脂蛋白	low density lipoprotein，LDL
低血糖	hypoglycemia
低脂蛋白血症	Hypolipidemia
碘甲腺原氨酸脱碘酶	iodothy ronine deiodinase
凋亡相关因子	factor related apoptosis，Fas

凋亡相关因子配体	fas ligand,FasL
动脉粥样硬化	AS
多胺	Polyamine

E

儿茶酚胺	catecholamine
二氢乳清酸	dihydroorotate
二氢乳清酸酶	carbamylaspartic dehydrase
二氢乳清酸脱氢酶	dihydroorate dehydrogenase
二氢叶酸还原酶	dihydrofolate reductase
二硝基苯酚	dinitrophenol,DNP

F

发生泛素化	uhiquitylation
反馈抑制	feedback inhibition
泛素	ubiquitin,Ub
泛素蛋白酶体	proteasomes
泛酸	pantothenic acid
非必需氨基酸	non-essential amino acid
非蛋白含氮化合物	non-protein nitrogenous compounds
非蛋白呼吸商	non-protein respiratory quotient,NPRQ
肥胖症	obesity
酚类	phenol
粪卟啉原Ⅲ	coproporphyrinogen Ⅲ,CPG Ⅲ
氟	fluorine
辅酶 A	coenzyme A,CoA
辅酶 A	CoA-SH
腐胺	Putrescine 1,4-丁二胺
腐败作用	putrefaction
复等位基因	multiple alleles

G

甘氨酰胺核苷酸合酶	glycinamide ribotide synthetase
甘油二酯	diacylglycerol,DAG
甘油磷脂	glycerophosplipids
甘油磷脂	glycerophospholipids
甘油醛-3-磷酸脱氢酶	glyceraldehyde 3-phosphate dehydrogenase,GAPDH
甘油三酯	triglyceride,TG

甘油一酯	monoacylglycerol, MAG
甘油一酯脂肪酶	monoacylglycerol lipase, MGL
高密度脂蛋白	high density lipoprotein, HDL
高血氨症	hyperammonemia
高血糖	hyperglycemia
高血糖症	hyperglycemia
高脂血症	hyperlipidemia
铬	chromium
铬调素	chromodulin
佝偻病	rickets
谷氨酸脱氢酶	glutamate dehydrogenase
谷氨酰胺	glutamine
谷氨酰胺合成酶	glutamine synthetase
谷氨酰胺酶	glutaminase
谷草转氨酸	glutamic oxaloacetic transaminase, GOT
谷丙转氨酸	glutamic pyruvic transaminase, GPT
谷胱甘肽过氧化物酶	glutathione peroxidase, GPx
谷胱甘肽过氧化物酶	GSH-Px
骨钙蛋白	osteocalcin
骨质疏松症	osteoporosis
钴	cobalt
钴胺素	cobalamin
光视紫红质	photorhodopsin
胱硫醚合酶	cystathionine sythase
果糖-1,6-二磷酸	fructose-1, 6-bisphosphatel, F-1, 6-BP
果糖-2,6-二磷酸	fructose-2, 6 bisphosphate, F-2, 6-BP
果糖-6-磷酸	fructose-6-phosphate, F-6-P
果糖不耐受	fructose intolerance

H

还原型谷胱甘肽	GSH
含鞘氨醇	sphingosine
合成氨基甲酰磷酸	ammonia formyl phosphate
核苷-磷酸激酶	nucleoside monophosphate kinase
核苷二磷酸激酶	ribonucleoside diphosphate kinase
核黄素	riboflavin

核糖核苷酸还原酶	ribonudeotide reductase
红细胞	red blood cell, erythrocyte
琥珀酸合成酶	arginiosuccina te synthetase, ASS
琥珀酸脱氢酶	succinate dehydrogenase
琥珀酰 CoA	succinyl CoA
琥珀酰 CoA 合成酶	succinyl CoA synthetase
琥珀酰 CoA 转硫酶	succinyl CoA thiophorase, SCOT
坏血病	scurvy
环化水解酶	cyclized hydrolases
黄嘌呤核苷酸	xanthosine monophosphate, XMP
黄嘌呤氧化酶	xanthine oxidase
黄素单核苷酸	flavin mononucleotide, FMN
黄素单核苷酸	flavin mononucleotide, FMN
黄素蛋白	flavoprotein
黄素腺嘌呤二核苷酸	flavin adenine dinucleotide, FAD
黄素腺嘌呤二核苷酸	flavin adenine dinucleotide, FAD
混合微团	mixed micelle

J

肌醇三磷酸	inositol triphosphate, IP_3
肌酐	creatinine
肌酸	creatine
基础代谢	basal metabolism
基础代谢率	basal metabolism rate, BMR
激素反应元件	hormone response element, HRE
激素敏感脂肪酶	hormone-sensitive lipase, HSL
极低密度脂蛋白	very low density lipoprotein, VLDL
己糖异构酶	phosphohexose isomerase
甲基化	methylation
甲基转移酶	methyltransferase
甲硫氨酸循环	methionine cycle
甲状腺素视黄质运载蛋白	transthyretin, TTR
假底物	pseudosubstrate
假神经递质	false neurotransmitter
焦磷酸	PP_i
解偶联蛋白 1	uncoupling protein 1, UCP1

解偶联剂	uncoupler
精氨酸酶	arginase
精脒	spermidine
巨幼细胞贫血	megaloblastic anemia

K

卡价	thermal equivalent
抗生物素蛋白	avidin

L

酪氨酸羟化酶	tyrosine hydroxylase
酪蛋白	casein
类固醇	steroid
类固醇	steroid
类脂	lipoid
磷蛋白磷酸酶	phosphatase
磷酸吡哆胺	pyridoxamine phosphate, PMP
磷酸吡哆醛	pyridoxal phosphate, PLP
磷酸丙糖异构酶	triose phosphate isomerase
磷酸甘油酸变位酶	phosphoglycerate mutase
磷酸甘油酸激酶	phosphoglycerate kinase
磷酸果糖激酶–1	phosphofructokinase-1, PFK-1
磷酸核糖焦磷酸激酶	phosphoribose pyrophosphokinase
磷酸核糖转移酶	phosphoribosyltransferase, PRT
磷酸肌酸	creatine phosphate, CP
磷酸烯醇式丙酮酸	phosphoenolpyruvate, PEP
磷脂	phospholipids
磷脂	phospholipids
磷脂酰肌醇	phosphatidylinositol
磷脂酰肌醇–4,5–二磷酸	phosphatidylinositol 4,5-bisphosphate, PIP_2
硫胺素	thiamin
硫胺素焦磷酸	thiamine pyrophosphate, TPP
硫激酶	thiokinase
硫钼酸铜	Cu-MoS

M

麦角钙化醇	ergocalciferol
锰	manganese

| 嘧啶磷酸核糖转移酶 | pyrimidine phosphoribosyl transferase |
| 钼 | molybdenum |

N

内参照	internal control
内肽酶	endopeptidase
鸟氨酸循环	ornithine cyclc
尿卟啉原 I 同合酶	UPG I cosynthase
尿卟啉原 III 同合酶	UPG III cosynthase
尿黑酸尿症	alkaptonuria
尿嘧啶核苷酸	uridine monophosphate, UMP
尿素	urea
尿素循环	urea cycle
尿酸	uric acid
柠檬酸	citric acid
柠檬酸合酶	citrate synthase
柠檬酸循环	citric acid cycle

P

帕金森病	parkinson disease
嘌呤核苷磷酸化酶	purine nucleoside phosphorylase, PNP
苹果酸脱氢酶	malate dehydrogenase
葡萄糖转运蛋白	glucose transporter, GLUT

Q

前列腺素	prostaglandin, PG
前列腺素 E_2	PGE_2
羟甲基戊二酸单酰 CoA	HMG CoA
鞘磷脂	sphingophospholipid
鞘磷脂	sphingophospholipid
鞘糖脂	glycosphingolipid
鞘脂	sphingolipids
去甲肾上腺素	norepinephrine
全反式视黄酸	alltrans retinoic acid, ATRA
缺铁性贫血	iron deficiency anemia

R

| 溶酶体 | lysosome |
| 乳糜微粒 | chylomicron, CM |

乳清酸	orotic acid
乳清酸核苷酸	orotidine monophosphate,OMP
乳清酸核苷酸脱羧酶	orotate decarboxylase
乳清酸磷酸核糖转移酶	orotate phosphoribosyltransferase
乳糖不耐受	lactose intolerance
软骨病	osteomalacia

S

三羧酸循环	tricarboxylic acid cycle,TCA cycle
三脂酰甘油	triacylglycerol,TAG
色氨酸加氧酶	tryptophan oxygenase
神经鞘磷脂酶	sphingomyelinase
生糖氨基酸	glucogenic amino acid
生糖兼生酮氨基酸	glucogenic and ketogenicamino acid
生酮氨基酸	ketogenic amino acid
生物素	biotin
生物氧化	biological oxidation
生物转化	biotransformation
视黄醇	retinol
视黄醇	retinol
视黄醇结合蛋白	retinol binding protein,RBP
视黄醇乙酸酯	retinyl Acetate
视黄醇棕榈酸酯	retinyl palmitate
视黄醛	retinal
视黄酸	retinoic acid
受体	receptor
水溶性维生素	water-soluble vitamin
水溶性维生素	water-soluble vitamins
瞬时受体电位	transient receptor potential,TRP
四氢叶酸	tetrahydrofolic acid,FH_4
四氧嘧啶	alloxan

T

糖尿病	diabetes mellitus
糖皮质激素	glucocorticoid
糖原	glycogen
糖原分解	glycogenolysis

糖原合成	glycogenesis
糖原合酶激酶 3	glycogen synthase kinase-3，GSK-3
糖原贮积症	glycogen storage disease
特殊动力效应	specific dynamic effect
体温	body temperature
天冬氨酸氨基转移酶	aspartate aminotransferase，AST
天冬氨酸转氨甲酰酶	aspartate transcarbamylase
天冬酰胺酶	asparaginase
铁中毒	iron poisoning
同型半胱氨酸	homocysteine
酮体	ketone bodies
酮症酸中毒	ketoacidosis

W

外肽酶	exopeptidase
微量元素	trace elements，microelement
微团	micelle
韦尼克 – 柯萨可夫综合征	Wernicke-Korsakoff's Syndrome，WKS
维生素	vitamin
维生素 A	vitamin A
维生素 D	vitamin D
维生素 D 结合蛋白	vitamin D binding protein，DBP
维生素 E	vitamin E
维生素 K	vitamin K
胃蛋白酶	pepsin
胃蛋白酶原	pepsinogen
温度习服	thermal acclimation

X

烯醇化酶	enolase
细胞色素 c 氧化酶	cytochrome c oxidase
细胞视黄醇结合蛋白	cellular retinal binding protein，CRBP
酰基载体蛋白	acyl carrier protein，ACP
酰基载体蛋白	acyl carrier protein，ACP
腺苷酸代琥珀酸合成酶	adenoid succinic acid synthase
腺苷酸激酶	adenylate kinase
腺苷转移酶	adenosyl transferase

腺嘌呤磷酸核糖转移酶	adenine phosphoribosyl transferase, APRT
小细胞低血色素性贫血	small cell low hemoglobin anemia
新生儿硬肿症	neonatal scleroderma
胸腺嘧啶核苷酸合成酶	thymidylate synthetase, TS
血红蛋白	hemoglobin, Hb
血红素	heme
血浆	plasma
血浆卵磷脂胆固醇脂酰转移酶	lecithin cholesterol acyl transferase, LCAT
血清	serum
血栓噁烷	thromboxane A_2, TXA_2
血栓素	thromboxane
血糖	blood glucose
血液	blood

Y

亚铁螯合酶	ferrochelatase
烟酸	nicotinic acid
烟酸缺乏症	pellagra
烟酰胺	nicotinamide
烟酰胺腺嘌呤二核苷酸	nicotinamide adenine dinucleotide, NAD^+
烟酰胺腺嘌呤二核苷酸磷酸	nicotinamide adenine dinucleotide phosphate, $NADP^+$, 辅酶Ⅱ
延胡索酸酶	fumarate hydratase
眼干燥症	xerophthalmia
氧化磷酸化	oxidative Phosphorylation
氧化型谷胱甘肽	GSSG
氧热价	thermal equivalent of oxygen
叶酸	folic acid
一氧化氮合酶	nitric oxide synthase, NOS
胰岛素	insulin
胰岛素抵抗	insulin resistance, IR
胰岛素受体	insulin receptor, INSR
胰高血糖素	glucagon
遗传性乳清酸尿症	orotic aciduria
乙酰乙酰 CoA 硫解酶	acetoacetyl CoA thiolase
异柠檬酸脱氢酶	isocitrate dehydrogenase
吲哚	indole

应激	stress
游离胆固醇	free cholesterol,FC
有超氧化物歧化酶	superoxide dismutase,SOD
有氧氧化	aerobic oxidation of glucose
原卟啉IX	protoporphyrin IX

Z

载体蛋白	carrier protein
载脂蛋白	apolipoprotein,apo
载脂蛋白	apolipoprotein,apo
脂肪	fat
脂肪包被蛋白-1	perilipin-1
脂肪肝	fatty liver
脂肪酸	fatty acid
脂肪组织甘油三酯脂肪酶	adipose triglyceride lipase,ATGL
脂溶性维生素	lipid-soluble vitamin
脂酰CoA合成酶	acyl-CoA synthetase
脂质	lipid
脂质贮积病	lipid storage diseases
直接测热法	direct calorimetry
中密度脂蛋白	intermediate density lipoprotein,IDL
转氨基作用	transamination
转酮醇酶	transketolase,TK
转运蛋白	transporter
自毁容貌综合征	Lesch-Nyhan syndrome
自主性体温调节	autonomic thermoregulation
组胺	histamine
组成(型)酶	constitutive enzyme